U0161129

国家科学技术学术著作出版基金资助出版

信息与计算科学丛书 91

随机场：网络信息理论和博弈论

叶中行 杨卫国 著

科学出版社

北 京

内 容 简 介

本书系统地介绍了定义在离散格(包括 Z^d 和 Bethe 树等)图上的取值于有限集合的随机场的相变、信息度量，以及网络演化博弈论. 全书共 10 章，分为三个部分. 第一部分包括第 1 章至第 3 章，给出了随机场的一般定义，重点介绍马尔可夫场和 Gibbs 场，以及它们的等价关系，讨论了 Z^2 和树(包括开树和闭树)上 Ising 模型的相变问题. 第二部分是第 4 章至第 9 章，介绍定义在 Z^d 和树上的随机场的信息度量，包括各种熵度量和率失真函数，证明了某种意义下的平稳随机场熵率的存在性，并证明了在概率收敛意义下的弱熵定理，特别对树指标马氏链场证明了在概率 1 收敛意义下的强大数定理和熵定理，给出了定义在 Z^d $(d=1,2,3)$ 和其他一些 2 维、3 维格上的 Ising 模型及 Potts 模型的率失真函数的计算法则和临界失真的上界估计. 第三部分是第 10 章，介绍了和随机场相关的网络上演化博弈论的一般模型和策略演化过程的极限性质，重点讨论了策略演化过程极限有各种类似 Ising 模型的演化博弈，最后给出两个数值模拟的实例.

本书深入浅出，结构紧凑，推理严谨，语言流畅，具有微积分、线性代数、概率论和随机过程基础的读者均可阅读，适合数学、物理、计算机、通信、经济等专业的高年级本科生和研究生使用，也可作为从事相关专业方向与相关领域的科研和工程技术人员的参考用书.

图书在版编目（CIP）数据

随机场：网络信息理论和博弈论/叶中行，杨卫国著. —北京: 科学出版社，2023. 1

（信息与计算科学丛书；91）

ISBN 978-7-03-073998-8

Ⅰ. ①随… Ⅱ. ①叶… ②杨… Ⅲ. ①随机场 Ⅳ. ①O211.5

中国版本图书馆 CIP 数据核字（2022）第 222623 号

责任编辑：王丽平 李香叶 / 责任校对：杨聪敏
责任印制：赵 博 / 封面设计：陈 敬

科 学 出 版 社 出版

北京东黄城根北街 16 号
邮政编码：100717
http://www.sciencep.com

三河市春园印刷有限公司印刷
科学出版社发行 各地新华书店经销

*

2023 年 1 月第 一 版 开本：720×1000 1/16
2025 年 1 月第三次印刷 印张：15 3/4
字数：320 000

定价：158.00 元
(如有印装质量问题，我社负责调换)

前　言

1. 写作背景

挪威科学与文学院 2020 年 3 月 18 日宣布, 将当年的阿贝尔奖授予以色列籍的 Hillel Furstenberg 和俄裔美籍 Gregory Margulis, 以表彰他们"率先将概率论和动力系统的方法用于群论、数论和组合数学". 两人架起了数学中不同领域之间的桥梁, 解决了那些似乎难以解答的问题. 他们的主要贡献是都使用了遍历理论. 遍历理论是从诸如行星系统这样的物理学问题中引出的, 它研究的是会随时间演化, 并最终遍历几乎所有可能状态的系统. 这些系统通常具有混沌性, 即系统未来的状态只能用概率来估计. 但当这一理论应用到其他数学问题的研究时, 这种随机性可能就会成为一种优势, 甚至影响了那些看起来与遍历理论相去甚远的领域, 包括几何和代数. 可见随机方法的重要性.

国家自然科学基金委员会公布 2020 年重点资助领域, 其中有"复杂机构中的概率分析方法", 这里有两个关键词: "复杂机构"和"概率分析". 复杂机构的数学模型静态的主要是网络和图模型等; 动态的主要是动力系统, 它可以是用微分方程来描述的确定性的混沌系统, 或是用概率方法来分析的随机系统. 从问题导向驱动的研究来看, 实际问题中有大量随机现象需要从理论上建立恰当模型, 比如最近新冠肺炎的传播过程就是一个现实的例子, 大数据领域中动态网络数据的处理分析离不开概率统计方法.

本书正是在上述背景下, 作者将近 30 多年在复杂网络的随机场模型、信息论和博弈论方面的成果加以汇总、整理、提炼而形成的. 本书包括在有规范拓扑结构图上定义的随机场的概率特性、相变理论、信息理论、网络演化博弈论等. 而随机场的理论和应用贯穿全书.

2. 从随机过程到随机场

随机场是概率论的一个重要研究方向, 是随机过程在网络上的推广, 也称多维随机过程 (multi-dimensional stochastic process)、多参数随机过程 (multi-parameter stochastic process). 随机场的概念自 Kolmogorov 时代就有了. 一般形式的随机场理论几乎等同于随机函数的一般理论, 在数学上的处理要比随机过程更加复杂

和困难. 随机过程的下标集合可以理解为时间, 随机场的下标集合最一般的可以
是任意图的节点集合. 本书只考虑一类有规范拓扑结构的称为 "格" 的图: 一类
是有限维格, 如 $Z^d(d = 1, 2, 3)$ 和一些 2 维、3 维格; 另一类是树图. 有一个指标
可以区别这两类格图, 令 c_n 为从图上给定一点出发在 n 步内能到达的节点集合
中的点数, 那么对于第一类格 (如 Z^d) 有

$$\lim_{n \to \infty} \frac{\ln c_n}{\ln n} = d$$

其中 d 正好是 Z^d 的维数, 但对于每个节点有 k 个邻点的 Bethe 树来说 $c_n = k(k-1)^{n-1}$, 那么上述极限 $d = \infty$, 这说明 Bethe 树是无穷维的. 由此还提示我
们 Z^d 上的移位算子群是可控群, 而树图上的移位算子群是非可控群, 因此在进行
数学分析时方法也有所不同.

定义一个随机场有两个要素: 位置 (site) 和相空间 (phase space). 在每一个
位置上定义了一个随机变量, 每个随机变量取值于某个相空间, 其全体就叫做随
机场.

随机场有多种等价的定义方法, 既可以用概率论的经典方法, 即用在所有随
机变量的相空间的乘积空间上的相容有限维分布族来定义, 也可以用图模型来描
述. 图模型是表示随机变量之间的关系的图, 图中的每个节点定义一个随机变量,
用边表示条件独立性. 根据边是否有方向, 有两种主要的图模型: 无向图, 亦称马
尔可夫随机场 (Markov random fields) 或马尔可夫网络 (Markov network); 有向
图, 亦称贝叶斯网络 (Bayesian network) 或信念网络 (belief network). 还有混合
图模型, 有时称为链图 (chain graph).

随机场的内容十分丰富, 从指标集看, 可以是离散集合, 如 Z^d、树、一般的图
等; 也可以是连续集合, 如 R^d、球体等. 从相空间看, 有有限离散集合、可列离散
集合、Z^k 或子集等; 也可以是连续集合, 如 R^k 等. 本书主要讨论离散指标集上取
值于离散有限集合的随机场. 对随机场的研究对象主要包括一些特殊随机场, 如
平稳随机场、遍历随机场、马尔可夫随机场、Gibbs 场等. 从研究的问题来看, 有
相变问题、谱理论、极限定理 (大数定律和中心极限定理)、大偏差理论、随机场
的估计和预测等问题.

3. 随机场的相变问题

相变是指物质系统不同相之间的相互转变, 物质从一种相转变为另一种相的
过程. 比如物理系统中与固、液、气三态对应, 物质有固相、液相、气相. 随机场是
描述物理相变过程的重要数学工具, 由局部特征定义的随机场在无限网络上的极

限测度可能不唯一, 换言之, 在无限网络上可能存在无穷多个随机场有相同的局部特征, 在数学上我们也称这种现象为相变. 一个重要问题是, 相变发生的条件, 以及相变发生时这些随机场集合的构造. 这也是统计力学中研究的所谓可解模型 (solvable model), 著名的可解模型有 Ising 模型和 Potts 模型, 以及 2021 年诺贝尔物理学奖得主乔治·帕里西 (Giorgio Parisi) 研究的自旋玻璃 (spin glass) 模型.

科学家对 Ising 模型的广泛兴趣还源于它是描述相互作用的粒子 (或者自旋) 最简单的模型. 物理学中要研究有交互作用的粒子系统, 如铁磁体, 每个单元的磁性受到周围单元磁性和外磁场的影响, 最早是德国的两个物理学家 Lenz 和 Ising 给出了铁磁体的物理模型, Lenz (1920 年) 给出了模型的基本框架, Ising (1925 年) 是 Lenz 的学生, 在他的博士学位论文中给出了该模型的详细描述, 故后人把这个模型称为 Ising 模型, 沿用至今. McCoy 和 Wu[58] 于 1973 年对 2 维 Ising 模型做了全面总结, 该模型首先揭示了相变现象. 树上的 Ising 模型最早是被 Bette (1935 年) 用来近似 Z^d 上的 Ising 模型, 后来 Preston (1973 年)、Spitzer (1974 年)、Moore 和 Snell (1979 年) 又做了深入研究. Ising 模型是一个非常简单的模型, 在 $Z^d(d = 1, 2, 3)$ 上的每个格点上占据一个自旋. 自旋是电子的一个内部性质, 每个自旋在空间上有两个量化方向, 向上旋或者向下旋. Ising 模型中每个随机变量只取 2 个值: $(+1, -1)$ 或 $(0, 1)$, 对应粒子的两种状态. 尽管该模型是一个最简单的物理模型, 但目前仅有 1 维和 2 维的精确解. 3.3 节介绍作者在闭树上 Ising 模型的相变问题的结果. 闭树有类似分形 (fractal) 的自相似结构, 因此值得关注. Potts 模型是 Ising 模型的推广, 其中每个随机变量可以取 q 个值 $(0, 1, 2, \cdots, q - 1)$.

4. 马尔可夫随机场和 Gibbs 测度

随机场另一个重要问题是马尔可夫随机场和 Gibbs 测度, 它是马尔可夫随机过程的推广, 已有百年的发展历史. 苏联的 Kolmogorov 和 Dobrushin、德国的 Georgii 和 Föllmer 都做了系统的研究. 人类历史上第一个从理论上提出并加以研究的随机过程模型是马尔可夫链, 它是马尔可夫对概率论乃至人类思想发展作出的伟大贡献. 马尔可夫链的引入, 开创了概率论中一个重要分支, 即随机过程, 并被广泛应用于物理、化学、天文、生物、经济、军事等科学领域. 所谓马氏性就是, 在 1 维情形表现为, 在已知 "现在" 的条件下, "未来" 与 "过去" 彼此独立的特性, 相应的随机过程就叫做马尔可夫过程, 其最原始的模型就是马尔可夫链. 很多实际问题都显示出这种马氏性, 如家族遗传规律、传染病感染的人数、谣言的传播、原子核中自由电子的跃迁、人口增长的过程等, 它们都可用马尔可夫链或过程来描述. 而由图模型定义的随机场的马氏性表现为, 如果一个点的直接相邻节点都确定了的话, 那么这个点的概率就和所有非相邻节点互相独立了.

马尔可夫先后证明了马氏链的大数定律和中心极限定理, 他同时证明了模型的各态历经性或称遍历 (ergodic) 性, 成为在统计物理中具有重要作用的遍历理论中第一个被严格证明的结果. 遍历理论是奥地利物理学家玻尔兹曼 (L. Boltzmann) 于 1781 年提出来的, 其大意是: 一个系统必将经过或已经经过其总能量与当时状态相同的另外的任何状态.

马氏场是马氏链在随机场方向上的推广, 它可以通过势函数来定义, 首先定义单纯形上的势函数, 然后通过它来定义具有指数形式的概率分布, 称为 Boltzmann 分布, 或 Gibbs 测度. Hammersley-Clifford 证明了, 在所有非空集合都有正概率的前提下, 马氏场等价于 Gibbs 场. 马尔可夫随机场是以其局部特性 (马氏性) 为特征的, Gibbs 随机场是以其全局特性 (Gibbs 分布) 为特征的. 因此如果定义了该 Gibbs 随机场的能量函数, 那么这个马尔可夫随机场也就确定了. Gibbs 测度和物理系统的哈密顿 (Hamiltonian) 相关联, 是正则系综 (canonical emsemble) 概念的一般化, 更重要的是当哈密顿可以用部分和来表示时, Gibbs 测度就具有了马氏性, 即某种条件独立性, 这种性质广泛存在于物理以外的很多问题里, 如生态问题、Hopfield 网络、马尔可夫网络和马氏逻辑网络等.

5. 随机场的应用

随机场和其他一些学科有着密切关系, 并有广泛的应用, 如随机场和统计力学同步发展, 互相渗透和交叉, 统计力学中的气体、铁磁体、二元合金、粒子系统、流体、自旋玻璃、平均场论、量子场论等都和随机场密切相关, 上面提到的 Ising 模型和 Potts 模型就是最简单但研究最深入的模型. 再如, 流体力学中的湍流的速度分量、气压和温度场可以用定义在 3 维空间坐标 x, y, z 以及时间尺度 t 上的随机场来表示; 潮汐的波状、海面或粗糙的板表面的高度都可以用定义在 2 维坐标 x, y 的随机场来表示. 在地球大范围大气过程的研究中, 地面压力场和其他气象特征有时看作球面上的随机场, 等等.

随机场还被应用于很多数学和物理以外的领域, 如生态学、信号和图像处理、人工智能和神经网络、复杂网络、信息论等. 经济和社会系统中的选举模型、新技术扩散模型、博弈模型等也可用随机场建模. 随机场在各领域的应用, 可以得到一些重要结果. 本书则主要介绍作者在随机场信息论方面和网络博弈方面的系列成果.

6. 信息论简史

信息论是 20 世纪 40 年代后期从长期通信实践中总结出来的一门学科, 是专门研究信息的有效处理和可靠传输的一般规律的科学. 信息是系统传输和处理的对象, 它载荷于语言、文字、数据、图像、影视、信号等之中, 要研究信息处理和传输的规律, 首先要对信息进行定量的描述, 即信息的度量, 这是信息论研究的出发点. 但要对通常含义下的信息 (如知识、情报、消息等) 给出一个统一的度量是困难的, 因为它涉及客观和主观两个标准, 而迄今为止最成功、应用最广泛的是建立在概率模型基础上的信息度量, 进而建立在此种信息量基础上的信息论成功地解决了信息处理和可靠传输中的一系列理论问题. 香农信息论是 20 世纪 40 年代后期从长期通信实践中总结出来的一门学科. 在切略 (E. C. Cherry)、吉尔伯特 (E. N. Gilbert)、奈奎斯特 (H. Nyquist) 和哈特莱 (L. V. R. Hartley) 等早期工作的基础上, 克劳德·香农 (Claude Shannon) 于 1948 年发表了具有里程碑意义的论文——《通信的数学理论》, 在世界上首次对通信过程建立了数学模型, 这篇论文和 1949 年发表的另一篇论文一起奠定了现代信息论的基础. 信息论连同控制论、系统论是第二次世界大战期间诞生的三大论, 以及同时代诞生的计算机理论、博弈论对世界的科技进步产生了巨大影响.

香农证明了信源编码和信道编码两大定律, 第一定律即信源编码定律, 给出了信息压缩编码的理论极限. 第二定律即信道编码定律, 揭示了任何信道都不能无限增加信息传送的速率, 即不能超越所谓的信道容量. 香农关于信息处理和可靠通信的工作是当今无所不在的数据压缩、调制解调器、广播、电视、卫星通信、计算机存储、因特网通信、移动通信等的理论基础.

香农理论告诉我们想要提高信息的传送速率关键在于提高信噪比和增加带宽. 它是现代"信息革命"必须遵循的基本原理, 也是"数字通信时代"不可逾越的底线. 通过不断革新技术, 提高信噪比, 增加带宽, 我们经历了大约每十年一代的移动通信技术演进史. 1986 年左右, 依托着频分多址 (Frequency Division Multiple Access, FDMA) 技术, 1G 时代崛起; 1995 年左右, 时分多址 (Time Division Multiple Access, TDMA) 技术使我们进入了 2G 世界; 2007 年左右, 码分多址 (Code Division Multiple Access, CDMA) 技术伴随着智能手机的出世, 使 3G 网络火了起来; 2013 年左右, 以正交频分多址 (Orthogonal Frequency Division Multiple Access, OFDMA) 技术支撑的 4G 以更高速的上网速度开创了移动互联网时代. 而已经到来的 5G 时代的特点是大带宽、低延时、广连接, 将极大改变人类的生活体验. 香农的工作在计算机科学、人工智能、基因工程、神经解剖学乃至金融投资学等众多领域也有广泛应用.

自香农 1948 年的奠基性文章发表后, 苏联和欧美的科学家采取了不同的研究途径进一步发展了信息论. 在苏联以柯尔莫哥洛夫 (Kolmogorov)、欣钦 (Khinchine)、达布鲁新 (Dabrushin) 和平斯克尔 (Pinsker) 为首的一批著名数学家致力于信息论的公理化体系和更一般、更抽象的数学模型, 对信息论的基本定理给出了更为普遍的结果, 为信息论发展成数学的一个分支作出了贡献. 而在欧美, 主要是美国, 则是有一批数学修养很高的工程技术人员致力于信息有效处理和可靠传输的可实现性, 为信息论转化为信息技术作出了贡献. 20 世纪五六十年代我国一批数学家和通信专家王寿仁、关肇直、江泽培、胡国定、陈太一、程民德、蔡长年、周炯槃、张熙等分别从苏联、美国等留学归国并将信息论引进中国, 奠定了信息论在我国发展的基础, 分别在中科院、北京大学、南开大学、上海交通大学、北京邮电学院、西安电子科技大学等推动信息论研究, 培养信息论研究人才. 在老一辈数学家、信息论和通信工程专家的共同努力和推动下, 我国信息论研究形成了不同的发展方向和学术流派. 20 世纪 80 年代后我国信息论研究迅速恢复并努力追赶国际信息论研究前沿, 一批华裔信息论专家在国际学术界崛起, 为信息论的发展作出了自己的贡献. 国内信息论研究呈现群雄逐鹿态势, 为国内通信产业的崛起输送了大批人才, 我国移动通信事业从 1G 到 5G 的演进, 从跟跑到领跑之一就是最好的证明.

7. 随机场的信息理论

信息论主要研究以随机过程为信息流模型的信息的压缩、存储、传输等的数学模型和理论, 适用于文本、声音等信息的处理, 对于图像、影视等信号, 则需要用随机场来建立数学模型, 研究此类高维信号的处理需要将经典的香农信息论推广到随机场的信息论. 最常见的有格 Z^d 和树图上的随机场, 定义在这些格和图上平稳随机场熵率的存在性证明则相当复杂, 进而熵率的可计算的解析表达式则更为困难, 仅 Z^2 和其他一些 2 维格 (如蜂窝格、三角格等) 上的 Ising 模型和树图上的马氏链场的熵率有解析表达式, 寻找可计算模型的努力一直是统计力学研究的方向之一. 随机场熵定理的证明也是困难的问题, Ye 和 Berger 发展了非可控群上证明熵定理的技术, 利用组合数学方法证明了树图上平稳随机场以概率收敛的熵定理. 刘文发展了证明随机过程在以概率 1 收敛意义下的强大数定律的分析方法, Yang 和 Ye 以及 Dang、Yang 和 Shi 等进一步发展了刘文的分析方法, 推广到随机场, 证明了树指标马氏链场在概率 1 收敛意义下的强大数定律和熵定理. 作为率失真信源编码基础的率失真函数的计算是至今仍未完全解决的困难问题, 本书详细讨论了随机场率失真函数的计算和临界失真的估计问题, 借助统计力学中配分函数零点分布的结果得到 Ising 模型和 Potts 模型临界失真的最好估计.

8. 网络上的演化博弈论

博弈论 (Game Theory) 主要研究公式化了的激励机制、具有斗争或竞争性质现象的数学理论和方法. 博弈论又称为对策论, 既是现代数学的一个新分支, 也是运筹学的一个重要学科. 博弈论思想古已有之, 中国古代的《孙子兵法》不仅是一部军事著作, 而且算是最早的一部博弈论著作. Game 的本意是游戏, 因此 Game Theory 直译应是 "游戏理论", 事实上博弈论最初主要研究象棋、桥牌、赌博中的胜负问题. 近代博弈论的理论化始于策梅洛 (Zermelo)、博雷尔 (Borel) 及冯·诺伊曼 (von Neumann). 1928 年, 冯·诺伊曼证明了博弈论的基本原理, 宣告了博弈论的诞生. 1944 年, 冯·诺伊曼和摩根斯坦共著的《博弈论与经济行为》将二人博弈推广到 n 人博弈结构, 并将博弈论系统地应用于经济学领域, 奠定了这一学科的基础和理论体系. 20 世纪 50 年代初期, 纳什的博士学位论文 (由 4 篇短论文组成) 利用不动点定理证明了均衡点的存在, 现在称之为纳什均衡. 经过数十年的发展, 今天博弈论已发展成一门较完善的学科, 并在生物学、经济学、计算机科学、社会学、军事学、国际关系、政治学等很多学科有着广泛的应用. 1994 年诺贝尔经济学奖授予加利福尼亚大学伯克利分校的约翰·海萨尼 (J. Harsanyi)、普林斯顿大学约翰·纳什 (J. Nash) 和德国波恩大学的赖因哈德·泽尔滕 (Reinhard Selten) 3 位博弈论专家, 至今共有 7 届的诺贝尔经济学奖与博弈论的研究有关.

现实生活中的社会-经济网络、神经网络和生态网络等表现出群体参与的、静态或动态的既合作又竞争的博弈现象, 促使博弈论研究发展出动态演化博弈的各种新模型, 本书讨论的是一类特殊的、借助随机场数学方法的网络演化博弈. 假设在上述提及的规则网络的每个节点上都有一个玩家, 他仅和他的邻点上的玩家做重复博弈, 在每一轮博弈中他和相邻玩家同步地做多个基本的 2 人或多人博弈, 在每个时间点根据观察到的此轮博弈中邻家的策略信息和自己的回报信息, 更新自己的策略进入下一轮博弈, 全体参与者按照预先确定的顺序同步或异步或分组异步更新策略, 更新法则可以是确定性的, 也可以是随机性的, 本书讨论的是随机更新法则, 确定性法则是其特例. 这样每个时刻全体玩家的策略就构成网络上的一个随机场, 而全体玩家更新策略的过程就是以上述随机场为相空间的随机过程. 本书关心的是这样的过程的极限是否存在, 如存在是否唯一, 如不唯一, 即存在相变等, 本书也给出一些与讨论的模型相关的案例和数值模拟.

9. 关于数学和交叉学科研究

学科交叉是 "跨学科" 的研究活动, 其结果导致的知识体系构成了交叉科学. 自然界的各种现象之间本来就是一个相互联系的有机整体, 因而人类对于自然界和社会的认识所形成的科学知识体系也必然就具有整体化的特征. 随着科学的快速进步, 学科发展出现了交叉融合的趋势, 交叉学科、跨学科研究领域层出不穷, 学科交叉点往往就是科学创新的生长点、新的科学前沿的汇集地, 这里最有可能产生重大的科学突破, 中国需要加速发展科学和技术, 其中要大力地提倡学科交叉, 注重交叉科学的发展.

数学是研究客观事物的空间形式和数量关系的科学, 可以普遍应用于一切科学. 马克思说过, 一切科学只有在成功地运用数学时, 才算达到真正完美的地步, 因此数学与一切科学的交叉渗透是必然的. 科学技术部、教育部、中国科学院自然科学基金委员会 2019 年 7 月印发《关于加强数学科学研究工作方案》, 之后北京、上海、广东、天津、山东等地先后成立了 13 个国家应用数学中心, 来凝聚高端数学人才进行长期数学研究. 上海交通大学和复旦大学联合上海其他一些高校组建了上海应用数学中心, 推动数学和其他科学的交叉融合研究.

随机数学是基础数学的重要组成部分, 随机分析的方法正被越来越多地应用于各个学科, 作者近 30 年来一直从事数学、信息科学和金融的交叉学科的研究、教学和人才培养, 取得了一批成果、积累了一些经验、培养了一批人才, 本书在随机场的相变理论、信息论和网络博弈论等方面开辟了新的研究方向, 丰富了概率论、统计力学、信息论和博弈论, 我们取得的成果在图像处理、通信工程、经济金融和社会系统等方面有潜在的应用价值. 本书提供了一个交叉学科方向研究的范例, 为开拓读者的视野、进入交叉领域的探索提供了样板, 可供上述领域的研究人员做参考, 也对我国交叉科学研究贡献微薄之力.

10. 本书的安排

本书主要分三部分, 第一部分介绍随机场及相变理论. 先从随机过程的基本概念过渡到随机场, 介绍了随机场的几种定义, 以及最重要的一类随机场: 马尔可夫随机场和 Gibbs 场. 接着介绍了 Z^d 上和树上 Ising 模型的相变问题, 作者在闭树上 Ising 模型相变问题的成果. 这部分有三章, 第 1 章是图上的随机场和条件独立性; 第 2 章是 Z^d 上的随机场, 并着重讨论了 Z^2 上 Ising 模型的相变问题; 第 3 章是树图上的随机场, 并着重讨论了开树和闭树上 Ising 模型的相变问题.

第二部分介绍随机场的信息理论, 包括第 4 章至第 9 章. 第 4 章介绍随机变量和随机过程的信息度量与它们的基本性质, 以及作为信源编码基础的 Shannon-McMillan-Breiman 定理; 第 5 章介绍树图上随机场的熵率和表面熵的定义与存在性证明; 第 6 章介绍树上 G-不变随机场和 PPG-不变随机场的以概率收敛的熵定理; 第 7 章讨论树指标马氏链场的以概率 1 收敛的强极限定理和熵定理; 第 8 章介绍 Z^d 上随机场的信息度量和熵定理; 第 9 章讨论 Z^d 和部分 2、3 维格上随机场的率失真理论与率失真函数的计算.

第三部分是第 10 章介绍用随机场来建模的网络上的演化博弈论, 首先介绍网络演化博弈论的一般理论, 其次介绍基于一些特别的基本博弈 (如囚徒困境、石头-剪刀-布) 的网络博弈问题, 最后给出两个具体的演化博弈模型和数值模拟.

我们建议读者按照图 1 提示的顺序阅读本书, 因为从内容看可分为三条线, 第一条线 (图 1 中间那条线) 包括第 1 章和第 4 章, 第 1 章用图模型给出网络上随机场的一般定义, 第 4 章介绍随机过程的信息度量, 既是为后面两条线的讨论做准备, 也可以看作它们的特例. 第二条线 (图 1 最上面一条线) 包括第 2, 8, 9, 10 章共四章, 讨论了 Z^d 上随机场的定义、Ising 模型的相变问题、随机场的信息度量、率失真函数的计算法则, 第 10 章以 Z^d 上随机场为工具讨论了网络上演化博弈论. 第三条线 (图 1 最下面那条线) 包括第 3, 5, 6, 7 章, 讨论树上随机场的定义、Ising 模型的相变、信息度量和极限定理.

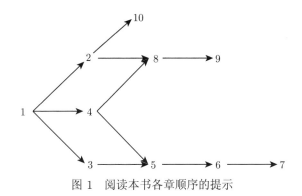

图 1　阅读本书各章顺序的提示

本书主要读者对象是大学数学类专业 (特别是数学与应用数学专业和信息与计算科学专业)、计算机和通信类专业、经济类专业的高年级本科生、研究生、研究人员和相关技术部门的工程技术人员.

11. 致　　谢

本书的大部分内容取自作者和合作者近三十年积累的在概率论、信息论和博弈论方向上的研究成果, 也是对两位作者完成的多个国家自然科学基金项目成果的一个汇总, 作者感谢国家自然科学基金、教育部相关基金等的持续资助.

作为作者之一的叶中行由衷地感谢攻读硕士和博士研究生阶段的导师南开大学胡国定教授、沈世镒教授和美国康奈尔 (Cornell) 大学托比·贝尔格 (Toby Berger) 教授, 是他们将作者引入概率论和信息论的研究领域, 作者的博士学位论文 "Entropy and ε-entropy of random fields" 以及与 Toby Berger 合作在随机场信息论和相变理论方面一系列的成果, 构成本书的部分内容的基础, 和杨卫国等的合作催生了更多的新成果, 作者和指导的硕士、博士研究生在网络上演化博弈论方面取得的成果开辟了一个新的研究方向, 在此作者向以上人士表示衷心感谢.

特别感谢妻子和家人对本人的关爱、理解与支持, 没有良好的写作环境, 本书的成书几无可能.

另一位作者杨卫国衷心感谢其硕士研究生导师刘文教授和博士研究生导师叶中行教授. 刘文教授指导杨卫国进入概率论极限理论领域, 特别讲授了一种研究概率论强极限定理的新方法. 叶中行教授指导杨卫国进入信息论及随机场研究领域, 杨卫国开始用刘文教授的方法研究树上马氏链场、树指标齐次与非齐次马氏链、二叉树指标非齐次分支马氏链的强大数定律与渐近等分性, 独立或与他人合作发表了若干篇论文, 本书选取了其部分成果, 构成本书第 7 章的主体内容.

两位作者衷心感谢科技部国家科学技术学术著作出版基金的资助, 也感谢上海交通大学数学科学学院和江苏大学数学科学学院的支持, 使得本书的出版成为可能. 感谢科学出版社王丽平编辑的热情鼓励和大力支持, 使得本书得以顺利出版. 本书的收官和最后的润色是在 2020 年抗击新冠肺炎疫情期间宅在家中完成的, 阅读和写作相伴共抗疫情, 也是对抗疫贡献了力量.

叶中行　杨卫国

2022 年 5 月于沪

目　录

第 1 章　图上的随机场和条件独立性

1.1　图的定义和基本概念

一个图是由顶点的集合和边的集合组成的, 通常表示为 $\mathcal{G} = (V, E)$, 其中 V 是节点 (也称顶点) 的集合, E 是边的集合, 在本书中我们在多数场合考虑简单无向图, 即两点间不存在多重边, 也不存在一点到自身的环, 并且边都是无方向性的. 如果两点 $a, b \in V$ 间有一条边相连接, 将这条边记为 (a, b), 称 a 和 b 相邻.

设 $A \subseteq V$ 是节点集的子集, 由它导出的子图 $\mathcal{G}_A = (A, E_A)$, 其中边的集合 $E_A = E \cap (A \times A)$ 是从图 $\mathcal{G}$ 中保留了那些两个节点都在 A 中的边得到的. 称一个图是完备的, 如果它的所有节点之间都有由边组成的路是连通的. 一个子集称为完备的, 如果它导出的子图是完备的. 一个完备子集在包含意义下是最大的则称为单纯形 (simplex). 换言之, 一个单纯形上所有的点都是两两有边相连接的. 图 1.1.1 分别是由 1, 2, 3, 4, 5 个节点组成的单纯形的图.

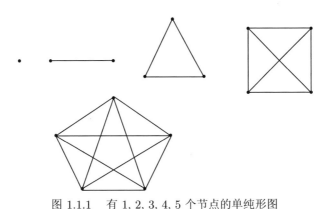

图 1.1.1　有 1, 2, 3, 4, 5 个节点的单纯形图

邻域

记 $N = \{N_i;\ i \in V\}$ 为一个邻域系统, N 是节点集 V 的一个满足以下性质的非空子集族.

(i) 对任何 $i \in V$, i 不属于 N_i;

(ii) $i \in N_j$ 当且仅当 $j \in N_i$, 对任何 $i, j \in V$ 成立,

其中 N_i 称为 i 的邻域. 记 $W_i = N_i \cup \{i\}$. 对于不同的图, 它们的邻域结构也不同.

节点集的子集 A 的边界 ∂A 是由 $V \backslash A$ 中的那些是 A 中点的邻点全体组成的. $cl(A) = A \cup \partial A$. 由节点 a 到节点 b 的长为 n 的一条路是由一列不同的节点 $a = a_0, a_1, \cdots, a_{n-1}, a_n = b$ 组成之点列, 且相继的两点有边相连, 即 $(a_i, a_{i+1}) \subset E$. 一个长为 n 的环是首尾相接的路, 其节点 $a = b$. 称一个图为树 (tree), 如果它是一个连通的没有环的图, 树上任两点间有且只有一条路. 一个有根的树 (rooted tree) 是一个有向的无环图, 它是在一个树图上选择一个节点作为根点, 所有的边都是从根点向外指向的. 图 1.1.2 可以是无根树, 这个树上每个节点的邻点数都相同, 称为齐次树或 Bethe 树, 记每个节点有 k 个邻点的树为 T^k. 图 1.1.2 也可以是有根树, 取任何一点作为根点, 如图中所示的 O 点. 图 1.1.3 是二叉有根树, 有一个根点, 分出两个分支, 每个节点向外有两个分支, 称为 Cayley 树. 一个森林 (forest) 是一个有向图, 它的所有连通的子集都是树. 我们将在后面讨论树上的随机场.

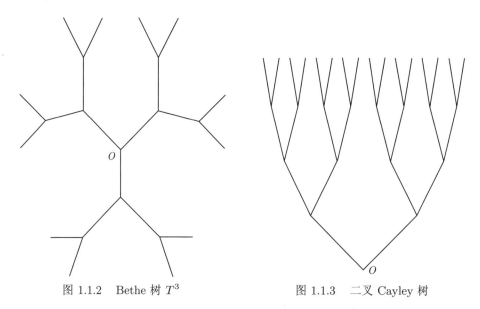

图 1.1.2 Bethe 树 T^3 　　　　　　图 1.1.3 二叉 Cayley 树

树图是另一类更广泛的称为格 (lattice) 中的一种, 格还包括 Z^d, 当 $d = 1$ 时即是直线上由整数点构成的图, 相邻两点间距离为 1. Z^2 和 Z^3 分别是平面上和 3 维空间中由整数坐标的点全体构成, 两点间欧氏距离为 1 时有 1 条边相连, 图 1.1.4 是 1, 2, 3 维整数格的示意图, 图 1.1.5 是 2 维蜂窝格, 图 1.1.6 是 2 维三角格. 在第 9 章中我们还将遇到其他 3 维格, 如 3 维面心格和体心格.

对于 Z^k, 记它的有限子集 $\Lambda^{(n)} = \{s = (s_1, s_2, \cdots, s_K) : |s_i| \leqslant n\}$, 其边界为 $\partial \Lambda^{(n)} = \{s = (s_1, s_2, \cdots, s_K) : |s_i| = n\}$, 用 $\|B\|$ 表示集合 B 中的节点数, 易验证

$$\lim_{n\to\infty}\frac{\|\partial\Lambda^{(n)}\|}{\|\Lambda^{(n)}\|}=0$$

即在某种意义下, 边界点可以忽略, Z^d 上的移位算子群是可控群 (amenable group). 但对树图, 这并不成立. 事实上, 对于每个节点有 k 个邻点的 Bethe 树来说, 第 n 层上的节点数与从根点到第 n 层构成的子树上节点比值 $\approx\dfrac{k-2}{k-1}$, 如图 1.1.2 的 Bethe 树, 该比值趋于 $\dfrac{1}{2}$ 说明边界的影响不可忽略.

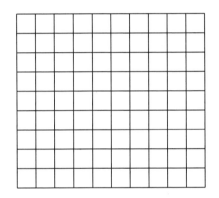

(a) 1 维整数格 Z

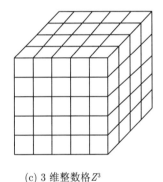

(c) 3 维整数格 Z^3

(b) 2 维整数格 Z^2

图 1.1.4　格 $Z^d(d=1,2,3)$

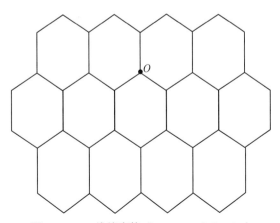

图 1.1.5　2 维蜂窝格 (honeycomb lattice)

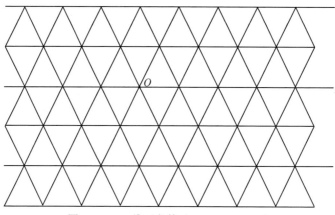

图 1.1.6   2 维三角格 (triangle lattice)

[78] 给出另一个指标可以区别格 Z^d 和树. 令 c_n 为从图上给定一点出发在 n 步内能到达的节点集合中的点数, 那么对于 Z^d 有

$$\lim_{n\to\infty} \frac{\ln c_n}{\ln n} = d$$

其中 d 正好是 Z^d 的维数, 但对于每个节点有 k 个邻点的 Bethe 树来说 $c_n = k(k-1)^{n-1}$, 那么上述比值 $d = \infty$, 这说明 Bethe 树是无穷维的.

再来看它们的邻域结构, 对平面三角格, 每个顶点有 6 个邻点, 其中原点 $O = (0,0)$ 的邻域为

$$N_0 = \left\{ (1,0), (-1,0), \left(\frac{1}{2}, \frac{\sqrt{3}}{2}\right), \left(-\frac{1}{2}, \frac{\sqrt{3}}{2}\right), \left(-\frac{1}{2}, -\frac{\sqrt{3}}{2}\right), \left(\frac{1}{2}, -\frac{\sqrt{3}}{2}\right) \right\}$$

(图 1.1.7(d)).

对直线, 每个节点只有 2 个邻点 (图 1.1.7(a)).

对平面矩形格, 每个顶点有 4 个邻点. 原点 $O = (0,0)$ 的邻域为

$$N_0 = \{(1,0), (-1,0), (0,1), (0,-1)\}$$

(图 1.1.7(c)). 另一种邻域结构, 每个节点有 8 个邻点 (图 1.1.7(e)), 称为 Moore Neumann 邻域.

对于 2 维蜂窝格, 每个顶点有 3 个邻点. 其原点 $O = (0,0)$ 的邻域

$$N_0 = \left\{ (0,1), \left(\frac{\sqrt{3}}{2}, -\frac{1}{2}\right), \left(-\frac{\sqrt{3}}{2}, -\frac{1}{2}\right) \right\}$$

(图 1.1.7(b)).

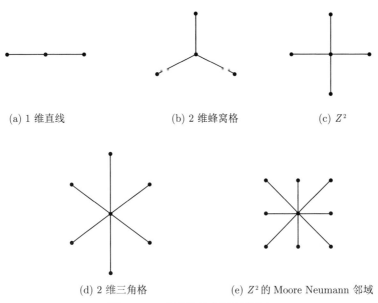

(a) 1 维直线   (b) 2 维蜂窝格   (c) Z^2

(d) 2 维三角格   (e) Z^2 的 Moore Neumann 邻域

图 1.1.7   部分格的邻域结构图

1.2 条件独立和马氏性

1. 条件独立

设随机变量 X, Y 服从联合分布 $p(x, y)$, 用 $X \perp Y$ 表示 X 和 Y 互相独立. 而随机变量的条件独立性含义是: 设随机变量 X, Y, Z 服从联合分布 $p(x, y, z)$, 用 $X \perp Y \mid Z$ 表示在给定 Z 条件下 X 和 Y 互相独立, 当 X, Y, Z 是取值于离散有限集时, $X \perp Y \mid Z$ 意味着

$$P(X = x, Y = y \mid Z = z) = P(X = x \mid Z = z)P(Y = y \mid Z = z) \qquad (2\text{-}1)$$

对任何满足 $P(Z = z) > 0$ 的 z 成立.

如果 X, Y, Z 是连续随机变量并有联合分布密度 $f_{XYZ}(x, y, z)$, 则

$$X \perp Y \mid Z \Leftrightarrow f_{XY|Z}(x, y \mid z) = f_{X|Z}(x \mid z)f_{Y|Z}(y \mid z) \qquad (2\text{-}2)$$

对任何满足 $f_Z(z) > 0$ 的 z 成立.

条件 (2-2) 可以重写为如果 X, Y, Z 是连续随机变量并有联合分布密度 $f_{XYZ}(x, y, z)$, 则

$$X \perp Y \mid Z \Leftrightarrow f_{XYZ}(x, y, z)f_Z(z) = f_{XZ}(x, z)f_{YZ}(y, z) \qquad (2\text{-}3)$$

条件独立的三元关系 $X \perp Y \mid Z$ 有以下性质: 设 $h(x)$ 表示样本空间 $\mathcal{X}$ 上的可测函数, 则有

(c1) 如果 $X \perp Y \mid Z$, 则 $Y \perp X \mid Z$;

(c2) 如果 $X \perp Y \mid Z$ 且 $U = h(X)$, 则 $U \perp Y \mid Z$;

(c3) 如果 $X \perp Y \mid Z$ 且 $U = h(X)$, 则 $X \perp Y \mid (Z, U)$;

(c4) 如果 $X \perp Y \mid Z$ 且 $X \perp W \mid (Y, Z)$, 则 $X \perp (W, Y) \mid Z$;

(c5) 如果 $f(x, y, z) > 0$ 且连续, $X \perp Y \mid Z$ 且 $X \perp Z \mid Y$, 则 $X \perp (Y, Z)$;

(c6) 如果 X, Y, Z 是连续随机变量并有联合分布密度 $f(x, y, z)$, 则有

$$X \perp Y \mid Z \Leftrightarrow f(x, y, z) = \frac{f(x, z) f(y, z)}{f(z)} \tag{2-4}$$

$$X \perp Y \mid Z \Leftrightarrow f(x \mid y, z) = f(x \mid z) \tag{2-5}$$

$$X \perp Y \mid Z \Leftrightarrow f(x, y \mid z) = f(x \mid z) f(y \mid z) \tag{2-6}$$

$$X \perp Y \mid Z \Leftrightarrow f(x, y, z) = h(x, z) k(y, z) \text{ 对某个 } h \text{ 和 } k \text{ 成立} \tag{2-7}$$

$$X \perp Y \mid Z \Leftrightarrow f(x, y, z) = f(x \mid z) f(y, z) \tag{2-8}$$

以上右边的关系对所有非零的 $f(x, y, z)$ 都成立.

2. 马尔可夫性

本节我们考虑以图 $\mathcal{G} = (V, E)$ 的节点集为下标集、在概率空间 $(\mathcal{X}_i)_{i \in V}$ 上定义的随机场 $\mathbf{X} = (X_i)_{i \in V}$, 设 $A \subseteq V$ 是 V 的一个子集, $\mathcal{X}_A = \prod_{i \in A} \mathcal{X}_i$, $\mathcal{X} = \mathcal{X}_V$, $\mathcal{X}_A$ 中的元素记为 $x_A = (x_i)_{i \in A}$, 类似地, 记 $X_A = (X_i)_{i \in A}$. 我们用一个简化的记号

$$A \perp B \mid C$$

表示

$$X_A \perp X_B \mid X_C$$

以下我们来定义几种马尔可夫性 (简称马氏性).

(P) 点对点马氏性: 对任两个不相邻的点对 (i, j), 如果

$$i \perp j \mid V \setminus \{i, j\}$$

则称 i 和 j 满足相对于图 $\mathcal{G}$ 的点对点马氏性.

(L) 局部马氏性: 如果对任何点 $i \in V$ 有

$$i \perp V \setminus \{i \cup \partial(i)\} \mid \partial(i)$$

即给定点 i 的边界, X_i 和边界外的随机场相互独立.

(G) 全局马氏性: 如果对于任何三元组 (A, B, S), 其中 S 将 A 和 B 分离, 满足

$$A \perp B \mid S$$

下面的性质给出了这些马氏性的关系.

性质 2.1 对任何无向图 $\mathcal{G}$ 和 $\mathcal{X}$ 上的任何概率分布, 我们有

$$(G) \Rightarrow (L) \Rightarrow (P) \tag{2-9}$$

证明 (i) 首先证 (G) $\Rightarrow$ (L), 这是因为 $\partial(a)$ 将 a 和 $V \backslash cl(A)$ 分离.

(ii) 再证 (L) $\Rightarrow$ (P), 假设 (L) 成立, 因为 a 和 b 不相邻, 我们有 $b \in V \backslash cl(a)$, 从而

$$\partial(a) \cup ((V \backslash cl(a)) \backslash \{b\}) = V \backslash \{a, b\}$$

由 (L) 和 (c3) 得

$$a \perp V \backslash cl(a) \mid V \backslash \{a, b\}$$

再利用 (c2) 就得 $a \perp b \mid V \backslash \{a, b\}$. 这就是 (P).

附注 以上三种马氏性是不同的, 即上述性质反向均不成立, 读者可以自己寻找满足 (P) 但不满足 (L) 或满足 (L) 但不满足 (G) 的反例.

关于随机变量之间的独立性和条件独立性的判定, 除了上述概率方法外, 常用的还有信息论方法. 我们将在第 4 章中详细讨论.

第 2 章　Z^d 上的随机场

2.1　离散随机过程

格是一类规范化的图, 第 1 章介绍了本书中会遇到的一些格, 包括 1, 2, 3 维整数格 $Z^d(d=1,2,3)$、2 维三角格和蜂窝格、树图等, 在第 7 章还会遇到 3 维体心格和面心格. 本节要讨论规范化格 Z^d 上的随机场.

整数集 Z 是格 Z^d 当 $d=1$ 时的特例, 以 Z 为下标集的随机场就是通常所谓的随机过程, 也是最常见和最重要的随机场, 这里单独列为一节介绍随机过程的基本概念.

定义 1.1　一个随机过程, 记为 $\mathbf{X}=\{X_n, n\in N\}$ 是一列随机变量, 其中 N 为下标集.

最常见的两个下标集为 $Z=\{\cdots,-2,-1,0,1,2,\cdots\}$ 和非负整数集 $Z_+=\{0,1,2,\cdots\}$, 以 Z 为下标集的随机过程称为双边随机过程, 以 Z_+ 为下标集的随机过程称为单边随机过程. 在本书中假设每个 X_n 取值于离散集 $\mathcal{X}$.

定义随机过程的另一种方法是通过定义于由随机变量序列生成的可测空间上的概率测度来定义.

定义 1.2　设 $\mathcal{X}^N=\prod_{n\in N}\mathcal{X}_n$ 为构形空间 (也称组态空间), 其中 $\mathcal{X}_n=\mathcal{X}$, 通常对给定的 $\mathcal{X}$ 上的离散拓扑和 $\mathcal{X}^N$ 上的乘积拓扑, $\mathcal{X}^N$ 是一个紧的 Hausdorff 空间. 设 $\sigma(\mathcal{X}^N)$ 是 $\mathcal{X}^N$ 上的 σ-域, 则一个随机过程是定义在 $\{\mathcal{X}^N, \sigma(\mathcal{X}^N)\}$ 上的一个概率测度.

定义 1.3　一个随机过程 $\mathbf{X}=\{X_n, n\in Z_+\}$ 称为平稳的, 如果对任意正整数 k 和任何 $t_1, t_2, \cdots, t_k, h\in Z_+$, $\{X_{t_1}, X_{t_2}, \cdots, X_{t_k}\}$ 和 $\{X_{t_1+h}, X_{t_2+h}, \cdots, X_{t_k+h}\}$ 有相同的联合分布.

设 $\Omega=\mathcal{X}^{Z_+}=\{\mathbf{x}=(x_0, x_1, x_2, \cdots): x_i\in\mathcal{X}, i=0,1,2,\cdots\}$, 定义 $\Omega\to\Omega$ 的单边移位算子 T: $T(x_0, x_1, x_2, \cdots)=(x_1, x_2, x_3, \cdots)$. 一个单边序列的集合 A 称为平移不变的, 如果满足 $T\mathbf{x}\in A$ 当且仅当 $\mathbf{x}\in A$.

定义 1.4　称一个平稳过程为遍历的, 如果对任何平移不变集合 A, 有 $P\{(X_0, X_1, X_2, \cdots)\in A\}=0$ 或 1.

定理 1.5 (强大数定律)　设 $\mathbf{X}=\{X_n, n\in Z_+\}$ 为平稳遍历过程, 且有有限数

学期望, 即 $EX_n = m < \infty$, 则以概率 1 有

$$\lim_{n \to \infty} \frac{1}{n} \sum_{i=0}^{n-1} X_i = m$$

证明 略, 见仕一本概率论的教材.

定义 1.6 称一个随机过程 $\mathbf{X} = \{X_n, n \in Z_+\}$ 为鞅 (上鞅或下鞅), 如果对 $n = 0, 1, 2, \cdots$ 有

(i) $E|X_n| < \infty$;

(ii) $E[X_{n+1}|X_0, X_1, X_2, \cdots, X_n] = X_n$ ($\leqslant X_n$ 或 $\geqslant X_n$) 几乎处处成立.

定理 1.7 (鞅收敛定理) (i) 设随机过程 $\mathbf{X} = \{X_n, n \in Z_+\}$ 为上鞅, 且满足

$$\sup_{n \geqslant 0} E[|X_n|] < \infty$$

则存在一个随机变量 X_∞, 使得

$$\lim_{n \to \infty} X_n = X_\infty \quad \text{a.s.}$$

(ii) 设随机过程 $\mathbf{X} = \{X_n, n \in Z_+\}$ 为鞅且一致可积, 则除了 (i) 中结论成立外, 还有

$$\lim_{n \to \infty} E[|X_n - X_\infty|] = 0$$

定义 1.8 一个随机过程 $Y = \{Y_n, n = 0, -1, -2, \cdots\}$ 为逆鞅, 如果对所有 $n \in Z_+$, 新过程 $X_n = \{Y_{-n}, n \in Z_+\}$ 为鞅.

由鞅收敛定理很容易得到逆鞅的收敛定理, 此处略去.

定义 1.9 称随机过程 $\mathbf{X} = \{X_n, n \in Z_+\}$ 为 k-阶马尔可夫过程, 如果

$$P\{X_m|X_{m-1}, X_{m-2}, \cdots, X_0\} = P\{X_m|X_{m-1}, X_{m-2}, \cdots, X_{m-k}\}$$

特别地当 $k = 1$ 时称为马氏过程.

2.2 Z^d 上的马氏场

本节首先给出 d 维格上随机场的定义和一些基本概念. 有多种方法定义格上的随机场. 第一种方法是用概率空间上的测度来定义.

定义 2.1 考虑 S 为一个可列集合, 如 $S = Z^d$ 表示 d 维整数格, 即坐标为整数的点构成的 d 维空间, 设 E 是一个完备可分距离空间 (Polish 空间), 为随机变量的取值空间, 也称状态空间. 一般设 E 是一个有限紧集或 $\mathcal{R}^k$. 在本章中设它

为有限集合, $\mathcal{E}$ 为 E 的 σ-域, $\Omega = E^S = \prod_{i \in S} E_i$, 其中每个 $E_i = E$. $\mathcal{F}_S$ 为 Ω 上的 σ-域. S 上的一个构形就是可测构形空间 $(\Omega, \mathcal{F}_S) = (E, \mathcal{E})^S$ 中的一个元素 $\mathbf{x}$ 或 ω. 则 S 上的一个随机场是概率空间 $(\Omega, \mathcal{F}_S)$ 上的一个测度 μ.

第二种方法是用以格上的节点为指标集合的一族随机变量来定义.

定义 2.2 以 S 的节点为下标的一族随机变量 $\mathbf{X} = \{X_s : X_s \in E, s \in S\}$ 称定义于 S 上取值于 E 的随机场.

定义随机场 μ 的第三种方法是用概率论中经典的有限维分布族和 Kolmogorov 相容性定理方法.

定义 2.3 设 $\mathcal{S}$ 是 S 的非空子集构成的集族, 一个服从 Kolmogorov 相容性的边际分布族 $\{P_\Lambda, \Lambda \in \mathcal{S}\}$ 定义了一个随机场 μ, 使得它的边际分布满足 $\mu_\Lambda = P_\Lambda, \Lambda \in \mathcal{S}$.

第四种方法是局部特征法, 即通过一族相容的条件转移概率来定义.

定义 2.4 设 λ 是状态空间 $(E, \mathcal{E})$ 上的一个正参考测度, 对 $V \in \mathcal{S}$, λ_V 是 $(E, \mathcal{S})^{\otimes V}$ 上的乘积测度, 如果 μ 是一个随机场, 对 $V \in \mathcal{S}$, 定义条件转移概率核

$$\mu_V(\cdot \mid \cdot): \quad \mathcal{F}_V \times \Omega_{S \setminus V} \to [0, 1]$$

$$(B \times y) \to \mu_V(B \mid y) = E_\mu(1_B \mid y) = \mu(\omega_V \in B \mid \omega_{S \setminus V} = y)$$

其中 $\mathcal{F}_V$ 是构形空间 V 的 σ-域, $\Omega_{S \setminus V}$ 是 V 在 S 中补集 $S \setminus V$ 上的构形空间, $\mu_V(B \mid \cdot)$ 是一个 $\mathcal{F}_{S \setminus V}$ 可测随机变量.

核的相容性: 设 $V \subseteq V'$ 是 S 的两个子集, $\pi_V(\cdot \mid \cdot), \pi_{V'}(\cdot \mid \cdot)$ 分别是 V 和 V' 对应的两个核, 由这两个核组合成 V' 上的另一个核 (记为 $\pi_{V'} \circ \pi_V$), 对 $B \subseteq V$, $B' \subseteq V' \setminus V$, $y \in \mathcal{F}_{V' \setminus V}$, $z \in \mathcal{F}_{S \setminus V'}$,

$$(\pi_{V'} \circ \pi_V)(B \cup B' \mid z) = \int_{B'} \pi_V(B \mid yz) \pi_{V'}(E^V, dy \mid z)$$

称这族核是相容的, 把满足上述相容性的核称为条件特征 (conditional specification), 由这组条件特征决定的随机场 μ 满足

$$\mu_{V'} \circ \mu_V = \mu_{V'} \tag{2-1}$$

附注 条件特征可以用单点集上的条件分布族 $\pi_{\{s\}}, s \in S$ 来构造.

定义 2.5 称条件概率 $\mu_j(\cdot \mid S - \{s\}), s \in S$ 为随机场 μ 的局部特征, 如果局部特征恒为正值, 且只依赖于每个点的邻点, 即

$$\mu_s(\cdot \mid S - \{s\}) = \mu_s(\cdot \mid N(s)) > 0, \quad s \in S \tag{2-2}$$

其中 $N(s) = \{t \in S, \|t - s\| = 1\}$ 称为点的一阶邻域 (也称为紧邻), 则称 μ 为马尔可夫随机场, 简称马氏场. 如果将 $N(j)$ 换成 $N_r(s) = \{t \in S, \|t - s\| \leqslant r\}$ 称为 r-阶邻域, 则称 μ 为 r-阶马尔可夫随机场. 称局部特征为平稳的 (齐次), 如果满足 $s \in S$ 有 $\mu_0(a \mid S - \{0\}) \circ \theta_s^{-1} = \mu_0(a \mid S - \{0\})$.

定义 2.6 Gibbs 测度. 记 $\mathcal{G}(\pi)$ 为以 π 为相容条件分布该的随机场全体, 即 $\mu \in \mathcal{G}(\pi) \Leftrightarrow \mu_V \equiv \pi_V, \mu$-a.e. 对任意 $V \in \mathcal{S}$ 成立. 对给定的一族 π, $\mathcal{G}(\pi)$ 可能为空集, 也可能只有一个随机场满足要求, 也可能有多个随机场符合要求, 这时称发生相变. 如果 $\mathcal{G}(\pi)$ 非空, 则称 $\mathcal{G}(\pi)$ 中的随机场为 Gibbs 测度.

人们更感兴趣的是由一个 Gibbs 势函数定义的 π 所导出的 $\mathcal{G}(\pi)$.

定义 2.7 交互作用势函数可表示为函数 $\phi = (\phi_A, A \in \mathcal{S}) : \phi_A : \Omega_A \to R$ 满足

(i) 对任何 A, ϕ_A 是 $\mathcal{F}_A$-可测的;

(ii) 若 $A \in \mathcal{S}$ 且 $\omega \in \Omega$, 则

$$U_\Lambda^\phi(\omega) = \sum_{A \in \mathcal{S} : A \cap \Lambda \neq \varnothing} \phi_A(\omega)$$

存在, 称 $-U_\Lambda^\phi(\omega)$ 为 ω 在 Λ 中的能量, 也称 U_Λ^ϕ 为 Λ 上的哈密顿. 称 ϕ 为 λ-允许的, 如果对所有 $\Lambda \in \mathcal{S}, \omega \in \Omega$ 有

$$Z_\Lambda^\phi(\omega) = \int_{\Omega_\Lambda} \exp\{U_\Lambda^\phi(\omega_\Lambda, \omega_{S \backslash \Lambda})\} \lambda^\Lambda(d\omega_\Lambda) < \infty$$

定理 2.8 如果 ϕ 是 λ-允许的, 则

$$\pi_\Lambda^\phi(\omega_\Lambda \mid \omega_{S \backslash \Lambda}) = \frac{1}{Z_\Lambda^\phi(\omega)} \exp\{U_\Lambda^\phi(\omega_\Lambda, \omega_{S \backslash \Lambda})\}, \quad \Lambda \in \mathcal{S} \tag{2-3}$$

是相容的.

证明 仅对有限集 E 证之.

对 $x \in E^V, y \in E^{V' \backslash V}, z \in E^{S \backslash V'}$ 有

$$
\frac{\pi_{V'}(x, y \mid z)}{\pi_{V'}(E^V, y \mid z)}
$$

$$
= \frac{\exp\left\{ \displaystyle\sum_{A \cap V' \neq \varnothing} \phi_A(x, y, z) \right\}}{\displaystyle\sum_{u \in E^V} \exp\left\{ \displaystyle\sum_{A \cap V' \neq \varnothing} \phi_A(u, y, z) \right\}}
$$

$$= \frac{\exp\left(\sum\limits_{A \cap V' \neq \varnothing} \phi_A(x, y, z)\right) \exp\left\{\sum\limits_{A \cap V = \varnothing, A \cap V' \neq \varnothing} \phi_A(y, z)\right\}}{\left(\sum\limits_{u \in E^V} \exp\left(\sum\limits_{A \cap V' \neq \varnothing} \phi_A(u, y, z)\right)\right) \exp\left(\sum\limits_{A \cap V = \varnothing, A \cap V' \neq \varnothing} \phi_A(y, z)\right)}$$

$$= \pi_V(x \mid y, z)$$

定义 2.9　称 $\{\pi_V^\phi, V \in \mathcal{S}\}$ 为伴随势函数 ϕ 的 Gibbs 特征, 其中规范化常数 $Z_\Lambda^\phi(\cdot)$ 为 Λ 上的关于 ϕ 的配分函数. 记由 π^ϕ 决定的 Gibbs 测度全体为 $\mathcal{G}(\phi)$.

对每一个 $s \in S$, 定义 Ω 上的平移 s 位的变换

$$\theta_s: \ \omega \longrightarrow (\omega_{t-s})_{t \in S} \quad (\omega \in \Omega)$$

则 $\Theta = (\theta_s)_{s \in S}$ 是一个阿贝尔群 (Abelian group).

定义 2.10　一个势函数 U 是一族映射 $U(A, \cdot): \mathcal{E}^A \to R, A \in \mathcal{A}$, 如果当 A 的直径大于某个确定的整数 r 时 $U(A, \cdot) = 0$, 则称该位势函数是有有限值域的 (finite range). 特别地, 当 $r = 1$ 时, 称 U 有紧邻位势. 称 U 是平稳的, 如果满足

$$U(A, x^A) = U(A + s, x^{A+s}) \circ \theta_s \quad (s \in S, A \in \mathcal{A}, x \in \Omega) \tag{2-4}$$

定义 2.11　称 μ 为平移不变 (平稳) 随机场, 如果满足在群 Θ 下有 $\theta_s(\mu) = \mu \circ \theta_s^{-1}$.

附注　平稳随机场隐含了平稳局部特征, 但是反之不成立, 即有平稳局部特征的随机场未必是平稳的. 2 维 Ising 模型就是个例子. 事实上局部特征并不能唯一地决定一个随机场, 满足给定的局部特征的随机场可能不唯一, 或者不存在, 或者有多个, 称这种现象为相变. 对随机场的存在性和唯一性感兴趣的读者, 可参阅 Georgii[33]、Landford[50] 及 Ruelle [81] 的相关文献.

Gibbs 测度的存在唯一性条件

定义 2.12　一个函数 $f: \Omega \to R$ 称为局部的 (local)(或马氏的), 如果存在有限集 A, 使得 $f(\omega) = f(\omega_A)$. 一个函数 f 称为伪局部的 (quasi-local)(或伪马氏的), 如果存在一列 $(f_n, n \geqslant 0)$ 使得 $\| f_n - f \|_\infty \to 0$. 如果 E 是可分距离空间, 每一个一致连续函数是伪局部的, 如果 E 是有限的, 则若 f 是连续的, 它必是局部的.

定义 2.13　Dobrushin 影响测度: 设 a 和 b 是 S 的两个节点, $a \neq b$, 对特征 π, 定义距离

$$\gamma_{a,b}(\pi) = \sup \frac{1}{2} \| \pi_a(\cdot \mid \omega) - \pi_b(\cdot \mid \omega) \| \tag{2-5}$$

其中范数 $\parallel \mu \parallel = \sup\{|\mu(f)|, \parallel f \parallel_\infty = 1\}$ 是 μ 的全变差范数, sup 是对所有这样的构形对 ω, ω' 取之, 它们除在节点 a 以外都相同. 如果 $a = b$, 则 $\gamma_{a,b}(\pi) = 0$, $\gamma_{a,b}$ 为节点 a 在条件分布 $\pi_b(\cdot|\cdot)$ 上对 b 的影响程度的度量. 我们记 $\gamma_{a,b}(\phi) = \gamma_{a,b}(\pi^\phi)$.

定义 2.14 Dobrushin 唯一性条件 (D): 称一个 Gibbs 势函数满足 Dobrushin 条件, 如果每个势都是伪局部的, 且

$$\text{(D)} \quad \alpha(\phi) = \sup_{a \in S} \sum_{b \in S} \gamma_{a,b}(\phi) < 1 \tag{2-6}$$

定理 2.15 Gibbs 态的唯一性定理: 在条件 (D) 下, $|\mathcal{G}(\phi)| \leqslant 1$, 即 Gibbs 测度存在并唯一. 也称未发生相变.

如果 E 是紧的, 则若 ϕ 有界, 并有有界支撑、满足条件 (D), 就有存在和唯一性. 但是 (D) 是唯一性的充分非必要条件.

Gibbs 分布的特征之一 最大熵分布.

假设人们并不能观测到每一个构形, 但可以观测到系统的平均能量 $E(U) = a$, 问该系统的最可能分布是什么? 定义系统的熵为

$$S(\mu) = - \sum_\omega \mu(\omega) \log \mu(\omega)$$

熵是系统不确定性的一个度量, 利用拉格朗日乘子法可以证明, 使得熵达到最大的分布为

$$\mu(\omega) = \frac{1}{Z} e^{-U(\omega)}$$

Gibbs 分布的特征之二 马氏性.

记节点 s 的 r-阶邻域为 $N^r(s) = \{t : 0 < \parallel s - t \parallel \leqslant r\}$, 特别地, 当 $r = 1$ 时记为 $N(s)$, 称为紧邻. 一个有限子集 $A \subseteq S$ 的边界定义为

$$\partial A = \{s \in S : s \nsubseteq A, N(s) \cap A \neq \varnothing\}$$

如果 $A = \{s\}$, 则 $\partial\{s\} = N(s)$.

定义 2.16 设 μ 是定义于 $(\Omega, \mathcal{F})$ 上的随机场, 称 μ 是 G-全局马氏的, 如果对任何无穷子集 (infinite subset) $\Lambda \subseteq S$, $\mathcal{F}_\Lambda$ 中所有事件 A 和所有构形 $\omega \in \Omega$ 有

$$\mu_\Lambda(A \mid \omega_{S\setminus\Lambda}) = \mu_\Lambda(A \mid \omega_{\partial A})$$

如果上式仅对有限子集 Λ 成立, 则称是 G-局部马氏的.

称 μ 是 G-r **阶马氏**的, 如果对任何单点集 $\{s\}$ 和所有构形 $\omega \in \Omega$ 有

$$\mu(\omega_s \mid \omega_t, t \neq s) = \mu(\omega_s \mid \omega_t, t \in N^r(s))$$

特别地当称为 G-马氏的时, 即满足

$$\mu(\omega_s \mid \omega_t, t \neq s) = \mu(\omega_s \mid \omega_t, t \in N(s)) \qquad (2\text{-}7)$$

任何 Gibbs 分布都满足性质 (2-7). 反之, 如果对所有 $\mu(\omega) > 0$, 则满足 (2-7) 式的分布一定是 Gibbs 分布 (见定理 2.17).

在 1 维情况下, 该马氏性等价于通常的马氏链性质, 即

$$\mu(\omega_s \mid \omega_t, t \neq s) = \mu(\omega_s \mid \omega_t, t \in N(s)) = \mu(\omega_s \mid \omega_{s-1}, \omega_{s+1})$$

等价于

$$\mu(\omega_s \mid \omega_t, t < s) = \mu(\omega_s \mid \omega_{s-1})$$

但在 2 维、3 维情形, 却没有类似性质. 我们有更一般的马氏场和 Gibbs 场的等价性定理.

回忆第 1 章中单纯形的概念. 一个非空子集 $C \subseteq S$ 称为单纯形, 如果 C 是单点集, 或者 C 中所有节点对都有边相连接, 即每一点都是其他点的邻点.

定理 2.17 (Hammersley-Clifford 定理) (a) 设 μ 是 $(\Omega, \mathcal{F})$ 上有有界域的马氏场, 状态空间是离散的, 并且对所有有限子集 V, $x = x_V \in \Omega_V$, $y = y_{S \setminus V} \in \Omega_{S \setminus V}$, 有

$$\mu_V(x \mid y) > 0$$

则可以给 μ 伴随一个有有界支撑的交互作用势函数 $\phi = \{\phi_A, A \in \mathcal{C}\}$, 其中 $\mathcal{C}$ 是图的所有单纯形的集合, 使得

$$\mu_V = \pi_V^\phi$$

其中 π^ϕ 是由 ϕ 导出的特征.

(b) 反之, 如果 $\phi = \{\phi_A, A \in \mathcal{C}\}$ 是一个 Gibbs 势函数, 则由它导出的特征 π^ϕ 对于有单纯形结构 $\mathcal{C}$ 的图是马氏的.

证明 (a) 考虑 $V \in S$, $\overline{V} = V \cup \partial V$ 是有限的, 选择 $x = x_V \in \Omega_V$, $y = y_{\partial V} \in \Omega_{\partial V}$, 在状态空间 E, 令 $0_V = (0_s, s \in V)$ 为参考状态, 记

$$H(x, y) = \log \left[\frac{\mu(x_V \mid y_{\partial V})}{\mu(0_V \mid y_{\partial V})} \right]$$

我们有

$$H(0, y) = 0$$

对于 $A \subseteq \overline{V}$, 定义势函数

$$\begin{cases} \phi_A(x, y) = \sum_{B \subseteq A} (-1)^{|A \setminus B|} H^B(x, y) \\ H^B(z) = H(z_B, 0_{\overline{V} \setminus B}) \end{cases} \qquad (2\text{-}8)$$

如果 $A \cap V = \varnothing$, 则 $\phi_A \equiv 0$, 利用 Möbius 引理可得

$$H(x,y) = \sum_{A \subset V \cup \partial V, A \cap V \neq \varnothing} \phi_A(x,y)$$

现在证明, 如果 A 不是单纯形, 必有 $\phi_A = 0$. 设 s_1, s_2 为 A 中两个相邻的节点, z 是使 $z_{s_1} \neq 0, z_{s_2} \neq 0$ 的构形 (否则 $\phi_A(z) = 0$). 令 z^t 为除了在点 t 处不同外 (等于 0) 和 z 都相同的构形, 由 (2-8) 式可得

$$\phi_A(z) = \sum_{D \subseteq A \setminus \{s_1, s_2\}} (-1)^{|A \setminus D|} [(H^D(z) - H^{D \cup \{s_2\}}(z)) - (H^{D \cup \{s_1\}}(z) - H^{D \cup \{s_1, s_2\}}(z))]$$

$$(2\text{-}9)$$

但是

$$H^{D \cup \{s_1, s_2\}}(z) - H^{D \cup \{s_1\}}(z)$$

$$= \log \frac{\mu(z_{D \cup \{s_1, s_2\}} \mid 0)}{\mu(0_{D \cup \{s_1, s_2\}} \mid 0)} - \log \frac{\mu(z_{D \cup \{s_1\}} \mid 0)}{\mu(0 \mid 0)}$$

$$= \log \frac{\mu(z_{D \cup \{s_1, s_2\}} \mid 0)}{\mu(0_{D \cup \{s_1, s_2\}} \mid 0)} - \log \frac{\mu(z^2_{D \cup \{s_1\}} \mid 0)}{\mu(0_{D \cup \{s_1, s_2\}} \mid 0)}$$

$$= \log \frac{\mu(z_{D \cup \{s_1, s_2\}} \mid 0)}{\mu(z^2_{D \cup \{s_1, s_2\}} \mid 0)} = \log \frac{\mu(z_{s_2} \mid z_{D \cup \{s_1\}}, 0)}{\mu(0 \mid z_{D \cup \{s_1\}}, 0)} \qquad (2\text{-}10)$$

其中最后一个式子与 z_{s_1} 无关, 于是可以把它从 (2-9) 对 D 取和中去掉, 由此定义了 ϕ_A, 每个括号中都为 0, 因此 $\phi_A = 0$.

(b) 如果 π 是由势函数 $\phi = \{\phi_A, A \in \mathcal{C}\}$ 导出的特征, 则有关系

$$\frac{\pi_V(x_V \mid x_{S \setminus V})}{\pi_V(0_V \mid x_{S \setminus V})} = \exp \left(\sum_{A: A \cap V \neq \varnothing} (\phi_A(x) - \phi_A(x^V)) \right) \qquad (2\text{-}11)$$

只依赖于 $\bar{V} = \bigcup_{A \in \mathcal{C}, A \cap V \neq \varnothing} A$ 上的构形 x, 于是 π 在由 $\mathcal{C}$ 定义的图上是马氏的.

附注 当势函数很好地定义了一个概率测度时上述定理的 (b) 部分都是成立的.

定义一个随机场的能量和势函数不是唯一的, 假设 S 是有限集, 对 Ω 上任何概率测度, 我们可以定义相伴的能量 $H: \mu(\omega) = C \exp(H(\omega))$, 其中 H 除了相差一个常数外可以规定 $H(0) = 0$, $\mu(\omega) = \mu(0) \exp(H(\omega))$. 如果 H 是通过势函数 $\phi = \{\phi_A, A \subseteq S\}$ 来定义的, 可以对势函数有所约束来确定它, 有以下几种常见的可能的方式:

第一种可能方式: 令 $H(0) = 0$, Möbius 法则唯一地定义了势 ϕ, 如果

$$A \subseteq S, \quad \phi_A(\omega^s) = 0, \quad s \in A$$

其中 $\omega_s^s = 0$, 否则 $\omega_t^S = \omega_t$.

第二种可能方式: 这是方差分析的经典选择.

$A \subseteq S$, 对所有 $B \subseteq A$ 有 $\sum_{\omega_B} \phi(\omega_B, \omega_{A \backslash B}) = 0$.

从联合分布计算条件分布 设 V 是 S 的有限子集, 固定 V 外面的构形, 用能量 H 定义分布 μ_V. 如果 $W \subset V$, 计算条件分布 $\mu(\omega_W \mid \omega_{S \backslash W})$.

(i) 确定 H 的势函数 $\{\phi_A, A \subseteq V\}$, $H(\omega) = \sum_A \phi_A(\omega)$.

(ii)

$$\mu(\omega_W \mid \omega_{S \backslash W}) = \frac{1}{Z_W(\omega_{S \backslash W})} \exp \left\{ \sum_{A : A \cap W \neq \varnothing} \phi_A(\omega) \right\}$$

其中

$$Z_W(\omega_{S \backslash W}) = \sum_{z_W \in \Omega_W} \exp \left\{ \sum_{A : A \cap W \neq \varnothing} \phi_A(\omega) \right\}$$

2.3 Z^d 上的 Ising 模型和相变

本节介绍一个经典而又最简单的有相变的随机场模型, 在统计力学中称为伊辛模型 (Ising model), 它最初是德国物理学家 Ernst Lenz 提出的, 他的学生 Ising 用来解释铁磁体 (ferromagnetism), 后经海森伯 (Heisenberg) 研究完善, 发现了该模型有相变现象.

统计力学中经典的 Ising 模型由以下形式的 Gibbs 分布给出: 通常考虑在可列格点集合 S 上定义, 每个节点 $s \in S$ 上定义的一个随机变量 X_s, 取值于二值集合 $E = \{+1, -1\}$, Ising 模型就是在概率空间 $(\Omega, \mathcal{F}_\Omega) = (E, \mathcal{F})^S$ 上由下式给出的一个概率测度

$$\mu(\omega) = \mu(X^S = \omega) = \frac{1}{Z} \exp \left\{ -\beta \left(J \sum_{\langle s,t \rangle : \|s-t\|=1} \omega_s \omega_t + H \sum_{s \in S} \omega_s \right) \right\} \quad (3\text{-}1)$$

其中指数中第一个和号是对所有的邻点对取之, J 表示相邻两点的交互作用强度; 第二个和号是对所有的节点取之, H 表示外场的强度. 系数 $\beta = \dfrac{1}{kT}$, 其中 k 是

物理常数, T 为绝对温度. Z 是使得上式能成为概率分布的规范化常数, 称为配分函数,

$$Z = \sum_\omega \exp\left\{ -\beta \left(J \sum_{\langle s,t \rangle \cdot \|s-t\|=1} \omega_s \omega_t + H \sum_{s \subset S} \omega_s \right) \right\} \qquad (3\text{-}2)$$

是一个十分重要的函数, 从它出发可以计算很多物理量. 统计物理用这个模型来研究粒子、磁体等模型, 解释相变现象. 在数学上我们把它看作一个 Gibbs 概率分布, 研究它的存在唯一性、马氏性等性质, 如记

$$U(\omega) = -J \sum_{\langle s,t \rangle : \|s-t\|=1} \omega_s \omega_t - H \sum_{s \in S} \omega_s \qquad (3\text{-}3)$$

称为 ω 的位势, 于是 Ising 模型可表示为

$$\mu(\omega) = \frac{1}{Z} e^{-\frac{1}{kT} U(\omega)} \qquad (3\text{-}4)$$

其中 $Z = \sum_\omega e^{-\frac{1}{kT} U(\omega)}$ 为配分函数.

为讨论相变问题, 我们考虑 S 的一列扩展的有限子集 $\{\Lambda_n, n = 1, 2, \cdots\}$, 满足

$$\Lambda_1 \subset \Lambda_2 \subset \cdots, \quad \bigcup_n \Lambda_n = S \qquad (3\text{-}5)$$

在每个 Λ_n 定义了上述形式的一个 Ising 模型, 即概率分布 μ_n, 然后令 $\lim_{n \to \infty} \Lambda_n = S$, 讨论对应的分布列 μ_n 的极限是否存在, 如存在, 是否唯一, 如不唯一, 称发生相变, 要研究所有极限分布的集合的结构. 我们首先从 1 维整数集合 Z 上的 Ising 模型开始, 然后讨论 2 维格点集合 Z^2 上的 Ising 模型, 揭示相变现象, 在第 3 章将分别讨论开树和闭树上的 Ising 模型, 揭示不一样的相变现象.

附注 也可以用取值 $(0, 1)$ 的 Gibbs 分布来定义 Ising 模型, 事实上 $\{0, 1\}$ 和 $\{+1, -1\}$ 取值的模型在以下意义下是等价的, 它们可以通过一个规范变换 (gauge transformation) 来互相转换, 变换 $\{x \mapsto y = 2x - 1\}$ 将 $\{0, 1\}$ 变成 $\{+1, -1\}$. $\{0, 1\}$ 取值时交互作用项用模 2 加法, 表示为 $\omega_i \oplus \omega_j$.

1. 直线 Z 上的 Ising 模型

考虑 Z 的一个有 n 个点的子集 $\Lambda_n = \{1, 2, \cdots, n\}$, 下标为 1 和 n 的两个节点为边界点, 定义取值于 $\{+1, -1\}^{\Lambda_n}$ 上的一个 Ising 模型时考虑两种边界条件:

(i) 循环边界条件, 这时设 1 和 n 点之间有一条边相连接, 这时 Ising 模型的位势为

$$U(\omega) = -J \sum_{k=1}^{n} \omega_k \omega_{k+1} - H \sum_{k=1}^{n} \omega_i \qquad (3\text{-}6)$$

其中 $\omega_{n+1} = \omega_1$.

(ii) 自由边界条件, 这时 ω_1 只和 ω_2 相互作用, ω_n 只和 ω_{n-1} 相互作用, 势函数为

$$U(\omega) = -J\sum_{k=1}^{n-1}\omega_k\omega_{k+1} - H\sum_{k=1}^{n}\omega_i \tag{3-7}$$

在相空间 $\Omega = \{+1, -1\}^{\Lambda_n}$ 上定义了一个概率分布

$$\mu(\mathbf{x}) = \frac{1}{Z}e^{-\frac{1}{kT}U(\mathbf{x})}$$

其中 $Z = \sum_{\mathbf{x}\in\Omega} e^{-\frac{1}{kT}U(\mathbf{x})}$ 为规范化常数, 使得上式成为一个概率分布.

记 $n_+(\mathbf{x})$ 为 $\mathbf{x}$ 中 $x_i = +1$ 的点数, $n_-(\mathbf{x})$ 为 $\mathbf{x}$ 中 $x_i = -1$ 的点数,

$$M(\mathbf{x}) = n_+(\mathbf{x}) - n_-(\mathbf{x})$$

对任一邻点对 (i, j), 如果 x_i 和 x_j 同号, 则 $x_i x_j = 1$, 称连接它们的边为偶边, 反之, 如果 x_i 和 x_j 异号, 则 $x_i x_j = -1$, 称连接它们的边为奇边. 记 $n_e(\mathbf{x})$ 为 $\mathbf{x}$ 中的偶边的总数, $n_o(\mathbf{x})$ 为 $\mathbf{x}$ 中的奇边的总数, 则记 $n_b(\mathbf{x}) = n_o(\mathbf{x}) + n_e(\mathbf{x})$ 为边的总数, 它是一个常数, 没有外场的 Ising 模型可表示为

当 $H = 0$ 时 (H 隐含在 $U(\cdot)$ 中), 即

$$\begin{aligned}
\mu(\mathbf{x}) &= \frac{1}{Z}e^{-\frac{J}{kT}(n_e(\mathbf{x}) - n_o(\mathbf{x}))} \\
&= \frac{1}{Z}e^{-\frac{J}{kT}(n_b(\mathbf{x}) - 2n_o(\mathbf{x}))} \\
&\overset{(i)}{=} \frac{1}{Z}e^{-\frac{2J}{kT}n_o(\mathbf{x})} \\
&= \frac{1}{Z}e^{-b n_o(\mathbf{x})}
\end{aligned}$$

其中 (i) 把常数 $n_b(\mathbf{x})$ 归于 Z (我们仍记为 Z), $b = \dfrac{2J}{kT}$,

$$p = \mu(X_t = 1 \mid X_{t-1} = 1) = 1 - \mu(X_t = -1 \mid X_{t-1} = 1)$$

$$q = \mu(X_t = -1 \mid X_{t-1} = -1) = 1 - \mu(X_t = 1 \mid X_{t-1} = -1)$$

(p, q) 和上述 (b, h) 有以下关系:

$$h = \frac{1}{2}\log\frac{p}{q}, \quad b = \frac{1}{4}\log\frac{pq}{(1-p)(1-q)}$$

$$p = \frac{e^{-h}}{\cosh(h) + D(b,h)}, \quad q = \frac{e^h}{\cosh(h) + D(b,h)}$$

其中

$$D(b,h) = (e^{-4b} + \sinh^2(h))^{1/2}$$

当 $h = 0$ ($p = q$) 时对应均匀边际分布, $b = 0$ ($p + q = 1$) 对应独立随机场.

附注 [33] 给了一个定义在 Z^+ 上的 1 维有相变的非齐次 Ising 模型, 其中 x_n 和 x_{n+1} 的交互作用为 J_n, 满足 $J_n > 0$ 且

$$\sum_{n \geqslant 1} e^{-2J_n} < \infty$$

例如可取 $J_n = c \log(1 + n)$, 该模型有相变的证明请参阅 [33].

2. Z^d 上的 Ising 模型

考虑状态空间为 $E = \{-1, +1\}$, 平稳势函数为

$$\phi_1(x_s) = hx_s$$

其中 $-h$ 称为外场. 对相邻的两点 $s = (s_1, s_2)$, $t = (t_1, t_2)$, 即当 $|s - t| = |s_1 - t_1| + |s_2 - t_2| = 1$ 时, 定义势为

$$\phi_2(x_s, x_t) = Jx_sx_t$$

以上势函数定义了一个平稳随机场, 它在 $V \in \mathcal{S}$ 上的条件概率分布为

$$\mu_V(x_V \mid y_{S\backslash V})$$

$$= \frac{1}{Z_V^{-1}(y)} \exp \left\{ h \sum_{x_s \in V} x_s + J \sum_{s,t \in V, \, |s-t|=1} x_sx_t + J \sum_{s \in V, \, t \not\subseteq V, \, |s-t|=1} x_sy_t \right\}$$

$$\mu_{\{s\}}(x_s \mid \cdot) = \frac{\exp(x_s(h + Jv_s))}{2\cosh(h + Jv_s)}, \quad v_s = \sum_{t:|t-s|=1} x_t$$

在后文中用 $b = 2J$, 记 $\mathcal{G}(h, b)$ 为上述势函数定义的 Ising 随机场全体, 它是非空的, 当 $d = 1$ 时存在唯一的 Ising 随机场, 当 $d \geqslant 2$ 时, 有可能有不止一个 Ising 随机场, 称为相变发生, 下面我们将对 2 维 Ising 模型存在相变给出证明. 考虑没有外场的 Ising 模型

$$\mu(\omega) = \frac{1}{Z} \exp \left(J \sum_{\langle s,t \rangle} \omega_s\omega_t \right)$$

其中, $\langle s,t \rangle$ 表示 s 和 t 相邻, 和号是对所有的邻点对取之. 注意到:

$\omega_s \cdot \omega_t = 1$, 若它们同号. 这时称连接它们的边为偶边, 记 $n_e(\omega)$ 为构形 ω 中的偶边数.

$\omega_s \cdot \omega_t = -1$, 若它们异号. 这时称连接它们的边为奇边, 记 $n_o(\omega)$ 为构形 ω 中的奇边数.

记 $n_b(\omega)$ 为构形 ω 中的边的总数, 它是个常数, 易见 $n_e(\omega) + n_o(\omega) = n_b(\omega)$. 则 Ising 模型可改写为

$$\frac{1}{Z} \exp(J(n_e(\omega) - n_o(\omega))) = \frac{1}{Z} \exp(J(n_b(\omega) - 2n_o(\omega))) = \frac{1}{Z} e^{-b n_o(\omega)}$$

其中 $b = 2J$, 最后一个等式成立是把常数 $e^{n_b(\omega)}$ 因子归入系数项 $\frac{1}{Z}$ 了.

附注　最早证明 Z^2 上 Ising 模型存在相变的是 Peierls 的文献 [73], 它似乎更像是定性而非定量的讨论, 它给出了相变发生的充分条件和发生相变的临界值的一个上界, 但并未给出临界值的精确值. 后来人们进一步细化了他的方法, 给出了相变现象的更准确的描述, 比如 Pirogov 和 Sinai 的 [76], 有兴趣的读者可参阅 [77] 或 [78]. 本章的方法主要参考了 [48], 基本上类似 [76], 但更简明一些.

我们就用 [48] 中的方法来继续上文讨论可能的相变现象, 我们先考虑以原点 O 为中心的 $N \times N$ 正方形, 并分别计算在全 $+1$ 边界和全 -1 边界条件下构形原点取值为 -1 的条件概率在 $N \to +\infty$ 下的极限取值, 即要计算

$$\lim_{N \to +\infty} \mu(\omega_O = -1 \mid 全 +1 边界条件)$$

是否与

$$\lim_{N \to +\infty} \mu(\omega_O = -1 \mid 全 -1 边界条件)$$

相等, 其中 ω_O 表示在原点的取值. 我们定义围绕原点的闭环 c, 在闭环内的 $\omega_s = -1$, 闭环四周邻点上的 $\omega_t = +1$, 闭环的长度为 L, 它只可能是偶数 $4, 6, 8, \cdots$ (图 2.3.1).

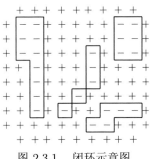

图 2.3.1　闭环示意图

用 $\bar{\omega}$ 表示具有相同闭环 (其他地方取值可以不同) 的任何构形, 将 $\bar{\omega}$ 中闭环内的 -1 变成 $+1$, 则构形中少了 L 条边, 记新的构形为 ω', 于是有

$$n_o(\omega') = n_o(\bar{\omega}) - L$$

围绕原点的闭坏 c 的概率为

$$\mu(c) = \frac{\dfrac{1}{Z}\displaystyle\sum_{\bar{\omega}} e^{-bn_o(\bar{\omega})}}{\dfrac{1}{Z}\displaystyle\sum_{\omega'} e^{-bn_o(\omega')}}$$

$$= \frac{\displaystyle\sum_{\bar{\omega}} e^{-bn_o(\bar{\omega})}}{\displaystyle\sum_{\bar{\omega}} e^{-bn_o(\bar{\omega})+bL}} = e^{-bL}$$

其中第二个等号成立是把分母中的 ω' 换成 $\bar{\omega}$.

我们记 $r(L)$ 为闭环 c 长为 L 的构形 $\bar{\omega}$ 的个数, 则

$$\mu(\omega_o = -1) \leqslant \sum_{L=4,6,\cdots} r(L)e^{-bL}$$

其中和号是对闭环长为 $4, 6, \cdots$ 的构形取之.

注意到长为 L 的闭环 c 中每个点离开原点 O 的距离不超过 $L/2$, 有 L^2 种选择闭环起点的方法, 而选定起点后至少有四种方法选择下一个点, 有 3 种形成闭环的方法, 于是我们有

$$\mu(\omega_o = -1) \leqslant \sum_{L=4,6,\cdots} 4L^2 \cdot 3^L \cdot e^{-bL}$$

$$= \sum_{L=4,6,\cdots} 4L^2 \cdot (3e^{-b})^L$$

易验证只要取 $|\,3e^{-b}\,| < 1$ ($b > \ln 3$) 时, 上述级数收敛, 于是我们取 $b = b_0$ 充分大, 使得 $3e^{-b}$ 充分小, 可以得到

$$\mu(\omega_o = -1 \mid \text{全} + 1 \text{ 边界条件}) < \frac{1}{3}$$

对称地有

$$\mu(\omega_o = +1 \mid \text{全} + 1 \text{ 边界条件}) > \frac{2}{3}$$

同理类似可得

$$\mu(\omega_O = +1 \mid \text{全} -1 \text{边界条件}) < \frac{1}{3}$$

$$\mu(\omega_O = -1 \mid \text{全} -1 \text{边界条件}) > \frac{2}{3}$$

于是当我们取 N 充分大, 在不同的边界条件下, $\mu(\omega_O = -1)$ 是不相同的, 这说明当 $N \to +\infty$ 时 Ising 模型的极限分布是不唯一的, 即存在相变. 记

$$b_c = \min\{b : \mu(\omega_O = -1 \mid \text{全} +1 \text{边界条件}) \neq \mu(\omega_O = -1 \mid \text{全} -1 \text{边界条件})\}$$

称 b_c 为发生相变的临界值, b_c 的确切值最早由 Onsager(1944 年) 和 Yang(杨振宁) 得到, 为 $b_c = \frac{1}{2}\ln(1+\sqrt{2}) \approx 0.44068679$. 记在全 $+1$ 边界下 Ising 模型的极限测度为 μ_+, 在全 -1 边界下的极限测度为 μ_-, 边界值不固定, 而是随机取值时称为自由边界, 自由边界下的极限测度为 μ_f, 则当 $\mu_+ = \mu_-$ 时, 存在唯一的极限测度, 无相变发生; 当 $\mu_+ \neq \mu_-$ 时, 存在多个极限测度, 相变发生, 事实上这时存在无穷多个极限测度, 所有其他的极限测度可以表示为

$$\mu = \alpha\mu_+ + (1-\alpha)\mu_-$$

其中 $0 \leqslant \alpha \leqslant 1$, 并且它们都是平稳 Gibbs 测度. 而 $\mu_f = \frac{1}{2}\mu_+ + \frac{1}{2}\mu_-$. 以上我们讨论的是 2 维 Ising 模型在 $b > 0$ (称为吸引 (attractive)) 情形, 当 $b < 0$ (称为排斥 (repulsive)) 情形时, 则存在临界值 $\bar{b}_c = -b_c$, 使得当 $0 > b > \bar{b}_c$ 时无相变发生; 当 $b < \bar{b}_c$ 时, 发生相变, 但是, 此时存在非平稳的极限测度, 记 Q_+ 和 Q_- 分别是对应全 $+1$ 和 -1 边界条件下的极限测度, 则对于自由边界的极限测度 Q_f 仍可表示为

$$Q_f = \frac{1}{2}Q_+ + \frac{1}{2}Q_-$$

并且它是平稳 Gibbs 测度.

当维数 $d \geqslant 3$ 时, 也可以类似讨论相变问题, 只是临界值不同, 且存在非平稳的极限测度. 我们记 $\mathcal{G}(h,b)$ 为有参数 h,b 的所有极限 Gibbs 测度全体, $\mathcal{G}_0(h,b)$ 为有参数 h,b 的所有平稳 Gibbs 测度全体, $|A|$ 表示集合 A 中元素的个数, 则总结以上讨论可得表 2.3.1.

附注 对于 2 维三角格和蜂窝格上的 Ising 模型, 也可做类似讨论, 得到相应的临界值如下:

$$b_c = \begin{cases} 0.6584789, & \text{对蜂窝格 (邻点数为 3)} \\ 0.44068679, & \text{对矩形格 (邻点数为 4)} \\ 0.27465307, & \text{对三角格 (邻点数为 6)} \end{cases} \tag{3-8}$$

表 2.3.1   Ising 模型极限测度集比较

维数	$b > 0$ (吸引)	$b < 0$ (排斥)
$d = 1$	任何 b 和 h, $|\mathcal{G}(h,b)| = |\mathcal{G}_0(h,b)| = 1$	同左
	$h \neq 0$, $b \geqslant 0$, $|\mathcal{G}(h,b)| = |\mathcal{G}_0(h,b)| = 1$	$\bar{b}_c = -b_c$
$d = 2$	$h = 0$, $0 < b < b_c$, $|\mathcal{G}(0,b)| = |\mathcal{G}_0(0,b)| = 1$	$h = 0, 0 > b > \bar{b}_c$ 无相变
	$h = 0$, $b_c < b$, $|\mathcal{G}(0,b)| = |\mathcal{G}_0(0,b)| > 1$	$h = 0, b < \bar{b}_c$ 有相变, 但有非平稳态
	$h \neq 0$, $b \geqslant 0$, $|\mathcal{G}(h,b)| = |\mathcal{G}_0(h,b)| = 1$	
$d = 3$	$h = 0$, $0 < b < b_c$, $|\mathcal{G}(0,b)| = |\mathcal{G}_0(0,b)| = 1$	类似 $d = 2$ 情形
	$h = 0$, $b > b_c$, $|\mathcal{G}(0,b)| > |\mathcal{G}_0(0,b)| > 1$	

由上可见, 当格上节点的邻点数增加时, 临界值减少, 或说邻点数越多, 邻点间交互作用越强, 越容易发生相变, 所以临界值越小. 另外, 蜂窝格和三角格存在一种共轭关系, 事实上将蜂窝格中相邻的两个六边形的中心用一条边相连接, 就得到一个三角格, 因此它们之间的 Ising 模型可以互相转换.

附注   对于某些模型如能找到发生相变的临界值 b_c, 意味着这个模型是完全可解的 (exactly solvable). 寻找此类模型一直是统计力学研究的重要方向之一. 除了 Ising 模型外当然还有如前言中提到的自旋玻璃模型, 读者可参考统计力学方面的文献.

我们在第 3 章将继续讨论在 Cayley 树和闭树上 Ising 模型的相变问题, 与 Z^d 上 Ising 模型只在无外场的 $(h = 0)$ 的时候可能发生相变不同, 树上 Ising 模型在有外场 $(h \neq 0)$ 时也可能发生相变.

第 3 章 树图上的随机场

树图的概念无论是理论还是应用方面在很多领域都起着重要作用, 从数学的观点来看, 虽然它的图结构比我们通常遇到的格 Z^d 看似更简单, 但是事实上 Z^d 是 d 维的, 而树却是无穷维的, 且树图在平移算子作用下构成的群是非可控群, 而 Z^d 上的此类群是可控群, 因此处理相关的概率问题时需用不同的方法. 在某些情况下, 树图模型还可以看作 Z^d 的近似.

3.1 树上随机场的基本定义

首先给出树上随机场的定义和一些基本概念.

定义 1.1 一个树是一个连通但不含环的图 $\mathcal{G} = (T, E)$, 其中 T 为节点集, E 为边集, 即 $\mathcal{G}$ 是一个树当且仅当对任两个节点 $x, y \in T, x \neq y$, 存在唯一的 x 到 y 的路 $x = a_1, a_2, \cdots, a_m = y$, 其中 $a_1, a_2, \cdots, a_m$ 均不相同, 且相继的两点有边相连, 即 $(a_i, a_{i+1}) \subset E$, x 和 y 的距离等于它们之间的边数 $m - 1$.

用 $T_q(q \geqslant 2)$ 表示每个顶点恰有 q 个邻点的树, 通常称为 Bethe 树. T_3 见第 1 章的图 1.1.2, 注意 $T_2 = Z$. 图 3.1.1 是 T_3 的一个子图 T_b, 也称它为二叉树或 Cayley 树, 它是一个有根树, 这种结构使得人们在数学处理上更方便些. 其上有个特殊的点 $\{O\}$ 称为根点, 它只有 2 个邻点, 图上每一点都有 2 个分支到下一层, 但是除了根点外每个点都有 3 个邻点, 如图 3.1.1 所示.

称一个点处于第 n 层, 如果从根点到该点的路长为 n. 从每个点到下一层有两个分支, 有时为了区分它们, 分别称为左分支和右分支.

用 (n, j) 表示第 n 层上的第 j 个点, 于是点 (n, j) 有 3 个邻点 $(n+1, 2j-1), (n+1, 2j)$ 和 $(n-1, \lceil j/2 \rceil)$, 其中 $\lceil a \rceil$ 表示不小于 a 的最小整数. 在以下的讨论中, 如无特别说明, 用 T 统一表示 T_3 和 T_b, 说明相关的讨论对这两种树都成立.

设 T_b 为一个树, $\mathcal{X}$ 是一个完备可分距离空间 (Polish 空间), 为随机变量的取值空间, 在本章中设它为有限集合, $\mathcal{B}$ 为 $\mathcal{X}$ 的 σ-域, $\Omega = \mathcal{X}^{T_b} = \prod_{i \in T_b} \mathcal{X}_i$, 其中每个 $\mathcal{X}_i = \mathcal{X}$. 令 $\mathcal{F}_{T_b}$ 为由 $X^{T_b} = \{X_i, i \in T_B\}$ 生成的 σ-域. 又记 A 为 T_b 的所有有限子集构成的集合.

有多种方法来定义树上的随机场.

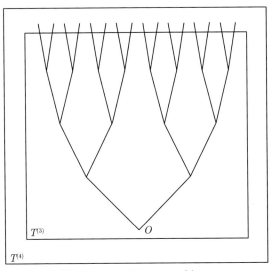

图 3.1.1 二叉 Cayley 树 T_b

定义 1.2 树 T_b 上的一个随机场是一族随机变量的集合,表示为 $\mathbf{X} = \{X_i, i \in T_b\}$,其中每个随机变量 X_i 取值于集合 $\mathcal{X}$. 换言之, T_b 上的一个随机场是空间 $(\Omega, \mathcal{F}_{T_b})$ 上的一个概率测度 μ.

定义 1.3 称条件概率 $\mu_j(\cdot \mid T - \{j\}), j \in T$ 为随机场 μ 的局部特征,如果局部特征恒为正值,且只依赖于每个点的邻点,记 $N(j)$ 为节点 j 的邻点集,即如果

$$\mu_j(\cdot \mid T - \{j\}) = \mu_j(\cdot \mid N(j)) > 0, \quad j \in T \tag{1-1}$$

则称 μ 为马尔可夫随机场,简称马氏场.

为简单起见,先考虑二元随机场,即 x 只取 2 个值,构形空间可以根据问题表述的方便表示为 $\{0,1\}^{T_b}, \{+1,-1\}^{T_b}$ 或 $\{+,-\}^{T_b}$,树上马氏场有两个重要的特例:马氏链 (Markov chain, MC) 和奇偶马氏链 (odd-even Markov chain, OEMC),在后文中我们还将讨论非对称马氏链 (non-symmetric Markov chain, NSMC).

定义 1.4 马氏链 (MC): 设 Q 是严格正的 2×2 随机矩阵, $Q = \{Q(j \mid i)\}, i, j = 0, 1$,如果存在唯一的不变测度 $\pi = \{\pi(0), \pi(1)\}$ 满足 $\pi Q = \pi$. 则可以如下定义 $\{0,1\}^{T_b}$ 上的马氏链:对任意有限连通子集 $A \subset T_b$,定义一个简单序列 $A = \{x_1, x_2, \cdots, x_k\}$ 使得对任一个 $x_j, j > 1$,在 $\{x_1, x_2, \cdots, x_{j-1}\}$ 中只有一个点是 x_j 的邻点,记该点的下标为 $i = i(j)$,然后定义由 A 确定的柱集的概率 μ_Q 为

$$\mu_Q\{\omega(t) = \varepsilon(t), t \in A\} = \pi(\varepsilon(x_1)) \prod_{j=2}^{k} Q(\varepsilon(x_j) \mid \varepsilon(x_{i(j)})) \tag{1-2}$$

$$\varepsilon(t) = 0 \text{ 或 } 1$$

定义 1.5　非对称马氏链 (NSMC): 设 Q^l 和 Q^r 是两个严格正的 2×2 随机矩阵, $Q^l \neq Q^r$, 存在唯一的公共不变测度 $\pi = \{\pi(0), \pi(1)\}$ 满足 $\pi Q^l = \pi$ 和 $\pi Q^r = \pi$. 则可以用 Q^l 做左分支的转移概率, Q^r 做右分支的转移概率, 进而定义 $\{0, 1\}^{T_b}$ 上的非对称马氏链 μ_{Q^l, Q^r}.

定义 1.6　奇偶马氏链 (OEMC): 设 Q^o 和 Q^e 是两个严格正的 2×2 随机矩阵, 存在 $\{0, 1\}$ 上的两个概率向量 π^o, π^e 使得

$$\pi^e(i) Q^e(j \mid i) = \pi^o(j) Q^o(i \mid j), \quad i, j \in \{0, 1\}, \quad Q^e \neq Q^o$$

将树 T_b 分解为 $T_b = T_o \cup T_e$, 其中 T_o 表示奇数层的点, T_e 表示偶数层的点, 将 π_o 应用于奇数层的点, π_e 应用于偶数层的点, Q_o 应用于从 T_o 到 T_e 的转移概率, Q_e 应用于从 T_e 到 T_o 的转移概率, 这样类似定义 1.4 中定义概率测度 μ_{Q_o, Q_e}, 称为奇偶马氏链.

为定义平稳性, 我们引入移位算子.

定义 1.7　定义 T_b 上的移位算子 $S_{i,j}$ 如下:

$$(S_{i,j}\omega)_0 = \omega_{i,j}, \quad (S_{i,j}\omega)_{1,1} = \omega_{i+1, 2j-1}$$

$$(S_{i,j}\omega)_{1,2} = \omega_{i+1, 2j}, \cdots$$

以此类推.

所有这样的移位算子全体构成一个群, 记为 $SH = \{S_{i,j}, (i, j) \in T_b\}$. 例如对于树 T_3 的移位算子示例, 见图 3.1.2 表示移位算子 $S_{1,1}$ 作用下的变化. 这个移位算子群是非可控群.

定义 1.8　一个随机场称为平移不变 (或平稳) 的, 如果所有柱集的概率在任意移位算子 $S_{i,j} \in SH$ 下是保持不变的.

比如: $\mu(\omega_{i,j})$ 对所有点 (i, j) 都是相等的, $\mu(\omega_0, \omega_{1,1})$ 对所有邻点对都是一样的.

$$\mu(\omega_0, \omega_{1,2}, \omega_{1,2}) = \mu(\omega_{1,1}, \omega_{2,1}, \omega_{2,2}) = \cdots$$

以此等等.

定义 1.9　称局部特征为平稳的 (齐次的), 如果满足对任 $j \in T$ 有

$$\mu_0(a \mid T - \{0\}) \circ \theta_j^{-1} = \mu_0(a \mid T\{0\})$$

注意, 平稳随机场隐含了平稳局部特征, 但是反之不成立, 即有平稳局部特征的随机场未必是平稳的. 事实上局部特征并不能唯一地决定一个随机场, 满足给

定的局部特征的随机场可能不存在, 也可能存在且唯一, 这时称无相变发生; 如果存在但不唯一, 即多个随机场具有相同的局部特征, 称这种现象为相变.

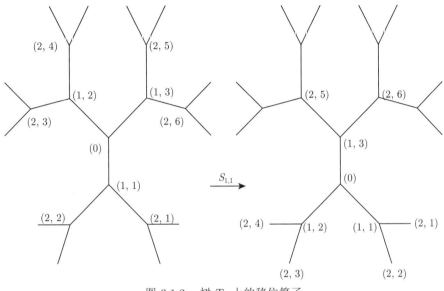

图 3.1.2   树 T_3 上的移位算子

定义 1.10   自同构不变随机场: 设 G 为 T 上所有图自同构算子组成的群. T 上的随机场称为自同构不变的, 如果任何有限维柱集的概率在任意自同构算子 $\phi \in G$ 下是不变的, 将自同构不变随机场简称为 G-不变随机场.

定义 1.11   一个集合 $B \in \mathcal{B}_T$ 称为 G-不变的, 如果 $\phi(B) = B$ 对任何 $\phi \in G$ 成立, 其中 $\phi(B) = \{\phi(\omega) : \omega \in B\}$.

定义 1.12   定义在 $\mathcal{A}^T$ 上的随机场 μ 称为 G-遍历的, 如果对任何 G-不变集合 B 有 $\mu(B) = 0$ 或 1.

被最广泛研究的一族随机场称为 Gibbs 场 (Gibbs 测度), 它的定义可参见第 2 章定义 2.7—定义 2.11 关于一般 Gibbs 场的定义. 这里只回忆一下位势 (potential) 的概念和由位势定义的 Gibbs 场的定义.

定义 1.13   一个位势函数 U 是一族映射 $U(A, \cdot) : \mathcal{X}^A \to R$, $A \in \mathcal{A}$, 如果当 A 的直径大于某个确定的整数 r 时有 $U(A, \cdot) = 0$, 则称该位势函数是有有限值域的 (finite range). 特别地, 当 $r = 1$ 时, 称 U 有紧邻位势. 称 U 是平稳的, 如满足

$$U(A, x^A) = U(A + j, x^{A+j}) \circ \theta_j \quad (j \in S, A \in \mathcal{A}, x \in \Omega) \tag{1-3}$$

在本章中, 我们假设

$$\| U \| = \sum_{0 \in A \in \mathcal{A}} |U(A, \cdot)| < \infty \tag{1-4}$$

其中 $\| U(A, \cdot) \|$ 是 $|U(A, \cdot)|$ 在 $\mathcal{X}^A$ 上的上确界. 比如有有限值域的位势函数就满足这条性质.

对于 $A \in \mathcal{A}, \xi \in \mathcal{X}^V, \varphi \in \mathcal{X}^{S-V}$, 定义给定环境 φ 下 ξ 在 V 上的能量为

$$E_{V,\varphi}(\xi) = \lim_{A \in \mathcal{A}, A \cap V \neq \varnothing} U(A, \tilde{x}^A) \tag{1-5}$$

其中在 V 上 $\tilde{x}^A = \xi$, 在 $S \backslash V$ 上的环境是 φ. 在 $\xi \in \mathcal{X}^V$ 上我们定义概率测度 $\pi_{V,\varphi}$ 如下:

$$\pi_{V,\varphi} = \frac{1}{Z_{V,\varphi}} e^{-E_{V,\varphi}} \tag{1-6}$$

其中 $Z_{V,\varphi}$ 是规范化常数, 称之为配分函数. 称这个概率测度为给定环境 φ 下在 V 上的 Gibbs 分布.

定义 1.14 称一个随机场 μ 为由位势函数 U 的 Gibbs 场, 如果

$$\mu(x^V = \xi \mid \mathcal{F}_{S-V})(\mathbf{x}) = \pi_{V, x^{S-V}}(\xi) \quad \mu\text{-a.s.} \tag{1-7}$$

其中 $V \in \mathcal{A}, \xi \in \mathcal{X}^V$.

我们记 $\mu \in G(U)$. 当 $V \to S$ 时, 上述分布收敛于 $(\Omega, \mathcal{F}_S)$ 上的极限测度 μ, 称它为定义在 S 上的 Gibbs 场. 这里的 S 可以理解为树图 T.

关于 Gibbs 测度和马氏场的等价性与第 2 章 Z^d 上随机场的讨论类似, 此处不再赘述了.

3.2 Cayley 树上的 Ising 模型及相变

树上的 Ising 模型也会产生相变, 本章采用了 [48] 的递推方法讨论相变问题, 在 3.3 节还将此方法推广到闭树上的 Ising 模型. 以二叉有根 Cayley 树 T_b 上的 Ising 模型为例, 考虑 T_b 的一个有 n 层的子树 $T^{(n)}$, 第 n 层是边界. 定义取值于 $\{+1, -1\}^{T_b}$ 上的一个 Ising 模型.

Ising 模型的总位势为

$$U(\mathbf{x}) = -J \sum_{\langle i,j \rangle} x_i x_j - H \sum_{i \in T_b} x_i \tag{2-1}$$

其中第一个和号对所有邻点对取之, 第二个和号对所有顶点取之, J 为交互作用强度, H 为外场强度. 在相空间 $\Omega = \{+1, -1\}^{T_b}$ 上定义了一个概率分布

$$\mu(\mathbf{x}) = \frac{1}{Z} e^{-\frac{1}{kT} U(\mathbf{x})}$$

其中 k 为常数, T 为绝对温度, $Z = \sum_{\mathbf{x} \in \Omega} e^{-\frac{1}{kT} U(\mathbf{x})}$ 为规范化常数, 使得上式成为一个概率分布.

记 $n_+(\mathbf{x})$ 等于 $\mathbf{x}$ 中 $x_i = +1$ 的点数, $n_-(\mathbf{x})$ 等于 $\mathbf{x}$ 中 $x_i = -1$ 的点数, 记

$$M(\mathbf{x}) = n_+(\mathbf{x}) - n_-(\mathbf{x})$$

对任一邻点对 (i,j), 如果 x_i 和 x_j 同号, 则 $x_i x_j = 1$, 称连接它们的边为偶边, 反之, 如果 x_i 和 x_j 异号, 则 $x_i x_j = -1$, 称连接它们的边为奇边. 记 $n_e(\mathbf{x})$ 为 $\mathbf{x}$ 中的偶边的总数, $n_o(\mathbf{x})$ 为 $\mathbf{x}$ 中的奇边的总数, 则记 $n_b(\mathbf{x}) = n_o(\mathbf{x}) + n_e(\mathbf{x})$ 为边的总数, 它是一个常数, 则 Ising 模型可表示为

$$\begin{aligned}
\mu(\mathbf{x}) &= \frac{1}{Z} e^{-\frac{J}{kT}(n_e(\mathbf{x}) - n_o(\mathbf{x})) + \frac{H}{kT} M(\mathbf{x})} \\
&= \frac{1}{Z} e^{-\frac{J}{kT}(n_b(\mathbf{x}) - 2n_o(\mathbf{x})) + \frac{H}{kT} M(\mathbf{x})} \\
&= \frac{1}{Z} e^{-b n_o(\mathbf{x}) + h M(\mathbf{x})}
\end{aligned}$$

其中 $b = \dfrac{2J}{kT}, h = \dfrac{H}{kT}$, Z 是规范化常数, 也称配分函数, 如果限制在从根点到第 n 层的子树时把它相应记为 $Z^{(n)}$, 我们把它分解为

$$Z^{(n)} = Z_-^{(n)} + Z_+^{(n)}$$

其中 $Z_-^{(n)}$ 和 $Z_+^{(n)}$ 分别为根点 $x_0 = -1$ 和 $x_0 = +1$ 时的部分和, 即

$$Z_-^{(n)} = \sum_{x_0 = -1} e^{-b n_o(\mathbf{x}) + h M(\mathbf{x})}$$

$$Z_+^{(n)} = \sum_{x_0 = +1} e^{-b n_o(\mathbf{x}) + h M(\mathbf{x})}$$

记

$$u_n = \frac{Z_-^{(n)}}{Z_+^{(n)}}$$

以下通过推导 u_n 的递推公式来讨论极限 $\lim_{n \to \infty} u_n$ 的存在性和唯一性. 观测由根点和第 1 层 2 个顶点构成的构形, 当 $x_0 = +1$ 时共有 4 种可能: $^+\vee_+^+, ^+\vee_+^-, ^-\vee_+^+, ^-\vee_+^-$. 则

$$Z_+^{(n)} = e^{-2b+h}(Z_-^{(n-1)})^2 + 2e^{-b+h} Z_-^{(n-1)} Z_+^{(n-1)} + e^b (Z_+^{(n-1)})^2$$

$$= e^h(e^{-b}Z_-^{(n-1)} + Z_+^{(n-1)})^2$$

类似地可得

$$Z_-^{(n)} = e^{-h}(Z_-^{(n-1)} + e^{-b}Z_+^{(n-1)})^2$$

记

$$\begin{aligned}
u_n &\triangleq \frac{Z_-^{(n)}}{Z_+^{(n)}} = \frac{\mu^{(n)}(x_r = -1)}{\mu^{(n)}(x_r = +1)} \\
&= e^{-2h}\frac{(Z_-^{(n-1)} + e^{-b}Z_+^{(n-1)})^2}{(e^{-b}Z_-^{(n-1)} + Z_+^{(n-1)})^2} \\
&= \frac{(u_{n-1} + e^{-b})^2}{e^{2h}(e^{-b}u_{n-1} + 1)^2} \\
&\triangleq f(u_{n-1})
\end{aligned}$$

若 $\lim_{n\to\infty} u_n = u$ 存在, 则有

$$f(u) = \frac{(u + e^{-b})^2}{e^{2h}(e^{-b}u + 1)^2} \tag{2-2}$$

令 $e^{2h} = \alpha, e^{-b} = \beta$, 注意到 $\alpha, \beta > 0$, 则上述方程变为

$$u = \frac{(u + \beta)^2}{\alpha(\beta u + 1)^2} \tag{2-3}$$

下面分情况来讨论:

1. $b > 0$(铁磁体, ferromagnetic)

情况一: $h = 0$, 即当 $\alpha = 1$ 时可得到

$$u(\beta u + 1)^2 = (u + \beta)^2, \quad (u - 1)[\beta^2 u^2 + (\beta^2 + 2\beta - 1)u + \beta^2] = 0$$

所以 $u = 1$ 永远是一个根. 方程 (2-3) 是否有多于 1 个根取决于判别式

$$\Delta \triangleq (\beta^2 + 2\beta - 1)^2 - 4\beta^2 \tag{2-4}$$

(i) 如果 $\Delta < 0$, 那么方程 (2-3) 除了 $u = 1$ 以外没有其他实根, 而 $\Delta < 0$ 当且仅当 $\beta > 1/3$, 即 $b < \ln 3$.

(ii) 如果 $\Delta = 0$, 那么方程 (2-3) 有另一个实根

$$u = \frac{\beta^2 + 2\beta - 1}{2\beta^2} \tag{2-5}$$

而 $\Delta = 0$ 当且仅当 $\beta = 1/3$, 或 $b = \ln 3$.

(iii) 如果 $\Delta > 0$, 那么方程 (2-3) 有另两个实根

$$u_1, u_2 = \frac{-(\beta^2 + 2\beta - 1) \pm \sqrt{\Delta}}{2\beta^2} \tag{2-6}$$

而 $\Delta > 0$ 当且仅当 $u = 1$, 即 $0 < \beta < 1/3$, 或 $\infty > b > \ln 3$. 我们记 $b_c = \ln 3$, 称之为临界值.

三个解有关系

$$u_1 < u = 1 < u_2$$

情况二: $h \neq 0, b > 0$, 我们记

$$f(u) = \frac{(u + e^{-b})^2}{(e^{-b}u + 1)^2}$$

$$\varphi(u) = \frac{1}{\alpha} f(u)$$

则方程 (2-3) 变成 $u = \varphi(u)$ 或 $\alpha u = f(u)$. 可以证明对任何 $b > \ln 3$ 的 b 值, 存在一个对称区间 $(h_1(b), h_2(b))$, 使得当 $h \in (h_1(b), h_2(b))$, 方程 (2-3) 有多于 1 个解, 相变发生. 比如: 当 $b = \ln 3.1$ 时 $0.002 \leqslant h_c(\ln 3.1) \leqslant 0.003$; 当 $b = \ln 4$ 时 $0.06 \leqslant h_c(\ln 4) \leqslant 0.07$. b 值越大, 该区间也越大. 这个情形和 Z^d 上的 Ising 模型不同, 利用解三次方程的标准解法, 可以得到 $h_1(b), h_2(b)$ 的准确值, 它们依赖于 b, 是 b 的函数, 称它为临界函数. 对于方程 $y = f(x)$ 代表的曲线和直线 $y = x$ 有三个交点时它有三个解. 见图 3.2.1. 而直线 $y = \alpha x$ 和直线 $y = f(x)$ 相交的情况如下:

(i) $h > h_2(b)$ 或 $h < -h_1(b)$;

(ii) $h = h_1(b)$ 或 $h_2(b)$;

(iii) $h > h_2(b)$ 或 $h < h_1(b)$.

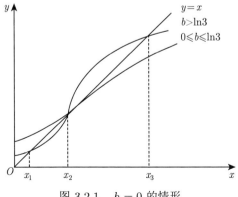

图 3.2.1 $h = 0$ 的情形

根据以上讨论可以定义产生相变的区域为

$$C = \{(h,b) : b > \ln 3, h \in (h_1(b), h_2(b))\}$$

其图形见图 3.2.2.

对于不同边界条件 (第 n 层为边界) 下为得到递推公式, 先计算 u_1, 在正边界 (第 n 层全取 $+1$) 下

$$u_1^+ = \frac{\mu(^+\vee_-^+)}{\mu(^+\vee_+^+)} = e^{-2b-2h}$$

在负边界 (第 n 层全取 -1) 下

$$u_1^- = \frac{\mu(^-\vee_-^-)}{\mu(^-\vee_+^-)} = e^{2b-2h}$$

在自由边界 (第 n 层随机取值) 下

$$u_0^f = \frac{\mu(x_r = -1)}{\mu(x_r = +1)} = e^{-2h}$$

解三次方程可得到以下结果:

当 $0 < b < \ln 3$ 时, 该方程只有一个不动点.

当 $b > \ln 3$ 时, 存在 h 的一个区间 $[h_1(b), h_2(b)]$, 在该区间里上述方程有 3 个不动点 x_1, x_2, x_3, 特殊情况下有两个不动点. 观察图 3.2.2 可见, 直线 $y = x$ 和曲线 $y = f(x)$ 相交的情形:

当 $0 < u_0 < x_1$ 时, $u_n \uparrow x_1$;

当 $x_1 < u_0 < x_2$ 时, $u_n \downarrow x_1$;

当 $x_2 < u_0 < x_3$ 时, $u_n \uparrow x_3$;

当 $u_0 > x_3$ 时, $u_n \downarrow x_1$.

以上讨论表明当 $b > \ln 3$ 时存在相变现象 (图 3.2.2). 与 Z^d 上的 Ising 模型不同的是, $h \neq 0$ 时也可能存在相变.

以下不加证明地给出极限点和边界条件的关系: 最小极限点 x_1 对应全 $+1$ 边界的极限测度 μ_+; 最大极限点 x_3 对应全 -1 边界的极限测度 μ_-; 当 $h = 0$ 时, 对应自由边界的极限测度 μ_f 的解为 $x_2 = 1$. 但是 $h \neq 0$ 时, x_2 并不对应自由边界的极限测度 μ_f. 在自由边界情形, 如果有一个小的正外场 h, $0 < h < \varepsilon(\varepsilon > 0)$, 这时

$$\frac{\mu(\omega_r = -1)}{\mu(\omega_r = +1)} \to x_1$$

其中 x_1 是最小不动点. 反之, 如果有一个小的负外场 h, $0 < -h < \varepsilon(\varepsilon > 0)$, 这时

$$\frac{\mu(\omega_r = -1)}{\mu(\omega_r = +1)} \to x_3$$

其中 x_3 是最大不动点. 一般地, $\mu_f \neq \frac{1}{2}\mu_+ + \frac{1}{2}\mu_-$, 且 μ_f 也不是平稳的.

此外对应每个极限测度的 Gibbs 场都是马氏链场 (见本章定义 1.4), 可以计算马氏链的转移概率矩阵

$$Q = \{Q(j \mid i) : i,j = -1,+1\} = \begin{pmatrix} p & 1-p \\ 1-q & q \end{pmatrix}$$

p, q 和方程 $u = \varphi(u)$ 的解 u 的关系如下:

$$\mu(^+V_+^-)/\mu(^-V_+^+) = \lim_{n \to \infty} \frac{Z_{-,-}^{(n)}}{Z_{+,-}^{(n)}} = \lim_{n \to \infty} \frac{e^{-b+h}Z_+^{(n-1)}Z_-^{(n-1)}}{e^h(Z_+^{(n-1)})^2} = e^{-b}u = \frac{1-q}{q}$$

$$\mu(^+V_+^-)/\mu(^+V_-^+) = \lim_{n \to \infty} \frac{e^{-b-h}Z_+^{(n-1)}Z_-^{(n-1)}}{e^{-h-2b}(Z_+^{(n-1)})^2} = e^b u = \frac{p}{1-p}$$

由此得

$$q = \frac{1}{1+e^{-b}u}, \quad p = \frac{1}{1+e^{-b}u^{-1}}$$

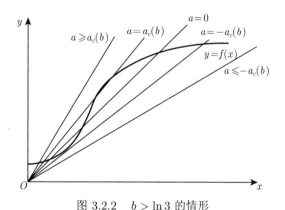

图 3.2.2　$b > \ln 3$ 的情形

我们把上面讨论的归结为一个定理, 并严格证明之.

定理 2.1 对给定的 b, h, 设 $u_+(h), u_f(h), u_-(h)$ 为以下方程分别对应全 $+1$、自由、全 -1 边界条件的解

$$u = \varphi(u)$$

而对给定的 b 和 $-h$, $u_+(-h), u_f(-h), u_-(-h)$ 是上述方程分别对应全 $+1$、自由、全 -1 边界条件的解, 则有

$$u_+(-h) = \frac{1}{u_+(h)}, \quad u_f(-h) = \frac{1}{u_f(h)}, \quad u_-(-h) = \frac{1}{u_-(h)} \tag{2-7}$$

证明　递归地解方程

$$u_{n+1} = \varphi(u_n)$$

对应全 $+1$ 和全 -1 边界条件的初始值分别为

$$u_{+,0}(h) = Z_{+V_-^+}(h)/Z_{+V_+^+}(h) = \frac{e^{-2b-h}}{e^h} = e^{-2b-2h}$$

$$u_{-,0}(h) = Z_{-V_-^-}(h)/Z_{-V_+^-}(h) = \frac{e^{-h}}{e^{-2b+h}} = e^{2b-2h}$$

类似地

$$u_{+,0}(-h) = e^{-2b+2h}, \quad u_{-,0}(-h) = e^{2b+2h}$$

于是

$$u_{+,1}(h) = \frac{[u_{+,0}(h) + e^{-b}]^2}{e^{2h}[1 + e^{-b}u_{+,0}(h)]^2} = \frac{e^{2b}(1 + e^{b+2h})^2}{e^{2h}(1 + e^{3b+2h})^2}$$

$$u_{+,1}(-h) = \frac{[u_{-,0}(-h) + e^{-b}]^2}{e^{-2h}[1 + e^{-b}u_{-,0}(-h)]^2} = \frac{e^{2h}(1 + e^{3b+2h})^2}{e^{2b}(1 + e^{b+2h})^2} = \frac{1}{u_{+,1}(h)}$$

利用递归关系继续下去, 得到

$$u_{-,n}(-h) = \frac{1}{u_{+,n}(h)}$$

令 $n \to +\infty$, 可得

$$u_-(-h) = \frac{1}{u_+(h)}$$

类似可得

$$u_+(-h) = \frac{1}{u_-(h)}$$

对于自由边界情形有

$$u_{f,n}(h) = \frac{Z_-(h)}{Z_+(h)} = \frac{e^{-h}}{e^h} = e^{-2h}$$

$$u_{f,n}(-h) = Z_-(-h)/Z_+(-h) = \frac{e^h}{e^{-h}} = e^{2h}$$

从而

$$u_{f,n}(-h) = \frac{1}{u_{f,n}(h)}$$

令 $n \to +\infty$, 可得

$$u_f(-h) = \frac{1}{u_f(h)}$$

推论 2.2 对于 $b > \ln 3$, 有 $h_1(b) = -h_2(b)$.

证明 由定理 2.1 可知, (b,h) 在相变区域的充要条件是 $(b,-h)$ 也在相变区域中, 由此得 $h_1(b) = -h_2(b)$. 证毕.

2. $b < 0$(反铁磁体 (antiferromagnet))

对于 $b < 0$ 情形, 可以证明存在一个临界值 $-b_c < 0$, 使得当 $b < -b_c$ 时, 存在一个非退化区间 $I(h,b) = (-h(b), h(b))$ 使得当 $h \in I(h,b)$ 时相变发生, 即存在无穷多个极限测度. 图 3.2.3 显示了在 (h,b) 坐标系下的相变区域.

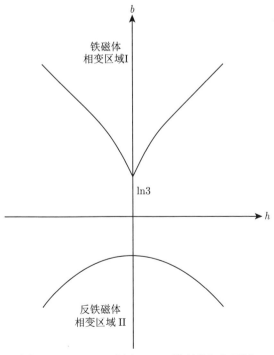

图 3.2.3 Cayley 树上 Ising 模型的相变区域

对于 $b < -b_c$, $h \in I(h, b)$, u_1, u_2 分别对应方程 $u = \varphi(u)$ 的最小解和最大解, 也即分别对应全 $+1$ 和全 -1 边界的两个极限测度 μ_+, μ_-, 它们都是马氏链场, 而且是两个极端的极限测度. $\mu_0 = \frac{1}{2}u_+ + \frac{1}{2}u_-$ 也是一个极限测度, 但是它不是马氏链场. 此外还存在 u^* 满足 $u_1 < u^* < u_2$, 且 u^* 对应的极限测度是唯一一个平稳马氏链场. 但是 $\mu^* \neq \mu_0$.

3.3 闭树上的 Ising 模型及相变

本节内容主要取自作者的文献 [15, 103]. 首先我们来构造一个无穷闭树.

第一步: 我们从一条竖直的边开始 (图 3.3.1), 记为 $T^{(1)}$.

第二步: 把上述边拷贝在右边, 两头用一个新的点通过两条边将这两条竖直的边连起来, 得到一个六边纺锤形 (图 3.3.1), 记为 $T^{(2)}$.

第三步: 将这个六边形拷贝到右边, 类似上一步用两个新点分别将这两个六边形连接起来 (图 3.3.1), 记为 $T^{(3)}$.

以此类推, 记第 n 步得到的闭树为 $T^{(n)}$, 当 $n \to \infty$ 时, 就得到无穷闭树. 记为 T. 我们把闭树分为上、下两个半树, 通过第 1 层相连接, 上下第 1 层也称为表面层. T 上的一个随机场就是以 T 的节点集合为下标集的一族随机变量 $X = \{X_s, s \in T\}$, 其中每个 X_s 取值于有限集 S. 另一种定义随机场的方法是在构形空间 $(S^T, \mathcal{F}(S^T))$ 上的概率测度 μ. 当 $S = \{-1, +1\}$ 时我们通过以下的势函数定义 $T^{(n)}$ 上的 Ising 模型:

$$U(\omega) = -J_0 \sum_{\langle s,\, s' \rangle} \omega_s \omega_{s'} - J_1 \sum_{\langle i,\, j \rangle} \omega_i \omega_j - J_2 \sum_{\langle l,\, l \rangle} \omega_k \omega_l - H \sum_{t \in T} \omega_t \tag{3-1}$$

其中第一个和号是对所有连接上、下第 1 层的边 (邻点对) 取之, 第二个和号是对位于上半树上的边 (邻点对) 取之, 第三个和号是对位于下半树上的边取之, 最后一个和号是对树上所有节点取之. 则定义在 $T^{(n)}$ 上的 Ising 模型由以下 Gibbs 分布给出

$$\mu(\omega) = \frac{1}{Z^{(n)}} \exp\left(-\frac{1}{kT} U(\omega) \right) \tag{3-2}$$

其中

$$Z^{(n)} = \sum_{\omega} \exp\left(-\frac{1}{kT} U(\omega) \right) \tag{3-3}$$

称为配分函数.

我们分别记 $n_{e,0}(\omega), n_{e,1}(\omega), n_{e,2}(\omega)$ 为表面、上半树和下半树上偶边 (即取值为同号的邻点对) 数, $n_0(\omega), n_1(\omega), n_2(\omega)$ 为表面、上半树和下半树上奇边 (即取值为异号的邻点对) 数, $n_{b,0}(\omega), n_{b,1}(\omega), n_{b,2}(\omega)$ 为表面、上半树和下半树上总边数, 又记 $M(\omega) = \sum_s \omega_s$, 则有

$$n_{b,0}(\omega) = n_{e,0}(\omega) + n_0(\omega)$$

$$n_{b,1}(\omega) = n_{e,1}(\omega) + n_1(\omega)$$

$$n_{b,2}(\omega) = n_{e,2}(\omega) + n_2(\omega)$$

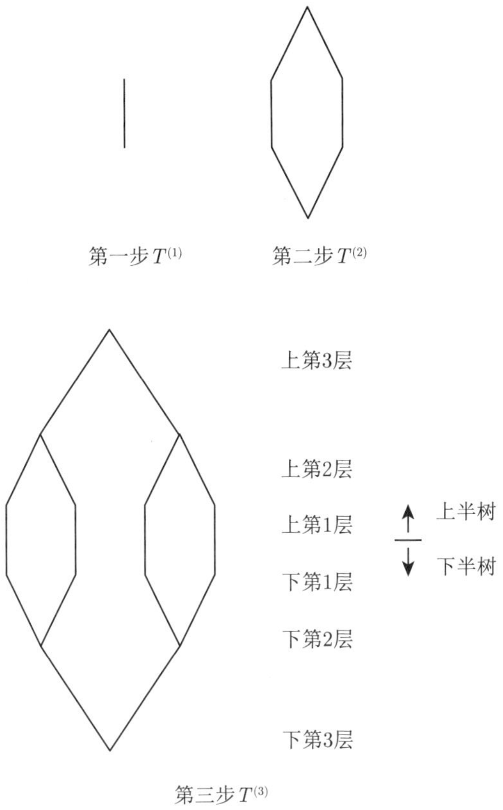

第一步 $T^{(1)}$ 第二步 $T^{(2)}$

上第3层

上第2层

上第1层   ↑ 上半树

下第1层   ↓ 下半树

下第2层

下第3层

第三步 $T^{(3)}$

图 3.3.1 闭 Cayley 树 T

于是 Ising 模型又可表示成

$$\mu(\omega) = \frac{1}{Z^{(n)}} \exp\left\{-\frac{1}{kT}(J_0[n_{e,0}(\omega) - n_0(\omega)] + J_1[n_{e,1}(\omega) - n_1(\omega)]\right.$$

$$\left. + J_2[n_{e,2}(\omega) - n_2(\omega)] - HM(\omega))\right\} \tag{3-4}$$

$$= \frac{1}{Z^{(n)}} \exp\left\{ -\frac{1}{kT}\left(J_0[n_{b,0}(\omega) - 2n_0(\omega)] + J_1[n_{b,1}(\omega) \right.\right.$$

$$\left.\left. - 2n_1(\omega)] + J_2[n_{b,2}(\omega) - 2n_2(\omega)] - HM(\omega) \right) \right\} \tag{3-5}$$

考虑到 $n_{b,0}(\omega), n_{b,1}(\omega), n_{b,2}(\omega)$ 是常数, 可以把它们归到系数中去, 又记 $b_i = 2J_i/kT, i = 0, 1, 2$ 以及 $h = H/kT$, 其中 $J_i > 0$ 称为吸引情形, $J_i < 0$ 称为排斥情形, 于是 Ising 模型最终可表示成

$$\mu(\omega) = \frac{1}{Z^{(n)}} \exp(-b_0 n_0(\omega) - b_1 n_1(\omega) - b_2 n_2(\omega) + hM(\omega)) \tag{3-6}$$

几个特例

(i) 开树: 当 $J_0 = 0$ 时, 得到在两个开树上定义的两个互相独立的 Ising 模型. 这时 Ising 模型可表示为

$$\mu(\omega) = \mu_{\text{upper}}(\omega_{\text{upper}}) \cdot \mu_{\text{lower}}(\omega_{\text{lower}})$$

其中

$$\mu_{\text{upper}}(\omega_{\text{upper}}) = \frac{1}{Z_u} \exp\left\{ -b_1 \sum_{\langle s,t\rangle : s,t \in \text{uppertree}} \omega_s\omega_t + h \sum_{s \in \text{uppertree}} \omega_s \right\}$$

$$\mu_{\text{lower}}(\omega_{\text{lower}}) = \frac{1}{Z_l} \exp\left\{ -b_2 \sum_{\langle s,t\rangle : s,t \in \text{lowertree}} \omega_s\omega_t + h \sum_{s \in \text{lowertree}} \omega_s \right\}$$

分别为定义在上半树和下半树的 Ising 模型. 此种情形已经在 3.2 节讨论过了.

(ii) 当 $J_0 \neq 0, J_1 = J_2$ 时就得对称闭树模型. 我们将在下面讨论 $J_0 = J_1 = J_2 = J$ 或 $b_0 = b_1 = b_2 = b$ 的简化情形.

(iii) 当 $J_1 = J_2, J_0 = \infty$ 时相当于上、下半树的第 1 层重合, 得到如图 3.3.2 所示的闭树模型.

(iv) 令 J_1 或 $J_2 = \infty$, 相当于把上半树或下半树的所有节点都重合成一点, 得到如图 3.3.3 的闭树模型.

下文中我们先讨论一般情形, 但是情况相当复杂, 因此再分别讨论几种特例.

由 (3-6) 式得配分函数 $Z^{(n)}$ 可以分解成四部分:

$$Z^{(n)} = Z^{(n)}_{+,+} + Z^{(n)}_{+,-} + Z^{(n)}_{-,+} + Z^{(n)}_{-,-}$$

其中

$$Z_{a_1,a_2}^{(n)} = \sum_{\omega:\omega_{\text{top}}=a_1,\omega_{\text{bot}}=a_2} \exp(-b_0 n_0(\omega) - b_1 n_1(\omega) - b_2 n_2(\omega) + hM(\omega))$$

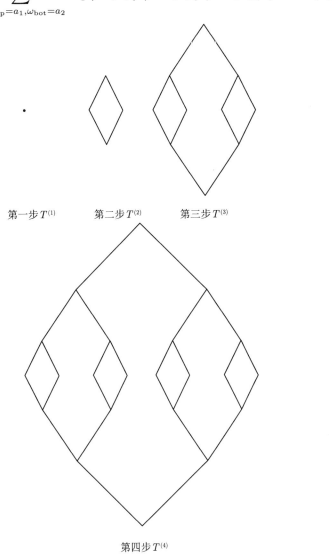

第一步 $T^{(1)}$ 第二步 $T^{(2)}$ 第三步 $T^{(3)}$

第四步 $T^{(4)}$

图 3.3.2   特例之三的闭树

其中 $a_1, a_2 = -1, +1$, ω_{top} 表示闭树最顶部的节点上的取值, ω_{bot} 表示闭树最底部节点上的取值. 每一个 $Z_{a_1,a_2}^{(n)}$ 又可以表示成不同的 $Z_{+,+}^{(n-1)}, Z_{+,-}^{(n-1)}, Z_{-,+}^{(n-1)}, Z_{-,-}^{(n-1)}$ 的和, 参见图 3.3.4, 顶部和底部都取 $+1(-1)$ 时共有 16 种构形, 因为图中 $a_i, b_i, i = 1, 2, 3, 4$ 分别可取值 $+1, -1$. 同样顶部和底部异号时 $Z_{+,-}^{(n)}, Z_{-,+}^{(n)}$ 也各有 16 种构

形, 我们以 $Z_{+,+}^{(n)}$ 为例将其分解为 16 种子构形计算之

$$
\begin{aligned}
Z_{+,+}^{(n)} =\ & e^{2h}[(Z_{+,+}^{(n-1)})^2 + e^{-2b_1}(Z_{-,+}^{(n-1)})^2 + e^{-2b_2}(Z_{+,-}^{(n-1)})^2 \\
& + e^{-2b_1-2b_2}(Z_{-,-}^{(n-1)})^2 + 2e^{-b_1}Z_{+,+}^{(n-1)}Z_{-,+}^{(n-1)} \\
& + 2e^{-b_2}Z_{+,+}^{(n-1)}Z_{+,-}^{(n-1)} + 2e^{-b_1-b_2}Z_{+,-}^{(n-1)}Z_{-,+}^{(n-1)} \\
& + 2e^{-b_1-b_2}Z_{+,+}^{(n-1)}Z_{-,-}^{(n-1)} + 2e^{-b_1-2b_2}Z_{-,-}^{(n-1)}Z_{+,-}^{(n-1)} \\
& + 2e^{-2b_1-b_2}Z_{-,-}^{(n-1)}Z_{-,+}^{(n-1)}] \\
=\ & e^{2h}(Z_{+,+}^{(n-1)} + e^{-b_1}Z_{-,+}^{(n-1)} + e^{-b_2}Z_{+,-}^{(n-1)} + e^{-b_1-b_2}Z_{-,-}^{(n-1)})^2 \qquad (3\text{-}7)
\end{aligned}
$$

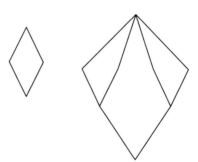

第一步 $T^{(1)}$　　　第二步 $T^{(2)}$　　　　　第三步 $T^{(3)}$

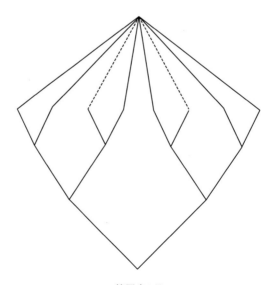

第四步 $T^{(4)}$

图 3.3.3　特例之四的闭树

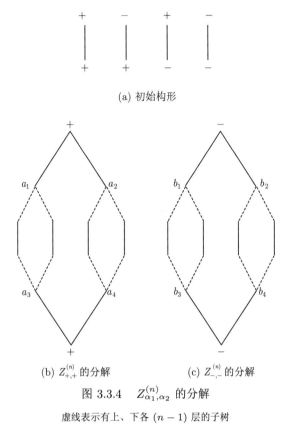

(a) 初始构形

(b) $Z_{+,+}^{(n)}$ 的分解   (c) $Z_{-,-}^{(n)}$ 的分解

图 3.3.4 $Z_{\alpha_1,\alpha_2}^{(n)}$ 的分解

虚线表示有上、下各 $(n-1)$ 层的子树

类似地可得

$$Z_{+,-}^{(n)} = (e^{-b_2} Z_{+,+}^{(n-1)} + e^{-b_1-b_2} Z_{-,+}^{(n-1)} + Z_{+,-}^{(n-1)} + e^{-b_1} Z_{-,-}^{(n-1)})^2$$
$$Z_{-,+}^{(n)} = (e^{-b_1} Z_{+,+}^{(n-1)} + Z_{-,+}^{(n-1)} + e^{-b_1-b_2} Z_{+,-}^{(n-1)} + e^{-b_2} Z_{-,-}^{(n-1)})^2 \qquad (3\text{-}8)$$
$$Z_{-,-}^{(n)} = e^{-2h}(e^{-b_1-b_2} Z_{+,+}^{(n-1)} + e^{-b_2} Z_{-,+}^{(n-1)} + e^{-b_1} Z_{+,-}^{(n-1)} + Z_{-,-}^{(n-1)})^2$$

初始值为

$$Z_{+,+}^{(0)} = e^{2h}, \quad Z_{-,+}^{(0)} = Z_{+,-}^{(0)} = e^{-b_0}, \quad Z_{-,-}^{(0)} = e^{-2h} \qquad (3\text{-}9)$$

因此

$$Z_{+,+}^{(1)} = e^{2h}(e^{2h} + e^{-b_0-b_1} + e^{-b_0-b_2} + e^{-b_1-b_2-2h})^2$$
$$Z_{+,-}^{(1)} = (e^{-b_2+2h} + e^{-b_0-b_1-b_2} + e^{-b_0} + e^{-b_1-2h})^2$$
$$Z_{-,+}^{(1)} = (e^{-b_1+2h} + e^{-b_0-b_1-b_2} + e^{-b_0} + e^{-b_2-2h})^2$$

$$Z_{-,-}^{(1)} = e^{-2h}(e^{-b_1-b_2+2h} + e^{-b_0-b_2} + e^{-b_0-b_1} + e^{-2h})^2 \tag{3-10}$$

令

$$x_n = \frac{Z_{+,+}^{(n)}}{Z_{+,-}^{(n)}}, \quad y_n = \frac{Z_{-,-}^{(n)}}{Z_{+,-}^{(n)}}, \quad z_n = \frac{Z_{-,+}^{(n)}}{Z_{+,-}^{(n)}} \tag{3-11}$$

$$A = e^h, \quad B_0 = e^{-b_0}, \quad B_1 = e^{-b_1}, \quad B_2 = e^{-b_2} \tag{3-12}$$

则得到

$$\begin{aligned}
x_n &= \frac{A^2(x_{n-1} + B_1 z_{n-1} + B_2 + B_1 B_2 y_{n-1})^2}{(B_2 x_{n-1} + B_1 B_2 z_{n-1} + 1 + B_1 y_{n-1})^2} \\
y_n &= \frac{A^{-2}(B_1 B_2 x_{n-1} + B_2 z_{n-1} + B_1 + y_{n-1})^2}{(B_2 x_{n-1} + B_1 B_2 z_{n-1} + 1 + B_1 y_{n-1})^2} \\
z_n &= \frac{(B_1 x_{n-1} + z_{n-1} + B_1 B_2 + B_2 y_{n-1})^2}{(B_2 x_{n-1} + B_1 B_2 z_{n-1} + 1 + B_1 y_{n-1})^2}
\end{aligned} \tag{3-13}$$

如果 $\lim_{n\to\infty} x_n = x, \lim_{n\to\infty} y_n = y, \lim_{n\to\infty} z_n = z$ 存在, 则有

$$\begin{aligned}
x &= \frac{A^2(x + B_1 z + B_2 + B_1 B_2 y)^2}{(B_2 x + B_1 B_2 z + 1 + B_1 y)^2} \\
y &= \frac{A^{-2}(B_1 B_2 x + B_2 z + B_1 + y)^2}{(B_2 x + B_1 B_2 z + 1 + B_1 y)^2} \\
z &= \frac{(B_1 x + z + B_1 B_2 + B_2 y)^2}{(B_2 x + B_1 B_2 z + 1 + B_1 y)^2}
\end{aligned} \tag{3-14}$$

若上述方程组有唯一解, 则存在唯一一个极限测度, 即无相变发生. 如果存在多个解, 则存在多个极限测度 (事实上这时有无穷多个极限测度), 相变发生. 问题是对参数 h, b_0, b_1, b_2 的哪些值, 上述方程有唯一解或多个解. 因为到目前为止尚不知如何解上述三元三次方程组, 所以此问题尚未完全解决. 但是我们可以从一些特殊情况的分析得到一些启示.

特例之一　开树模型, 当 $J_0 = 0$ 即 $B_0 = 1$ 时, 模型变为两个独立的开树模型, 已在 3.2 节中讨论过了.

特例之二　当无外场且交互作用对称时, 即 $h = 0$, $B_1 = B_2 = B$ 时, 方程组 (3-14) 变成

$$x = \frac{(x + Bz + B + B^2 y)^2}{(Bx + B^2 z + 1 + By)^2} \tag{3-15}$$

$$y = \frac{(B^2 x + Bz + B + y)^2}{(Bx + B^2 z + 1 + By)^2} \tag{3-16}$$

$$z = \frac{(Bx + z + B^2 + By)^2}{(Bx + B^2 z + 1 + By)^2} \tag{3-17}$$

将 (3-15) 两边减去 (3-16) 得

$$(x - y)\{[B(x+y) + 1 + B^2 z]^2 - (1 - B^2)[(x+y)(B^2+1) + 2B + 2Bz]\} = 0 \tag{3-18}$$

由 (3-17) 得

$$z(Bx + B^2 z + 1 + By)^2 = (Bx + z + B^2 + By)^2$$

也即

$$(z - 1)[B^2(x+y)^2 + 2B^2(x+y)(z+1) + B^2(z^2 + z + 1) + 2B^2 z - z] = 0 \tag{3-19}$$

(3-18) 和 (3-19) 的因子分解后有 4 种不同的组合, 我们分别来讨论之.

(i) $z = 1$ 和 $x = y$.

将这两式代入 (3-15) 得到

$$x = \frac{(x + B^2 x + 2B)^2}{(2Bx + 1 + B^2)^2} \triangleq \phi(x) \tag{3-20}$$

或等价地

$$(x - 1)[4B^2(x+1)^2 - (B-1)^4(x+1) + (B-1)^4] = 0 \tag{3-21}$$

其中中括号中看作 $(x+1)$ 的二次三项式, 其判别式

$$\begin{aligned}
\Delta_1 &= (B-1)^8 - 16B^2(B-1)^4 \\
&= (B-1)^4(B+1)^2[B - (3 + 2\sqrt{2})][B - (3 - 2\sqrt{2})] \tag{3-22}
\end{aligned}$$

该方程有

1 个解, 当 $B > 3 + 2\sqrt{2}$ 或 $B < 3 - 2\sqrt{2}$, 即 $b < -\ln(3 + 2\sqrt{2})$ 或 $b > -\ln(3 - 2\sqrt{2})$ 时;

2 个解, 当 $B = 3 \pm 2\sqrt{2}$, 即 $b = -\ln(3 \pm 2\sqrt{2}) = \ln(3 \pm 2\sqrt{2})$ 时;

3 个解, 当 $3 - 2\sqrt{2} < B < 3 + 2\sqrt{2}$, 即 $-\ln(3 - 2\sqrt{2}) > b > -\ln(3 + 2\sqrt{2})$ 时.

在上述三种情形, $x = 1$ 始终是其中一个解, 这三组解可以表示成

$$x_1 = y_1 = z_1 = 1 \tag{3-23}$$

$$x_2 = y_2 = \frac{(B-1)^4 + \sqrt{\Delta_1}}{8B^2}, \quad z_2 = 1 \tag{3-24}$$

$$x_3 = y_3 = \frac{(B+1)^4 - \sqrt{\Delta_1}}{8B^2}, \quad z_3 = 1 \tag{3-25}$$

(ii) $z = 1$ 以及

$$[B(x+y) + B^2 + 1]^2 = (1 - B^2)[(x+y)(1 + B^2) + 4B] \tag{3-26}$$

令 $w = x + y$, 上式简化为

$$[Bw + B^2 + 1]^2 = (1 - B^2)[w(1 + B^2) + 4B] \tag{3-27}$$

得到 2 个解

$$w_1 = \frac{1 - 2B - B^2}{B^2}, \quad w_2 = 1 - 2B - B^2$$

由第一个解得

$$y = \frac{1 - 2B - B^2}{B^2} - x \tag{3-28}$$

代入 (3-26) 得

$$B^2 x^2 + (B^2 + 2B - 1)x + B^2 = 0$$

由此得当判别式 $\Delta_2 \triangleq (B^2 + 2B - 1)2 - 4B^2 \geqslant 0$ 时有解

$$x = \frac{1 - 2B - B^2 \pm \sqrt{(B^2 + 2B - 1) - 4B^2}}{2B^2} \tag{3-29}$$

代入 (3-28) 不难得到 y 有 2 个相同形式的解. $\Delta_2 > 0$ 或等价于 $0 \leqslant B < \dfrac{1}{3}$, 或 $b > \ln 3$ 时有以下两组解

$$x_4 = \frac{1 - 2B - B^2 + \sqrt{\Delta_2}}{2B^2}, \quad y_4 = \frac{1 - 2B - B^2 - \sqrt{\Delta_2}}{2B^2}$$

$$x_5 = \frac{1 - 2B - B^2 - \sqrt{\Delta_2}}{2B^2}, \quad y_5 = \frac{1 - 2B - B^2 + \sqrt{\Delta_2}}{2B^2}$$

当 $\Delta_2 = 0$ 时有

$$x = y = \frac{1 - 2B - B^2}{2B^2}$$

利用第二个解 w_2 可得另外两组解:

$$x_6 = \frac{1 - 2B - B^2 + \sqrt{\Delta_3}}{2B^2}, \quad y_6 = \frac{1 - 2B - B^2 - \sqrt{\Delta_3}}{2B^2}$$

$$x_7 = \frac{1 - 2B - B^2 - \sqrt{\Delta_3}}{2B^2}, \quad y_7 = \frac{1 - 2B - B^2 + \sqrt{\Delta_3}}{2B^2}$$

其中 $\Delta_3 \triangleq (B^2 + 2B - 1)^2 - 4B^2(2 + B^2) \geqslant 0$, 这等价于 $0 \leqslant B < \dfrac{2\sqrt{3} - 3}{3}$,
或 $b > \ln(2\sqrt{3} + 3) = 1.8663$. 当 $\Delta_3 = 0$, 即 $b = \ln(2\sqrt{3} + 3) = 1.8663$ 时有
$x = y = \dfrac{1 - 2B - B^2}{2B^2}$.

(iii)

$$x = y$$
$$B^2(x+y)^2 + 2B^3(x+y)(z+1) + B^2(z^2+z+1) + 2B^2 z - z = 0 \qquad (3\text{-}30)$$

我们不是直接求解这方程组, 而是类似 (ii) 的讨论, 令

$$\alpha_n = \frac{Z_{+,-}^{(n)}}{Z_{+,+}^{(n)}}, \quad \beta_n = \frac{Z_{-,+}^{(n)}}{Z_{+,+}^{(n)}}, \quad \gamma_n = \frac{Z_{-,-}^{(n)}}{Z_{+,+}^{(n)}}$$

由此

$$\begin{aligned}
\alpha_n &= \frac{\alpha_{n-1} + 2B + B^2 \beta_{n-1}}{[1 + B^2 + B(\alpha_{n-1} + \beta_{n-1})]^2} \\
\beta_n &= \frac{\beta_{n-1} + 2B + B(\alpha_{n-1} + \beta_{n-1})^2}{[1 + B^2 + B(\alpha_{n-1} + \beta_{n-1})]^2} \\
\gamma_n &= 1
\end{aligned} \qquad (3\text{-}31)$$

$x = y$ 隐含了 $\gamma = \lim\limits_{n \to \infty} \gamma_n = 1$, 如果 $\alpha = \lim\limits_{n \to \infty} \alpha_n, \beta = \lim\limits_{n \to \infty} \beta_n$, 则得

$$\alpha = \frac{\alpha + 2B + B^2 \beta}{[1 + B^2 + B(\alpha + \beta)]^2}, \quad \beta = \frac{\beta + 2B + B(\alpha + \beta)^2}{[1 + B^2 + B(\alpha + \beta)]^2} \qquad (3\text{-}32)$$

进而

$$(\alpha - \beta)\{[B(\alpha + \beta) + B^2 + 1]^2 - (1 - B^2)[(\alpha + \beta)(B^2 + 1) + 4B]\} = 0$$

因子 $\alpha - \beta = 0$ 对应 $z = 1$, 我们在 (i) 中已经讨论过了. 剩下的因子本质上同 (3-26), 所以我们得到和 (ii) 类似的结果, 即有以下另外 4 个解:

如果 $\Delta_2 > 0$, 我们有

$$\alpha_8 = \frac{1 - 2B - B^2 + \sqrt{\Delta_2}}{2B^2}, \quad \beta_8 = \frac{1 - 2B - B^2 - \sqrt{\Delta_2}}{2B^2}, \quad \gamma_8 = 1$$

$$\alpha_9 = \frac{1 - 2B - B^2 - \sqrt{\Delta_2}}{2B^2}, \quad \beta_9 = \frac{1 - 2B - B^2 + \sqrt{\Delta_2}}{2B^2}, \quad \gamma_9 = 1$$

如果 $\Delta_3 > 0$, 则有

$$\alpha_{10} = \frac{1 - 2B - B^2 - \sqrt{\Delta_3}}{2B^2}, \quad \beta_{10} = \frac{1 - 2B - B^2 + \sqrt{\Delta_3}}{2B^2}, \quad \gamma_{10} = 1$$

$$\alpha_{11} = \frac{1 - 2B - B^2 + \sqrt{\Delta_3}}{2B^2}, \quad \beta_{11} = \frac{1 - 2B - B^2 - \sqrt{\Delta_3}}{2B^2}, \quad \gamma_{11} = 1$$

此外当 $\Delta_2 = 0(\Delta_3 = 0)$ 时, 前 (后) 两个解重合.

(iv)

$$[B(x + y) + 1 + B^2 z]^2 - (1 - B^2)[(x + y)(B^2 + 1) + 2B + 2Bz] = 0$$

$$B^2(x + y)^2 + 2B^3(x + y)(z + 1) + B^4(z^2 + z + 1) + 2B^2 z - z = 0$$

令 $w = x + y$, 上述方程组变成

$$[Bw + 1 + B^2 z]^2 - (1 - B^2)[w(B^2 + 1) + 2B + 2Bz] = 0$$

$$B^2 w^2 + 2B^3 w(z + 1) + B^4(z^2 + z + 1) + 2B^2 z - z = 0$$

经变换后得

$$(Bw + 1 + B^2 z)^2 = (1 - B^2)[(B^2 + 1)w + 2B + 2Bz]$$
$$(Bw + 1 + B^2 z)^2 = (1 - B^2)[2Bw + (B^2 + 1)z + (B^2 + 1)] \tag{3-33}$$

两式相除得

$$1 = \frac{(B^2 + 1)w + 2B + 2Bz}{2Bw + (B^2 + 1)z + (B^2 + 1)}$$

这隐含了

$$w = z + 1$$

方程组 (3-33) 第 2 个方程可以表示成另一种形式

$$[Bw + B^2(z + 1)]^2 = z(B^2 - 1)^2 \tag{3-34}$$

将 $w = z - 1$ 代入此式得

$$(Bz + B^2 z)^2 = (w - 1)(B^2 - 1)^2$$

或等价地

$$B^2 w^2 - w(B-1)^2 + (B-1)^2 = 0 \qquad (3\text{-}35)$$

判别式

$$\Delta_4 \triangleq (B-1)^4 - 4B^2(B-1)^2 - (B-1)^2(1-3B)(1+B)$$

因为 $B \geqslant 0$, $B \neq 1$, 如果 $3B < 1$(即 $b > \ln 3$), 则有 $\Delta_4 > 0$, 方程 (3-25) 有两个解

$$w_1 = \frac{(B-1)^2 + \sqrt{\Delta_4}}{2B^2}, \quad w_2 = \frac{(B-1)^2 - \sqrt{\Delta_4}}{2B^2}$$

如果 $B = 0$ (即 $b = \ln 3$), 则只有 1 个解

$$w = \frac{(2/3)^2}{2(1/3)^2} = 2$$

这隐含着 $z = 1$, 这个情形我们在 (i) 和 (ii) 中已经讨论过了. 因此我们只需要研究 $\Delta_4 > 0$ 的情形, 将 $x + y = w = z + 1$ 代入 (3-15)—(3-17) 得

$$x[Bw + 1 + B^2(w-1)]^2 = [x + B^2(w-x) + Bw]^2$$

此方程有两个解

$$x = 1, \quad x = \frac{B^2 w^2}{(1-B)^2}$$

最后我们得到

$$x_{12} = \frac{B^2 w_1^2}{(1-B)^2}, \quad y_{12} = w_1 - x_{12}, \quad z_{12} = w_1 - 1$$

$$x_{13} = \frac{B^2 w_2^2}{(1-B)^2}, \quad y_{13} = w_2 - x_{13}, \quad z_{13} = w_2 - 1$$

$$x_{14} = 1, \quad y_{14} = w_1 - 1, \quad z_{14} = w_1 - 1 = y_{14}$$

$$x_{15} = 1, \quad y_{15} = w_2 - 1, \quad z_{15} = w_2 - 1 = y_{15}$$

由 x 和 y 的对称性, 将上述 4 组解中的 x 和 y 互换可得另 4 组解:

$$y_{16} = \frac{B^2 w_1^2}{(1-B)^2}, \quad x_{16} = w_1 - y_{16}, \quad z_{16} = w_1 - 1$$

$$y_{17} = \frac{B^2 w_2^2}{(1-B)^2}, \quad x_{17} = w_2 - y_{13}, \quad z_{17} = w_2 - 1$$

$$y_{18} = 1, \quad x_{18} = w_1 - 1, \quad z_{18} = w_1 - 1 = x_{18}$$

$$y_{19} = 1, \quad x_{19} = w_2 - 1, \quad z_{19} = w_2 - 1 = x_{19}$$

总结上述讨论, 我们可以得到方程组 (3-15)—(3-17) 的解析解:

3 个解, 当 $b < \ln(3 - 2\sqrt{2}) = -1.7627$ 时;

2 个解, 当 $b = \ln(3 - 2\sqrt{2}) = -1.7627$ 时;

4 个解, 当 $\ln(3 - 2\sqrt{2}) < b \leqslant \ln 3 = 1.0986$ 时;

13 个解, 当 $\ln 3 < b < \ln(3 + 2\sqrt{2}) = 1.7627$ 时;

14 个解, 当 $b = \ln(3 + 2\sqrt{2})$ 时;

15 个解, 当 $\ln(3 + 2\sqrt{2}) < b \leqslant \ln(3 + 2\sqrt{3}) = 1.8663$ 时;

19 个解, 当 $b > \ln(3 + 2\sqrt{2})$ 时.

当方程组 (3-15)—(3-17) 有多于 1 个解时意味着当 $n \to \infty$ 时有多于 1 个极限测度, 我们称发生相变. 我们定义

$$\bar{b}_c = \inf\{b \geqslant 0 : \text{发生相变}\}$$

$$\underline{b}_c = \sup\{b \leqslant 0 : \text{发生相变}\} \tag{3-36}$$

由上述讨论我们可以确定

$$\bar{b}_c = \ln 3 = 1.0986$$

$$\underline{b}_c = \ln(3 - 2\sqrt{2}) = -1.7627 \tag{3-37}$$

不难看出, 当 b 处于发生相变的区域时, 即使我们给 h 一个小的摄动 $(h \neq 0)$ 仍然会发生相变, 这和开树上 Ising 模型类似.

附注 (i) 像 (3-15)—(3-17) 这样的三元三次方程组理论上可以有 27 个解, 其中某些可能是重复的, 上述讨论中可以看到对于闭树上的对称 Ising 模型至少有 8 组重复的解, 因此形式上我们找到最多 19 组不同的解.

(ii) 对于方程组的解和配分函数分解中的 $Z_{+,+}^{(n)}, Z_{+,-}^{(n)}, Z_{-,+}^{(n)}, Z_{-,-}^{(n)}$ 的渐近关系有 1-1 对应, 为确认这种对应关系, 记 $a^{(n)} \approx b^{(n)}$, 如果 $\lim\limits_{n\to\infty} \dfrac{a^{(n)}}{b^{(n)}} = 1$, 为了简化记号, 我们以下省略了上标 (n), 得到以下对应关系:

解 1, $x_1 = y_1 = z_1 = 1$ 对应 $Z_{+,+} \approx Z_{+,-} \approx Z_{-,+} \approx Z_{-,-}$;

解 2 和 3, 对应 $Z_{+,+} \approx Z_{-,-} \neq Z_{-,+} \approx Z_{+,-}$;

解 4—7, 对应 $Z_{+,+} \neq Z_{-,-} \neq Z_{+,-} \approx Z_{-,+}$;

解 8—11, 对应 $Z_{+,+} \approx Z_{-,-} \neq Z_{-,+} \neq Z_{+,-}$;

解 14 和 15, 对应 $Z_{+,+} \approx Z_{+,-} \neq Z_{-,+} \approx Z_{-,-}$;

解 18 和 19, 对应 $Z_{+,+} \approx Z_{-,+} \neq Z_{+,-} \approx Z_{-,-}$;

解 12, 13 和 17 对应另外两种关系

$$Z_{+,+} \approx Z_{-,+} \neq Z_{+,-} \neq Z_{-,-}, \quad Z_{+,+} \neq Z_{-,-} \neq Z_{-,+} \neq Z_{+,-}$$

(iii) 铁磁体情形似乎比反铁磁体情形的相变更为丰富.

特例之三 反对称情形.

假设 $J_0 \neq 0, b_1 = -b_2 = b$ (从而 $B_1 = 1/B_2 = B$) 以及 $h = 0$ (即 $A = 1$), 这时方程组 (3-14) 变成

$$x = \frac{(x + Bz + B^{-1} + y)^2}{(B^{-1}x + z + 1 + By)^2} = \frac{(Bx + By + B^2z + 1)^2}{(x + B^2y + Bz + B)^2} \tag{3-38}$$

$$y = \frac{(x + B^{-1}z + B + y)^2}{(B^{-1}x + z + 1 + By)^2} = \frac{(Bx + By + z + B^2)^2}{(x + B^2y + Bz + B)^2} \tag{3-39}$$

$$z = \frac{(Bx + z + 1 + B^{-1}y)^2}{(B^{-1}x + z + 1 + By)^2} = \frac{(B^2x + y + Bz + B)^2}{(x + B^2y + Bz + B)^2} \tag{3-40}$$

我们目前还无法得到该方程组的全部解, 但是仔细观察后, 我们可以寻找如下形式的解:

$$\begin{aligned} y = z, \quad x = 1 \\ x = z, \quad y = 1 \\ x = y, \quad z = 1 \end{aligned} \tag{3-41}$$

以下我们证明方程组 (3-38)—(3-40) 确实有上述形式的解.

(i) 情形一: $y = z, x = 1$.

这时 (3-38) 变成恒等式, (3-39) 和 (3-40) 重合成

$$y = \frac{(B + By + y + B^2)^2}{(1 + B^2y + By + B)^2} = \frac{(y + B)^2}{(By + 1)^2}$$

也即

$$(y - 1)[B^2y^2 + (B^2 + 2B - 1)y + B^2] = 0$$

如果

$$\Delta_1 \triangleq (B^2 + 2B - 1)^2 - 4B^4 = -(B - 1)^2(3B - 1)(B + 1) \geqslant 0$$

等价于 $B \leqslant 1/3$ 或 $b \geqslant \ln 3$ 时方程 (3-39) 有多于 1 个解.

(ii) 情形二: $x = z, y = 1$.

这时 (3-39) 变成恒等式, (3-38) 和 (3-40) 重合成

$$x = \frac{(Bx + B + B^2x + 1)^2}{(Bx + B + x + B^2)^2} = \frac{(1 + Bx)^2}{(B + x)^2}$$

也即

$$(x - 1)[x^2 + (1 + 2B - B^2)x + 1] = 0$$

如果

$$\Delta_2 \triangleq (1 + 2B - B^2)^2 - 4 = -(B - 1)^2(B - 3)(B + 1) \geqslant 0$$

等价于 $B \geqslant 3$ 或 $b \leqslant -\ln 3$ 时方程 (3-38) 有多于 1 个解.

(iii) 情形三: $x = y, z = 1$.

这时 (3-40) 变成恒等式, (3-38) 和 (3-39) 重合成

$$x = \frac{(2Bx + B^2 + 1)^2}{(2B + x + B^2x)^2} = \frac{(C + x)^2}{(1 + Cx)^2}$$

也即

$$(x - 1)[C^2x^2 + (C^2 + 2C - 1)x + C^2] = 0$$

其中

$$C = \frac{B^2 + 1}{2B}$$

当

$$\Delta_3 \triangleq (C^2 + 2C - 1)^2 - 4C^2 = -(C - 1)^2(3C - 1)(C + 1) \geqslant 0$$

等价于 $C \leqslant 1/3$ 或 $(B^2 + 1)/(2B) \leqslant 1/3$ 时方程 (3-38) 有多于 1 个解, 但是易见 $C > 1/3$ 恒成立, 所以恒有 $\Delta_3 \leqslant 0$, 因此此时只有一个解 $x = y = z = 1$, 而这个解在前面已经有了. 我们定义临界值

$$\bar{b}_c = \inf\{|b| : \text{发生相变}\}$$

注意到对开树上的 Ising 模型, $b_3 = \ln 3$, 对于对称 Ising 模型方程组, $\bar{b}_c = \ln 3$, 因此我们有理由相信对于反对称 Ising 模型 $\ln 3$ 就是临界值. 同样对于解和配分函数分解中的 $Z_{+,+}^{(n)}, Z_{+,-}^{(n)}, Z_{-,+}^{(n)}, Z_{-,-}^{(n)}$ 的渐近关系有 1-1 对应:

解 $x = y = z = 1$, 对应 $Z_{+,+} \approx Z_{+,-} \approx Z_{-,+} \approx Z_{-,-}$;

解 $y = z \neq x = 1$, 对应 $Z_{+,+} \approx Z_{+,-} \neq Z_{-,+} \approx Z_{-,-}$;

解 $x = z \neq y = 1$, 对应 $Z_{+,+} \approx Z_{-,+} \neq Z_{+,-} \approx Z_{-,-}$.

而令人不意外的是, $Z_{+,+} \approx Z_{-,-} \neq Z_{-,+} \approx Z_{+,-}$ 不会发生. 同样我们可以讨论不同边界条件下的极限测度对应上述不同的解.

最后我们来讨论一般情况: $J_0 \neq 0, h = 0$, 但对 J_1, J_2 没有限制, 这时方程组 (3-14) 变成

$$x = \frac{(x + B_1 z + B_2 + B_1 B_2 y)^2}{(B_2 x + B_1 B_2 z + 1 + B_1 y)^2} \qquad (3\text{-}42)$$

$$y = \frac{(B_1 B_2 x + B_2 z + B_1 + y)^2}{(B_2 x + B_1 B_2 z + 1 + B_1 y)^2} \qquad (3\text{-}43)$$

$$z = \frac{(B_1 x + z + B_1 B_2 + B_2 y)^2}{(B_2 x + B_1 B_2 z + 1 + B_1 y)^2} \qquad (3\text{-}44)$$

我们目前还无法得到该方程组的全部解, 但是仔细观察后, 可以寻找如下形式的解:

$$\begin{aligned} y = z, \quad x = 1 \\ x = z, \quad y = 1 \\ x = y, \quad z = 1 \end{aligned} \qquad (3\text{-}45)$$

以下我们证明方程组 (3-42)—(3-44) 确实有上述形式的解.

(i) 情形一: $y = z, x = 1$.

这时 (3-42) 变成恒等式, (3-43) 和 (3-44) 重合成

$$y = \frac{(B_1 B_2 + B_2 y + B_1 + y)^2}{(B_2 + B_1 B_2 y + 1 + B_1 y)^2} = \frac{(y + B_1)^2}{(B_1 y + 1)^2}$$

也即

$$(y - 1)[B_1^2 y^2 + (B_1^2 + 2B_1 - 1)y + B_1^2] = 0$$

当

$$\Delta_1 \triangleq (B_1^2 + 2B_1 - 1)^2 - 4B_1^4 = -(B_1 - 1)^2 (3B_1 - 1)(B_1 + 1) \geqslant 0$$

等价于 $B_1 \leqslant 1/3$ 或 $b_1 \geqslant \ln 3$ 时方程 (3-43) 有多于 1 个解.

(ii) 情形二: $x = z, y = 1$.

这时 (3-43) 变成恒等式, (3-42) 和 (3-44) 重合成

$$x = \frac{(x + B_1 x + B_1 B_2 + B_2)^2}{(B_2 x + B_1 B_2 x + 1 + B_1)^2} = \frac{(x + B_2)^2}{(B_2 x + 1)^2}$$

类似情形一的讨论可知当 $B_2 \leqslant 1/3$ 或 $b_2 \geqslant \ln 3$ 时方程 (3-42) 有多于 1 个解.

(iii) 情形三: $x = y, z = 1$.

这时 (3-44) 变成恒等式, (3-42) 和 (3-43) 重合成

$$x = \frac{(x + B_1 + B_2 + B_1 B_2 x)^2}{(B_2 x + B_1 B_2 + 1 + B_1 x)^2} = \frac{(Dx + 1)^2}{(x + D)^2}$$

也即

$$(x - 1)[x^2 + (1 + 2D - D^2)x + 1] = 0$$

其中

$$D = \frac{B_1 B_2 + 1}{B_1 + B_2}$$

当

$$\Delta_3 \triangleq (1 + 2D - D^2)^2 - 4 = (D - 1)^2 (D - 3)(D + 1) \geqslant 0$$

等价于 $D \geqslant 3$ 或 $(B_1 B_2 + 1)/(B_1 + B_2) \geqslant 3$ 时方程 (3-42) 有多于 1 个解. 用 b_1, b_2 来表示该条件就是

$$\frac{e^{-b_1 - b_2} + 1}{e^{-b_1} + e^{-b_2}} \geqslant 3$$

或等价地

$$e^{-b_1 - b_2} + 1 \geqslant 3(e^{-b_1} + e^{-b_2})$$

我们定义 (b_1, b_2)-平面上的相变区域 (图 3.3.5)

$$R^* = \{(b_1, b_2) : \text{发生相变}\}$$

综合以上讨论我们确信图 3.3.5 的阴影部分 R^* 是相变区域的内界. 这个内界由以下几部分组成:

(i) 直线 $b_1 = \ln 3$ 右边;

(ii) 直线 $b_2 = \ln 3$ 上边;

(iii) 双曲线 $e^{-b_1 - b_2} + 1 = 3(e^{-b_1} + e^{-b_2})$ 下半叶的左下部分.

在直线 $b_1 = b_2(J_1 = J_2$ 上$)$, $\bar{b}_c = \ln 3$, $\underline{b}_c = \ln(3 - 2\sqrt{2})$. 对于反对称情形, 直线 $b_1 = -b_2$ 与相变区域交于 $\ln 3$ 和 $-\ln 3$.

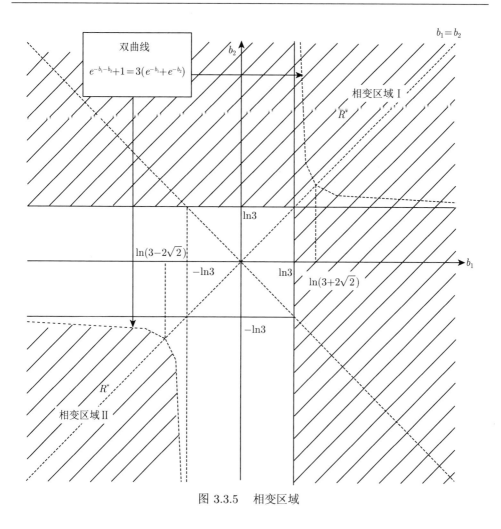

图 3.3.5 相变区域

附注 闭树有类似分形的自相似结构, 那么相关研究能否推广到分形上去呢?

第 4 章 随机变量和随机过程的信息度量

本章主要介绍信息论的基本概念和基本熵定理, 4.1—4.3 节介绍离散随机变量 (或离散概率分布) 的各种信息度量. 先引入信息的定义, 然后定义随机变量和随机向量的信息度量, 包括自信息、熵、联合熵、条件熵和相对熵, 进而介绍互信息. 在介绍这些信息量的同时也讨论了它们的一些基本性质. 4.4 节介绍信道容量和率失真函数. 4.5 节将信息度量推广到随机过程, 4.6 节证明了熵定理.

4.1 随机变量的信息度量

1. 自信息

什么是信息, "信息" 一词在英文、法文、德文、西班牙文中均是 "information", 日文中为 "情报", 海外某些地区称为 "资讯", 汉语中 "信息" 一词最早出现在五代南唐李中《暮春怀故人》诗: "梦断美人沈信息, 目穿长路倚楼台." "信息" 这个词由于应用之广泛很难对它下一个明确的定义, 因为它在不同的场合, 被赋予了不同的含义. 香农最初对 "信息" 进行量化研究时把 "信息" 限于 "通信的信息", 并以此为出发点建立了通信的数学理论, 形成了狭义的香农信息论. 该理论对信息的形式化描述, 抛开了信息的语义, 给出了信息的度量, 这种度量可以被用来描述信源和信道的特性, 优化信息的处理 (压缩)、改进信息传输的可靠性.

通常用随机变量 X 表示一个离散信源, X 取值于集合 $\mathcal{X}$, 当信源发出某个信号 $x_0 \in \mathcal{X}$ 后, 它提供了多少信息呢? 香农将它定义为 x_0 的自信息, 记为 $I(x_0)$, 它是信号 x_0 不确定性的一种度量, 用它发生的概率 $p(x_0)$ 的大小来描述, 因此 $I(x)$ 应该是 $p(x_0)$ 的一个函数, 这个函数要满足哪些性质呢?

首先 $x \in \mathcal{X}$ 的概率越大, 其发生的可能性越大, 不确定性越小, $I(x_0)$ 应当越小, 因此 $I(x_0)$ 应当是概率 $p(x_0)$ 的单调减函数. 其次如果信源连续独立地发出 2 个信号 x, y, 它们的联合分布为 $p(x, y) = p(x)p(y)$, 则 x, y 的自信息应是它们各自自信息之和, 即 $I(x, y) = I(x) + I(y)$. 于是我们得到自信息应满足的几条公理.

(i) 非负性: $I(x) \geqslant 0$;

(ii) 如 $p(x) = 0$, 则 $I(x) \to \infty$;

(iii) 如 $p(x) = 1$, 则 $I(x) = 0$;

(iv) 严格单调性: 如果 $p(x) > p(y)$, 则 $I(x) < I(y)$;

(v) 如果 $p(x, y) = p(x)p(y)$, 则 $I(x, y) = I(x) + I(y)$.

根据这五条公理可以得到自信息数学表示的唯一性定理.

定理 1.1 若自信息 $I(x)$ 满足上述五个条件, 则

$$I(x) = c \log \frac{1}{p(x)} \tag{1-1}$$

其中 c 为常数.

我们只需先证以下引理.

引理 1.2 如果实函数 $f(x)(1 \leqslant x < \infty)$ 满足以下条件:

(i) $f(x) \geqslant 0$;

(ii) $f(x)$ 是严格单调增函数, 即 $x < y \Rightarrow f(x) < f(y)$;

(iii) $f(x \cdot y) = f(x) + f(y)$,

则 $f(x) = c \log x$.

证明 反复使用 (iii), 对任意正整数 k, 我们有

$$f(x^k) = f(x \cdot x^{k-1}) = f(x) + f(x^{k-1}) = \cdots = kf(x) \tag{1-2}$$

(此处 x^k 表示 x 的 k 次方) 从而 $f(1) = 0$. 进而由 (i) 和 (ii), 对任意 $x > 1$, $f(x) > 0$, 对于任意大于 1 的 x, y 及任意正整数 k, 总可以找到非负整数 n, 使得

$$y^n \leqslant x^k < y^{n+1}$$

取对数并除以 $k \log y$ 得

$$\frac{n}{k} \leqslant \frac{\log x}{\log y} < \frac{n+1}{k} \tag{1-3}$$

另一方面, 由 (1-2) 及条件 (ii) 可得

$$nf(y) \leqslant kf(x) < (n+1)f(y)$$

或者

$$\frac{n}{k} \leqslant \frac{f(x)}{f(y)} < \frac{n+1}{k} \tag{1-4}$$

由 (1-2) 和 (1-3) 我们有

$$\left| \frac{f(x)}{f(y)} - \frac{\log x}{\log y} \right| \leqslant \frac{1}{k}$$

当 $k \to \infty$ 时

$$\frac{f(x)}{f(y)} = \frac{\log x}{\log y}$$

因此

$$\frac{f(x)}{\log x} = \frac{f(y)}{\log y} = c$$

或

$$f(x) = c \log x$$

为证明定理 1.1, 只需对 $f\left(\dfrac{1}{p(x)}\right) = I(p(x))$ 应用引理即可.

定义 1.3　设 $x \in \mathcal{X}$ 有概率 $p(x)$, 则自信息定义为 $I(x) = \log \dfrac{1}{p(x)}$.

4.2　熵、联合熵、条件熵

4.1 节中定义了信源发出的每个信号的自信息, 那么对整个信源来说, 其每个信号的平均信息量是多少? 这个信息量被称为熵 (entropy).

如果用随机变量代表一个信源, 则熵就是它的平均不确定性的度量. 设 X 是取值于离散字母集 $\mathcal{X}$ 的随机变量 ($\mathcal{X}$ 也称状态集), 其概率分布为 $p(x) = P(X = x), x \in \mathcal{X}$. 通常用 $p(x)$ 和 $p(y)$ 分别表示 X 和 Y 的概率分布函数, 有时为区别起见, 用 $p_X(x)$ 和 $p_Y(y)$ 来表示.

定义 2.1　离散随机变量 X 的熵定义为

$$H(X) = -\sum_{x \in \mathcal{X}} p(x) \log p(x)$$

有时也用 $H(p)$ 表示这个熵, 称它为概率分布 p 的熵. 其中对数函数以 2 为底时, 熵的单位为比特 (bit), 若对数以 e 为底, 则熵的单位为奈特 (nat), 若对数以 10 为底时, 熵的单位为哈特 (hart, hartley 的缩写, 为纪念哈特雷最先提出熵的概念). 本书中的对数函数通常以 log 表示, 没有注明其以什么数为底和没有注明对应的信息量单位时, 相关公式、证明和论述对以任何数为底的对数都成立, 读者可以根据上下文内容和实际需要来理解其底数和信息量单位, 因为信号传输通常是以二进制数字传输, 所以信息论中大多数情况下, 对数是以 2 为底, 当数学模型或证明中出现连续变量及其微分积分运算时, 为数学处理方便起见, 通常对数以 e 为底, 对数函数用 ln 表示.

注意熵只是概率分布 p 的函数, 与 $\mathcal{X}$ 取什么值并无关系. 用 E 表示数学期望, E_p 表示关于分布 p 的数学期望, 即

$$E_p g(X) = \sum_{x \in \mathcal{X}} g(x) p(x)$$

则熵可表示为随机变量 $\log \dfrac{1}{p(X)}$ 的数学期望, 即

$$H(X) = E_p \log \frac{1}{p(X)}$$

可见熵是自信息的概率加权平均值, 熵有以下一些性质.

引理 2.2 $H(X) \geqslant 0$, 且等号成立的充要条件是 X 有退化分布.

证明 因 $0 \leqslant p(x) \leqslant 1$, $-p(x) \log p(x) \geqslant 0$, 由 $H(X)$ 定义即得 $H(X) \geqslant 0$. 其中等号成立的充要条件是 $p(x) = 0$ 或 $p(x) = 1$. 由概率分布的定义 $p(x) \geqslant 0$, $\sum_x p(x) = 1$ 知, 只能有一个 x_0 使得 $p(x_0) = 1$, 而对其他 $x \in \mathcal{X} - \{x_0\}$, $p(x) = 0$, 即 p 为退化分布.

例 2.3 设

$$X = \begin{cases} 1, & \text{以概率 } p \\ 0, & \text{以概率 } 1-p \end{cases}$$

则 $H(X) = -p \log p - (1-p) \log (1-p) \triangleq h(p)$. 函数 $h(p)$ 的图形见图 4.2.1. 以后将经常见到这个函数, 称之为二进熵函数.

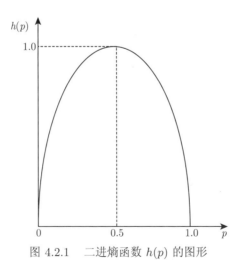

图 4.2.1 二进熵函数 $h(p)$ 的图形

例 2.4 设 X 服从有限集 $\mathcal{X}$ 上的均匀分布, 即 $p(X = x) = \dfrac{1}{\|\mathcal{X}\|}$ (其中 $\|\mathcal{X}\|$ 是集合 $\mathcal{X}$ 中元素的个数), 则

$$H(X) = -\sum_{x \in \mathcal{X}} \frac{1}{\|\mathcal{X}\|} \log \frac{1}{\|\mathcal{X}\|} = \log \|\mathcal{X}\|$$

以下把熵的概念推广到随机向量, 定义联合熵和条件熵.

定义 2.5   设一对随机变量 (X, Y) 的联合分布为

$$p(x, y) = P_r(X = x, Y = y), \quad x \in \mathcal{X}, y \in \mathcal{Y}$$

则定义 (X, Y) 的联合熵 (joint entropy) $H(X, Y)$ 为

$$H(X, Y) = -\sum_{x \in \mathcal{X}} \sum_{y \in \mathcal{Y}} p(x, y) \log p(x, y)$$

或写成数学期望形式

$$H(X, Y) = -E \log p(X, Y)$$

联合熵的概念可以进一步推广到 n 维随机向量.

定义 2.6   设 n 维随机向量 $(X_1, X_2, \cdots, X_n)$ 的联合分布为

$$p(x_1, x_2, \cdots, x_n) = P(X_1 = x_1, X_2 = x_2, \cdots, X_n = x_n)$$

$$x_1 \in \mathcal{X}_1, x_2 \in \mathcal{X}_2, \cdots, x_n \in \mathcal{X}_n$$

则定义联合熵为

$$H(X_1, X_2, \cdots, X_n)$$
$$= -\sum_{x_1 \in \mathcal{X}_1} \sum_{x_2 \in \mathcal{X}_2} \cdots \sum_{x_n \in \mathcal{X}_n} p(x_1, x_2, \cdots, x_n) \log p(x_1, x_2, \cdots, x_n)$$

以下再定义一个随机变量条件下另一个随机变量的条件熵 (conditional entropy).

定义 2.7   设随机变量对 (X, Y) 有联合分布 $p(x, y)$, 用

$$p(y \mid x) = P_r(Y = y \mid X = x), \quad x \in \mathcal{X}, y \in \mathcal{Y}$$

表示条件概率分布, 则给定 $X = x$ 条件下 Y 的熵定义为

$$H(Y \mid X = x) = -\sum_{y \in \mathcal{Y}} p(y \mid x) \log p(y \mid x)$$

再对 X 取平均值就得随机变量 X 条件下 Y 的熵, 记为 $H(Y \mid X)$

$$H(Y \mid X) = \sum_{x \in \mathcal{X}} p(x) H(Y \mid X = x)$$
$$= -\sum_{x \in \mathcal{X}} p(x) \sum_{y \in \mathcal{Y}} p(y \mid x) \log p(y \mid x)$$

$$= -\sum_{x\in\mathcal{X}}\sum_{y\in\mathcal{Y}} p(x,y)\log p(y\mid x)$$

$$= -E\log p(Y\mid X)$$

以下定理给出随机变量对的联合熵与单个随机变量的熵和两个变量的条件熵的关系.

定理 2.8 (链法则)

$$H(X,Y) = H(X) + H(Y\mid X)$$

证明

$$H(X,Y) = -\sum_{x\in\mathcal{X}}\sum_{y\in\mathcal{Y}} p(x,y)\log p(x,y)$$

$$= -\sum_{x\in\mathcal{X}}\sum_{y\in\mathcal{Y}} p(x,y)\log p(x)p(y|y)$$

$$= -\sum_{x\in\mathcal{X}}\sum_{y\in\mathcal{Y}} p(x,y)\log p(x) - \sum_{x\in\mathcal{X}}\sum_{y\in\mathcal{Y}} p(x,y)\log p(y|x)$$

$$= -\sum_{x\in\mathcal{X}} p(x)\log p(x) - \sum_{y\in\mathcal{Y}}\sum_{y\in\mathcal{Y}} p(x,y)\log p(y|x)$$

$$= H(X) + H(Y\mid X)$$

附注 (1) 由 X 和 Y 的对称性, 易知

$$H(X,Y) = H(Y) + H(X\mid Y) = H(Y,X)$$

(2) 类似于 $H(Y\mid X)$, 我们可以定义 $H(Y,Z\mid X)$ 如下:

$$H(Y,Z\mid X) = -\sum_{x\in\mathcal{X}}\sum_{y\in\mathcal{Y}}\sum_{z\in\mathcal{Z}} p(x,y,z)\log p(y,z\mid x)$$

定义 $H(Z\mid Y,X)$ 如下:

$$H(Z\mid Y,X) = -\sum_{x\in\mathcal{X}}\sum_{y\in\mathcal{Y}}\sum_{z\in\mathcal{Z}} p(x,y,z)\log p(z\mid x,y)$$

还可以进一步推广到任意多个随机变量的情形, 即类似可定义 $H(Y\mid X_1, X_2, \cdots, X_n)$ 等.

链法则可以进一步推广到多维情形, 为简化记号, 今后如无特别说明都记

$$X^n = (X_1, X_2, \cdots, X_n), \quad x^n = (x_1, x_2, \cdots, x_n)$$

前文中曾用 x^k 表示 x 的 k 次方, 今后如遇类似情况, 会特别注明.

定理 2.9 (熵的链法则)　设 $X_1, X_2, \cdots, X_n$ 的联合分布为 $p(x_1, x_2, \cdots, x_n)$, 则

$$H(X_1, X_2, \cdots, X_n) = \sum_{i=1}^{n} H(X_i \mid X_{i-1}, \cdots, X_1)$$

证明　只需重复应用定理 2.8 中两个随机变量熵的链法则.

$$H(X_1, X_2) = H(X_1) + H(X_2 \mid X_1)$$

$$H(X_1, X_2, X_3) = H(X_1) + H(X_2, X_3 \mid X_1)$$

$$= H(X_1) + H(X_2 \mid X_1) + H(X_3 \mid X_1, X_2)$$

$$H(X^n) = H(X_1, X_2, \cdots, X_n)$$

$$= H(X_1) + H(X_2 \mid X_1) + \cdots + H(X_n \mid X_{n-1}, \cdots, X_1)$$

$$= \sum_{i=1}^{n} H(X_i \mid X_{i-1}, \cdots, X_1)$$

附注　也可利用

$$p(x^n) = p(x_1, x_2, \cdots, x_n)$$

$$= p(x_1)p(x_2 \mid x_1)p(x_3 \mid x_1, x_2)\cdots p(x_n \mid x_1, x_2, \cdots, x_{n-1})$$

两边取负对数 $-\log$ 后再对联合分布 $p(x_1, x_2, \cdots, x_n)$ 取期望即可.

4.3　相对熵和互信息

随机变量的熵是随机变量不确定性的度量, 它是描述一个随机变量平均所需信息量的度量. 本节继续介绍两个相关的信息量: 相对熵和互信息.

定义 3.1　定义在同一个字母集合 $\mathcal{X}$ 上的两个概率分布 $p(x)$ 和 $q(x)$ 的相对熵 (relative entropy) 定义为

$$D(p \parallel q) = \sum_{x \in \mathcal{X}} p(x) \log \frac{p(x)}{q(x)} = E_p \log \frac{p(x)}{q(x)}$$

在上述定义中, 按照惯例规定 $0 \cdot \log \frac{0}{q} = 0, p \cdot \log \frac{p}{0} = \infty$. 相对熵又称为信息散度、KL 散度 (Kullback-Leibler divergence, KLD)、KL 熵、KL 距离等. 一般地说

$$D(p \parallel q) \neq D(q \parallel p)$$

以下定理表明相对熵总是非负的.

定理 3.2 $D(p\|q) \geqslant 0$, 且等号成立的充要条件是: $p(x) = q(x)$ 对所有 $x \in \mathcal{X}$ 成立.

证明

$$-D(p \parallel q) = -\sum_{x \in \mathcal{X}} p(x) \log \frac{p(x)}{q(x)}$$

$$= \sum_{x \in \mathcal{X}} p(x) \log \frac{q(x)}{p(x)}$$

$$\overset{(*)}{\leqslant} \sum_{x \in \mathcal{X}} p(x) \left(\frac{q(x)}{p(x)} - 1 \right)$$

$$= \sum_{x \in \mathcal{X}} q(x) - \sum_{x \in \mathcal{X}} p(x)$$

$$= 0$$

其中不等号 $(*)$ 成立是利用了不等式 $\log x \leqslant x - 1$(这里假定对数是以 e 为底的), 而该不等式中等号成立的充要条件是 $x = 1$, 从而 $(*)$ 中等号成立的充要条件是: $p(x) = q(x)$ 对所有 $x \in \mathcal{X}$ 成立.

附注 (1) 上述不等式也可以利用函数 $\log$ 的凹性来证明.

(2) 相对熵 $D(p \parallel q)$ 是两个分布 p 与 q 的差异的一种度量, 但它不满足对称性, 即 $D(p \parallel q) \neq D(q \parallel p)$, 也不满足三角不等式, 因此不是一个距离测度, 但在很多领域仍用它作为分布 p 与 q 的差异的一种度量.

系 3.3

$$H(X) \leqslant \log \| \mathcal{X} \|$$

其中等号成立的充要条件是 X 服从均匀分布, 即 $p(x) = \dfrac{1}{\| \mathcal{X} \|}$ 对所有 $x \in \mathcal{X}$ 成立, 其中 $\| \mathcal{X} \|$ 表示字母集 $\mathcal{X}$ 中所含元素个数.

证明 取 $q(x) = \dfrac{1}{\| \mathcal{X} \|}, x \in \mathcal{X}$, 则

$$0 \leqslant D(p \parallel q)$$

$$= \sum_{x \in \mathcal{X}} p(x) \log \frac{p(x)}{1/\| \mathcal{X} \|}$$

$$= \sum_{x \in \mathcal{X}} p(x) \log p(x) + \sum_{x \in \mathcal{X}} p(x) \log \| \mathcal{X} \|$$

$$= -H(X) + (\log \| \mathcal{X} \|) \sum_{x \in \mathcal{X}} p(x)$$

$$= -H(X) + \log \| \mathcal{X} \|$$

把 $H(X)$ 移项即证明了不等式. 其中等号成立的充要条件是对所有 $x \in \mathcal{X}$ 有

$$p(x) = q(x) = \frac{1}{\| \mathcal{X} \|}$$

以下定义两个随机变量的互信息 (mutual information).

定义 3.4　设两个随机变量 (X, Y) 的联合分布为 $p(x, y)$, 边际分布分别为 $p(x)$ 和 $p(y)$, 互信息 $I(X; Y)$ 是联合分布 $p(x, y)$ 与乘积分布 $p(x) \cdot p(y)$ 的相对熵, 即

$$\begin{aligned}
I(X; Y) &= D(p(x, y) \| p(x) \cdot p(y)) \\
&= \sum_{x \in \mathcal{X}} \sum_{y \in \mathcal{Y}} p(x, y) \log \frac{p(x, y)}{p(x) \cdot p(y)} \\
&= E_{p(x, y)} \log \frac{p(X, Y)}{p(X) \cdot p(Y)}
\end{aligned}$$

由互信息定义易知它关于 X 和 Y 是对称的, 即 $I(X; Y) = I(Y; X)$. 互信息可以理解为一个随机变量中包含的关于另一个随机变量的信息量, 或者说是一个随机变量由于已知另一个随机变量而减少的不确定性.

由互信息的定义, 可以得到互信息 $I(X; Y)$ 与熵 $H(X)$ 和 $H(Y)$、条件熵 $H(Y \mid X)$ 和 $H(X \mid Y)$ 的一系列关系式. 我们把它们归结为以下两个定理.

定理 3.5

$$\begin{aligned}
I(X; Y) &= H(X) + H(Y) - H(X, Y) \\
&= H(X) - H(X \mid Y) \\
&= H(Y) - H(Y \mid X) \\
I(X; X) &= H(X)
\end{aligned}$$

证明　这些等式可以从信息量的定义出发证明. 以第一个等式为例证明之, 读者可以类似地证明其他等式.

$$\begin{aligned}
I(X; Y) &= \sum_{x \in \mathcal{X}} \sum_{y \in \mathcal{Y}} p(x, y) \log \frac{p(x, y)}{p(x)p(y)} \\
&= \sum_{x \in \mathcal{X}} \sum_{y \in \mathcal{Y}} p(x, y) \log \frac{1}{p(x)} + \sum_{x \in \mathcal{X}} \sum_{y \in \mathcal{Y}} p(x, y) \log \frac{1}{p(y)}
\end{aligned}$$

$$+ \sum_{x \in \mathcal{X}} \sum_{y \in \mathcal{Y}} p(x, y) \log p(x, y)$$

$$= - \sum_{x \in \mathcal{X}} \sum_{y \in \mathcal{Y}} p(x, y) \log p(x) + \sum_{x \in \mathcal{X}} \sum_{y \in \mathcal{Y}} p(x, y) \log p(y)$$

$$+ \sum_{x \in \mathcal{X}} \sum_{y \in \mathcal{Y}} p(x, y) \log p(x, y)$$

$$= H(X) + H(Y) - H(X, Y)$$

$$I(X; X) = H(X) - H(X \mid X) + H(X)$$

定理 3.6

$$I(X; Y) \geqslant 0$$

且等号成立的充要条件是 X 和 Y 互相独立.

证明 由相对熵的非负性和性质

$$I(X; Y) = D(p(x, y) \parallel p(x) \cdot p(y)) \geqslant 0$$

其中等号成立的充要条件是 $p(x, y) = p(x) \cdot p(y), x \in \mathcal{X}, y \in \mathcal{Y}$, 即 X 和 Y 互相独立.

系 3.7

$$H(X \mid Y) \leqslant H(X), \quad H(X, Y) \leqslant H(X) + H(Y)$$

证明 由定理 3.5 和定理 3.6 即可证明.

系 3.8

$$H(X_i \mid X_{i-1}, \cdots, X_1) \leqslant H(X_i)$$

$$H(X_1, X_2, \cdots, X_n) \leqslant \sum_{i=1}^{n} H(X_i)$$

证明 第一个不等式是系 3.7 中第一个不等式的推广, 第二个不等式是系 3.7 中第二个不等式的推广, 读者可用数学归纳法证明, 也可用熵的链法则证明.

附注 胡国定 [42] 在 20 世纪 50 年代将信息量和集合论建立了 1-1 对应关系, 将信息量的运算对应集合论的运算.

类似互信息, 还可以定义条件互信息.

定义 3.9 设随机变量 X, Y, Z 的联合分布为 $p(x, y, z)$, 则给定 Z 条件下 X 和 Y 条件互信息为

$$I(X; Y \mid Z) = \sum_{z \in \mathcal{Z}} p(z) \sum_{x \in \mathcal{X}} \sum_{y \in \mathcal{Y}} p(x, y \mid z) \log \frac{p(x, y \mid z)}{p(x \mid z) p(y \mid z)}$$

易验证以下关系式成立

$$
\begin{aligned}
I(X;Y\mid Z) &= H(X\mid Z) - H(X\mid Y,Z)\\
&= H(Y\mid Z) - H(Y\mid X,Z)\\
&= H(X\mid Z) + H(Y\mid Z) - H(X,Y\mid Z)\\
&= I(Y;X\mid Z)
\end{aligned}
$$

类似可定义涉及多个随机变量的条件互信息, 如 $I(X,Y;Z\mid U)$ 及 $I(X;Y\mid U,V)$ 等. 1.2 节介绍过条件独立性, 下面给出条件独立或马氏性的信息论特征.

定义 3.10　设随机变量 X,Y,Z 的联合分布为 $p(x,y,z)$, 称给定 Z 条件下 X 和 Y 互相独立, 如果

$$
p(x,y\mid z) = p(x\mid z)p(y\mid z)
$$

对任意 $x\in\mathcal{X}, y\in\mathcal{Y}, z\in\mathcal{Z}$ 成立. 我们把这种条件独立性简记为 $X\perp Y\mid Z$, 这时也称 X,Z,Y 构成马氏链, 记为 $X\to Z\to Y$.

定理 3.11　$I(X;Y\mid Z)\geqslant 0$, 且等号成立的充要条件是给定 Z 条件下 X 和 Y 相互独立.

读者可以自行证明. 此外判断 $X\to Z\to Y$ 还有与上述定义等价的一些条件, 就不一一列出了, 将在讨论马氏过程时再详细讨论.

附注　后人将胡国定给出的集合论与信息量对应关系推广为 I-测度, 利用 I-测度来研究随机变量之间的独立性、条件独立性、马氏性等, 有兴趣的读者可以参考 Yeung 的著作 [110] 以及 Yeung、Lee 和 Ye 的 [111].

互信息也有类似于熵的链法则.

定理 3.12

$$
I(X_1,X_2,\cdots,X_n;Y) = \sum_{i=1}^{n} I(X_i;Y\mid X_{i-1},X_{i-2},\cdots,X_1)
$$

证明

$$
\begin{aligned}
I(X_1,X_2,\cdots,X_n;Y) &= H(X_1,X_2,\cdots,X_n) - H(X_1,X_2,\cdots,X_n\mid Y)\\
&\overset{(*)}{=} \sum_{i=1}^{n} H(X_i\mid X_{i-1},\cdots,X_1,Y)\\
&= \sum_{i=1}^{n} I(X_i;Y\mid X_{i-1},\cdots,X_1)
\end{aligned}
$$

其中等式 $(*)$ 成立利用了条件熵的链法则.

4.4　信道容量和率失真函数

信息论的两个基本问题是信源编码和信道编码, 所谓信源编码是将要传输或储存的信息进行压缩, 使得在解压缩恢复原信息时无误差或在允许误差范围内, 对此用所谓的率失真函数 (rate-distortion function)$R(D)$ 来描述, 由率失真理论可知当信源编码的码率不小于 $R(D)$, 则从编码后的码字恢复原信息时单字母的误差渐近地不超过 D. 而当 $D = 0$ 时, 即以零误差恢复原信息时, 最大压缩率 (码率) 即为信源的熵 $R(0) = H$.

从信道编码的观点来看, 人们关心的是信息的可靠传输, 信息容量 (Channel Capacity) 定义为通过信道最大可能的传输率, 联合信源–信道编码定理告诉我们, 当信源的熵小于信道容量时, 通过适当的编码和译码方法人们可以以低的误差概率通过信道可靠地传输信息, 而如果信源的熵大于信道容量, 则不可能以任意小的误差概率传输信息.

信源编码首先是无失真信源编码的理论和算法, 这对于文本压缩是必须的, 后文中的熵定理将告诉我们一个信源要实现无失真压缩的最大压缩率是信源的熵. 但对于诸如语音、图像和视频等信号, 由于人类听觉和视觉的限制, 容许有微小失真, 此即率失真信源编码问题, 率失真信源编码, 或称率失真数据压缩关心以下三点: 编码的码率 (或称压缩比)、失真度、算法的复杂性和运算速度, 码率和失真度是一对矛盾, 描述失真和压缩率之间平衡可以用率失真函数或失真率函数来表示, 即根据具体压缩对象, 在允许的失真度下使压缩比尽可能大, 或在压缩比一定的条件下, 使失真尽可能小. 实现压缩编码的算法要简单, 以便在有限的硬件资源上加快压缩和解压缩的速度, 尽可能地实时压缩和解压缩. 率失真的思想来源于香农的开创性论文 [83], 他在 1959 年文献 [84] 又作了详细论述并证明了率失真第一定理. Berger 的专著 [12] 讨论了更一般的信源的率失真理论, 并给出更强的结论. 描述失真和压缩率之间平衡可以用率失真函数或失真率函数来表示, 对于无记忆信源来说, 可以通过类似计算信道容量算法的对偶算法来计算率失真函数, 它本质上是一般交替最小化算法的一个特殊情形. 对于更复杂的信源, 即便是马氏信源, 其率失真函数的解析表达式仍然未得到解决, 最好的结果是紧的下界. 后面的章节将把率失真信源编码问题推广到随机场.

首先来介绍率失真函数, 用 X 表示发送端要传输的信息, Y 表示接收端收到的信息, 通信导致的失真用失真函数 $d(x,y)$ 表示, 按照惯例, 假设 X, Y 都取值于 $\mathcal{X}$.

一个失真测度是定义在 $\mathcal{X} \times \mathcal{X}$ 上的一个映射.

$$d : \mathcal{X} \times \mathcal{X} \to R^{+}$$

以下是一些常用的失真测度.

(i) 汉明失真 (Hamming distortion):

$$d(x,y) = \begin{cases} 0, & x = y \\ 1, & x \neq y \end{cases}$$

(ii) 绝对失真: $d(x,y) = |x - y|$;

(iii) 平方失真: $d(x,y) = (x - y)^2$.

定义 4.1　率失真 (rate-distortion) 函数和失真率 (distortion-rate) 函数.

设 X 是代表信息的一个随机变量, 并服从分布 $p(x), x \in \mathcal{X}$, 定义**率失真函数**为

$$R_X(D) = \inf_Y \{I(X;Y) : E_{XY}d(X,Y) \leqslant D\}, \quad 0 \leqslant D < \infty \tag{4-1}$$

其中 inf 是对所有满足 $E_{XY}d(X,Y) \leqslant D$ 的复制变量 Y 取之.

失真率函数用 $D_X(R)$ 表示, 定义为

$$D_X(R) = \inf_Y \{E_{XY}d(X;Y) : I(X;Y) \leqslant R\}, \quad 0 \leqslant R < \infty \tag{4-2}$$

在无歧义的情况下我们可以把 $R_X(D)$ 和 $D_X(R)$ 分别简记为 $R(D)$ 和 $D(R)$. 率失真函数也称为 ε-熵, 它是为使得接收端的 Y 复制发送端的 X 的失真不超过 D 而需要传输的最小互信息. 类似地失真率函数是当发送的互信息不超过 R 时所能达到的最小失真. 事实上失真率函数和率失真函数互为反函数, 为说明这一点, 需要更多的符号.

记 $\mathcal{Q}$ 为条件分布族 $\{\nu(\cdot|x), x \in \mathcal{X}\}$. 定义

$$I(\nu) = \sum_x \sum_y p(x)\nu(y|x) \log[p(x)\nu(y|x)] \tag{4-3}$$

$$d(\nu) = \sum_x \sum_y p(x)\nu(y|x)d(x,y) \tag{4-4}$$

由此如果定义

$$\mathcal{Q}_d(D) = \{\nu \in \mathcal{Q} : d(\nu) \leqslant D\} \tag{4-5}$$

$$\mathcal{Q}_l(R) = \{\nu \in \mathcal{Q} : I(\nu) \leqslant R\} \tag{4-6}$$

则得到率失真函数和失真率函数的另一种表达式:

$$R(D) = \inf\{I(\nu) : \nu \in \mathcal{Q}_d(D)\} \tag{4-7}$$

$$D(R) = \inf\{d(\nu) : \nu \in \mathcal{Q}_l(R)\} \tag{4-8}$$

对随机变量 X, 定义

$$D_{\max} = \inf \left\{ \sum_{x \in \mathcal{X}} d(x, y) p(x); y \in \mathcal{X} \right\}$$

则易验证

$$R(D_{\max}) = 0, \quad D(0) = D_{\max} \tag{4-9}$$

定理 4.2 对于率失真函数和失真率函数以下关系式成立

$$R(D(R)) = R, \quad 0 \leqslant R \leqslant H(X) \tag{4-10}$$

$$D(R(D)) = D, \quad 0 \leqslant D \leqslant D_{\max} \tag{4-11}$$

证明 如果 $R = 0$, 则由 (4-10) 可得 (4-11). 如果 $R = H(X)$, 则 $D(H(X)) = 0$ 且 (4-10) 成立. 令 $0 < R < H(X)$, 则对任 $\varepsilon > 0$, 存在一个 $\nu \in \mathcal{Q}_l(R)$ 使得 $d(\nu) \leqslant D(R) + \varepsilon$, 因为 $\nu \in \mathcal{Q}_d(D(R) + \varepsilon)$,

$$R(D(R) + \varepsilon) \leqslant I(\nu) \leqslant R \tag{4-12}$$

注意到 $I(\nu) > R$, 如果 $d(\nu) \leqslant D(R) - \varepsilon$, 这隐含着

$$R \leqslant R(D(R) - \varepsilon) \tag{4-13}$$

因为 $R(D)$ 是连续的, 由 (4-12) 和 (4-13) 就得 (4-10). 类似地可证 (4-11).

在后文中率失真函数和失真率函数的概念将被推广到随机过程和随机场.

现在来讨论信道容量问题, 一个有入口字母表 $\mathcal{X}$ 和出口字母表 $\mathcal{Y}$ 的离散无记忆通信信道可以用条件转移概率分布 $\{p(y|x), x \in \mathcal{X}, y \in \mathcal{Y}\}$ 来表示. 信道容量定义为通过该信道传输的最大互信息, 严格地如下定义.

定义 4.3 给定信道 $\{p(y|x), x \in \mathcal{X}, y \in \mathcal{Y}\}$, 其容量定义为

$$C = \sup I(X : Y) \tag{4-14}$$

其中上确界是对所有入口分布 $p(x), x \in \mathcal{X}$ 取之. 或等价地是对所有形如 $p(x, y) = p(x)p(y|x)$ 的联合分布 $p(x, y)$ 取之.

作为信息论中最重要的基本定理之一的信道编码定理表明信道容量是通过信道传输信息的误差可以任意小时可以达到的最大码率.

率失真函数和信道容量的计算并不是一件易事, 只有对少数简单信源和信道模型, 它们有解析表达式, 当然有有效地计算它们的算法, 如著名的 Blahut-Arimoto 算法, 本质上是个约束优化问题 (参见 [23]).

4.5　随机过程的信息度量

通信过程处理的是信息流, 而信息流通常又用随机过程来建模, 因此需要把信息的度量推广到随机过程场合.

1. 熵率 (entropy rate) 和互信息率 (mutual information rate)

设 $\mathbf{X} = \{X_n, n \in Z_+\}$ 为随机过程, 其中每个随机变量取值于有限集 $\mathcal{X}$, 对 $1 \leqslant m \leqslant n$, 联合熵 $H(X_0, X_1, \cdots, X_{n-1})$ 有以下不等式:

$$H(X_0, X_1, \cdots, X_{n-1}) \leqslant H(X_0, X_1, \cdots, X_{m-1}) + H(X_m, X_{m+1}, \cdots, X_{n-1}) \quad (5\text{-}1)$$

记 $h(n) = H(X_0, X_1, \cdots, X_{n-1})$, 当 $\mathbf{X}$ 是平稳过程时, 由上式可得

$$h(k + n) \leqslant h(k) + h(n), \quad \text{对任何 } k, n > 0 \text{ 成立} \quad (5\text{-}2)$$

因此 $h(n)$ 是一个半可加序列, 而半可加序列有以下的重要性质

$$\lim_{n \to \infty} \frac{1}{n} h(n) = \inf_n \frac{1}{n} h(n) \quad (5\text{-}3)$$

因此我们有以下引理.

引理 5.1　设 $\mathbf{X} = \{X_n, n \in Z_+\}$ 为平稳随机序列, 则有

$$\lim_{n \to \infty} \frac{1}{n} H(X_0, X_1, \cdots, X_{n-1}) = \inf_{n \geqslant 1} \frac{1}{n} H(X_0, X_1, \cdots, X_{n-1}) \quad (5\text{-}4)$$

存在.

定义 5.2　对随机过程 $\mathbf{X} = \{X_n, n \in Z_+\}$, 如果上式右边的极限存在的话, 我们把它定义为该随机过程的熵率, 并记为 $H_\infty(\mathbf{X})$.

有时为强调熵对随机过程相伴的概率测度 P 的依赖性, 也将熵率记为 $H_\infty(P)$. 对于服从概率分布 p 的随机变量的熵 $H(p)$ 是分布 p 的凹函数, 即有以下引理.

引理 5.3　设 p 和 q 是字母表 $\mathcal{X}$ 上的两个概率分布, 则对任 $0 \leqslant \lambda \leqslant 1$ 有

$$\lambda H(p) + (1 - \lambda) H(q) \leqslant H(\lambda p + (1 - \lambda) q) \leqslant \lambda H(p) + (1 - \lambda) H(q) + h_2(\lambda) \quad (5\text{-}5)$$

其中 $h_2(\lambda) = -\lambda \log \lambda - (1 - \lambda) \log(1 - \lambda)$.

证明　左边的不等式就是熵的凹性, 因此只需证明右边的不等式, 事实上

$$H(\lambda p + (1 - \lambda) q)$$

$$= -\sum_{x \in \mathcal{X}} (\lambda p(x) + (1 - \lambda) q(x)) \log(\lambda p(x) + (1 - \lambda) q(x))$$

$$= -\lambda \sum_{x \in \mathcal{X}} p(x) \log(\lambda p(x) - (1-\lambda)q(x))$$

$$- (1-\lambda) \sum_{x \in \mathcal{X}} q(x) \log(\lambda p(x) + (1-\lambda)q(x)) \tag{5-6}$$

因为 $(\lambda p(x) + (1-\lambda)q(x)) \geqslant \lambda p(x)$, 所以上式第一项满足

$$- \lambda \sum_{x \in \mathcal{X}} p(x) \log(\lambda p(x) + (1-\lambda)q(x))$$

$$\leqslant - \lambda \sum_{x \in \mathcal{X}} p(x) \log(\lambda p(x))$$

$$= -\lambda \log \lambda + \lambda H(p) \tag{5-7}$$

类似地 (5-6) 中第二项满足

$$- (1-\lambda) \sum_{x \in \mathcal{X}} q(x) \log(\lambda p(x) + (1-\lambda)q(x))$$

$$\leqslant -(1-\lambda) \log(1-\lambda) + (1-\lambda)H(q) \tag{5-8}$$

综合 (5-7) 和 (5-8) 就证明了引理.

定理 5.4 设 P 和 Q 是关于序列 $\mathbf{X} = \{X_n, n \in Z_+\}$ 的两个平稳概率测度, P_{X^n} 和 Q_{X^n} 分别是它们在 (X_0, X_1, X_{n-1}) 上的边际分布, 则对任 $\lambda \in [0,1]$, 对应的熵率满足以下等式:

$$H_\infty(\lambda P + (1-\lambda)Q) = \lambda H_\infty(P) + (1-\lambda)H_\infty(Q) \tag{5-9}$$

证明 将引理 5.3 应用于 P_{X^n} 和 Q_{X^n} 得

$$\lambda H(P_{X^n}) + (1-\lambda)H(Q_{X^n})$$

$$\leqslant H(\lambda P_{X^n} + (1-\lambda)Q_{X^n})$$

$$\leqslant \lambda H(P_{X^n}) + (1-\lambda)H(Q_{X^n}) + h_2(\lambda) \tag{5-10}$$

其中 $h_2(\lambda) = -\lambda \log \lambda - (1-\lambda) \log(1-\lambda)$.

两边乘以 $\dfrac{1}{n}$, 再令 $n \to \infty$, 因为 $\lim_{n \to \infty} \dfrac{1}{n} h_2(\lambda) = 0$, 定理得证.

附注 由此定理知随机过程的熵率满足仿射性, 而由引理 5.3 知随机变量的熵只满足凹性.

以下定理给出随机过程熵率的另一种表达形式.

定理 5.5   设 $\mathbf{X} = \{X_n, n \in Z_+\}$ 是平稳序列, 则

(i)

$$H'_\infty(\mathbf{X}) \triangleq \lim_{n \to \infty} H(X_n | X_{n-1}, X_{n-2}, \cdots, X_0) 存在$$

(ii)

$$H_\infty(\mathbf{X}) = H'_\infty(\mathbf{X})$$

证明   (i) 首先证明 $H(X_n | X_{n-1}, X_{n-2}, \cdots, X_0)$ 随 n 增加而递减. 事实上

$$H(X_{n+1} | X_n, X_{n-1}, \cdots, X_0)$$

$$\overset{(a)}{\leqslant} H(X_{n+1} | X_n, X_{n-1}, \cdots, X_1)$$

$$\overset{(b)}{\leqslant} H(X_n | X_{n-1}, X_{n-2}, \cdots, X_0)$$

其中 (a) 成立是因为条件增加条件熵递减, (b) 成立是因过程的平稳性. 进而由于条件熵的非负性, 该序列是不增有下界, 所以极限存在, (i) 得证.

(ii) 首先我们回忆数学分析中的一个众所周知的一个性质: 如果一个数列 a_n, 当 $n \to \infty$ 时极限存在, 且等于 a, 即 $\lim_{n \to \infty} a_n = a$, 则 $\lim_{n \to \infty} \frac{1}{n} \sum_{i=1}^n a_i = a$. 现记 $a_n = H(X_n | X_{n-1}, X_{n-2}, \cdots, X_0)$, 应用联合熵的链法则:

$$\frac{1}{n} H(X_0, X_1, \cdots, X_{n-1}) = \frac{1}{n} \sum_{i=1}^n H(X_i | X_{i-1}, X_{i-2}, \cdots, X_0)$$

再令 $n \to \infty$, 应用数列的上述性质即证得.

附注   当 $\mathbf{X} = \{X_n, n \in Z\}$ 是双向的平稳序列时, 熵率可表示为

$$H_\infty(\mathbf{X}) = H(X_0 | X_{-1}, X_{-2}, \cdots) \tag{5-11}$$

推论 5.6   设 $\mathbf{X} = \{X_n, n \in Z_+\}$ 是独立同分布 (i.i.d) 序列, 则其熵率满足

$$H_\infty(\mathbf{X}) = H(X_0)$$

推论 5.7   设 $\mathbf{X} = \{X_n, n \in Z_+\}$ 是平稳 k-阶马氏序列, 则其熵率满足

$$H_\infty(\mathbf{X}) = H(X_k | X_{k-1}, X_{k-2}, \cdots, X_0)$$

特别地当 $\mathbf{X}$ 是马氏序列时有

$$H_\infty(\mathbf{X}) = H(X_1|X_0)$$

我们略去这两个推论的证明. 基于熵率的定义, 我们可以定义互信息率. 设 $(\mathbf{X}, \mathbf{Y}) = \{(X_n, Y_n), n \in Z_+\}$ 为 2 维向量值的平稳序列, 显然两个边际序列设 $\mathbf{X} = \{X_n, n \in Z_+\}$ 和 $\mathbf{Y} = \{Y_n, n \in Z_+\}$ 也是平稳序列, 我们记随机向量 X^n 和 Y^n 互信息为

$$I(X^n; Y^n) = I(X_0, X_1, \cdots, X_{n-1}; Y_0, Y_1, \cdots, Y_{n-1})$$

定义 5.8 对于向量值随机过程 $(\mathbf{X}, \mathbf{Y}) = \{(X_n, Y_n), n \in Z_+\}$, 定义两个随机过程 $\mathbf{X}$ 和 $\mathbf{Y}$ 的互信息率为以下的极限, 如果它存在的话

$$I_\infty(\mathbf{X}; \mathbf{Y}) = \limsup_{n \to \infty} \frac{1}{n} I(X^n; Y^n)$$

由互信息和熵的关系式

$$I(X^n; Y^n) = H(X^n) + H(Y^n) - H(X^n, Y^n)$$

易证对于平稳过程 $(\mathbf{X}, \mathbf{Y})$ 有

$$I_\infty(\mathbf{X}; \mathbf{Y}) = H_\infty(\mathbf{X}) + H_\infty(\mathbf{Y}) - H_\infty(\mathbf{X}, \mathbf{Y})$$

其中 $H_\infty(\mathbf{X}), H_\infty(\mathbf{Y})$ 和 $H_\infty(\mathbf{X}, \mathbf{Y})$ 分别是随机过程 $\mathbf{X}, \mathbf{Y}$ 和 $(\mathbf{X}, \mathbf{Y})$ 的熵率.

2. 相对熵率 (relative entropy rate)

定义 5.9 设 P 和 Q 是关于序列 $\mathbf{X} = \{X_n, n \in Z_+\}$ 的两个平稳概率测度, P_{X^n} 和 Q_{X^n} 分别是它们在 $(X_0, X_1, \cdots, X_{n-1})$ 上的边际分布, 记 $D(P_{X^n} \| Q_{X^n})$ 为 P_{X^n} 和 Q_{X^n} 的相对熵, 记 P 和 Q 的相对熵率为 $D(P \| Q)$, 它的定义为

$$D(P \| Q) = \limsup_{n \to \infty} \frac{1}{n} D(P_{X^n} \| Q_{X^n}) \tag{5-12}$$

如果该极限存在的话.

讨论相对熵率比讨论熵率要更加困难, 因为相对熵函数没有次可加性, 即便是对平稳过程, 相对熵率也没有一个简单的解析表达式, 但是在某些简单的特殊情形, 如 i.i.d 情形, 相对熵率有解析的极限形式.

定理 5.10　设 P 是一个平稳测度, Q 是一个平稳 k-阶马氏过程, 则有

$$D(P \parallel Q) = -H_\infty(P) - E_P[\log Q(X_k|X_{k-1}, X_{k-2}, \cdots, X_0)] \tag{5-13}$$

其中 $H_\infty(P)$ 是 P 的熵率, 且

$$E_P[\log Q(X_k|X_{k-1}, X_{k-2}, \cdots, X_0)]$$

$$= \sum_{(x_0, x_1, \cdots, x_k) \in \mathcal{X}^{k+1}} p(x_0, x_1, \cdots, x_k) \log Q(x_k|x_{k-1}, x_{k-2}, \cdots, x_0) \tag{5-14}$$

证明　如果对某个 n 有 $Q_{X^n} \gg P_{X^n}$ 不成立, 则对 $m \geqslant n$ 有 $D(P_{X^n} \parallel Q_{X^n}) = \infty$, 从而 $D(P \parallel Q) = \infty$, 所以我们假设 $Q_{X^n} \gg P_{X^n}$ 对所有 n 成立, 因为 Q 是 k-阶马氏过程, 所以

$$Q(x_0, x_1, \cdots, x_{n-1}) = \prod_{l=k}^{n-1} Q(x_l|x_{l-1}, x_{l-2}, \cdots, x_{l-k}) Q(x_0, x_1, \cdots, x_{k-1})$$

由此我们得

$$\frac{1}{n} D(P_{X^n} \parallel Q_{X^n})$$

$$= -\frac{1}{n} H(P_{X^n}) - \frac{1}{n} \sum_{(x_0, x_1, \cdots, x_{n-1}) \in \mathcal{X}^n} P_{X^n}(x_0, x_1, \cdots, x_{n-1}) \log Q(x_0, x_1, \cdots, x_{n-1})$$

$$= -\frac{1}{n} H(P_{X^n}) - \frac{1}{n} \sum_{(x_0, x_1, \cdots, x_{k-1}) \in \mathcal{X}^k} P_{X^k}(x_0, x_1, \cdots, x_{k-1}) \log Q(x_0, x_1, \cdots, x_{k-1})$$

$$- \frac{1}{n} \sum_{(x_0, x_1, \cdots, x_{n-1}) \in \mathcal{X}^n} P_{X^n}(x_0, x_1, \cdots, x_{n-1}) \log \prod_{l=k}^{n-1} Q(x_l|x_{l-1}, \cdots, x_{l-k})$$

$$= -\frac{1}{n} H(P_{X^n}) - \frac{1}{n} \sum_{(x_0, x_1, \cdots, x_{k-1}) \in \mathcal{X}^k} P_{X^k}(x_0, x_1, \cdots, x_{k-1}) \log Q(x_0, x_1, \cdots, x_{k-1})$$

$$- \frac{n-k}{n} \sum_{(x_0, x_1, \cdots, x_k) \in \mathcal{X}^{k+1}} P_{X^{k+1}}(x_0, x_1, \cdots, x_k) \log Q(x_k|x_{k-1}, \cdots, x_0) \tag{5-15}$$

其中最后一个等式利用了 Q 的马氏性, 两边取极限 $n \to \infty$ 即得证.

3. 信道容量和率失真函数的推广

本章将把信道容量和率失真函数推广到信源、信道入口—出口都是随机过程的情形, 首先考虑入口和出口分别为随机向量 $X^n = (X_0, X_1, \cdots, X_{n-1})$ 和 $Y^n =$

$(Y_0, Y_1, \cdots, Y_{n-1})$ 的信道模型, 其中每个 X_i 和 Y_i 都取值于有限字母集 $\mathcal{X}$. 则信道可由条件概率分布 $\{Q_{Y^n|X^N}(Y^n = y^n | X^n = x^n) : x^n \in \mathcal{X}^n, y^n \in \mathcal{Y}^n\}$ 来定义.

定义 5.11 由条件转移概率 $\{Q_{Y^n|X^N}(y^n|x^n)\}$ 定义的信道容量为

$$C^{(N)} = \sup I(X^n; Y^n)$$

其中 sup 是对形如联合分布 $p(x^n, y^n) = p(x^n)Q(y^n|x^n)$ 中的所有边际分布 $p(x^n)$ 取之.

称一个信道为无记忆的, 如果转移概率满足

$$Q_{Y^n|X^N}(Y^n = y^n | X^n = x^n) = \prod_{i=0}^{n} Q(y_i|x_i)$$

易验证对无记忆信道, 其容量满足

$$C = \sum_{i=0}^{n} C_i$$

其中 C_i 是转移概率为 $\{Q_{Y_i|X_i}(y_i|x_i)\}$ 的信道的容量. 如果所有 $\{Q_{Y_i|X_i}(y_i|x_i)\}$ 都相同, 对应的信道容量 $C_i = C_0, i = 1, 2, \cdots$, 则 $C = nC_0$.

现在我们考虑入口和出口分别是随机过程 $\mathbf{X} = \{X_i, i \in Z_+\}$ 和 $\mathbf{Y} = \{Y_i, i \in Z_+\}$ 的信道, 假设其中每个 X_i 和 Y_i 都取值于有限字母集 $\mathcal{X}$, 则信道由相容的一族条件转移概率 $\{Q_{Y^n|X^N}(Y^n = y^n | X^n = x^n), n = 0, 1, \cdots\}$ 来定义, 并设 $(\mathbf{X}, \mathbf{Y})$ 的互信息率 $I_\infty(\mathbf{X}; \mathbf{Y}) = \lim_{n\to\infty} \frac{1}{n} I(X^n; Y^n)$ 存在.

定义 5.12 由上述定义的信道的单字母信道容量定义为

$$C = \sup I_\infty(\mathbf{X}; \mathbf{Y}) = \limsup_{n\to\infty} \frac{1}{n} I(X^n; Y^n) \tag{5-16}$$

其中 sup 是对所有满足以下条件的入口随机过程 $\mathbf{X}$ 取之: $\mathbf{X}$ 和 $\mathbf{Y}$ 的联合分布由如形式 $\{p(x^n, y^n) = p(x^n)Q(y^n|x^n); n = 0, 1, \cdots\}$ 的一族相容有限维分布所确定.

当信道是无记忆时, 易知 $C = C_0$, 其中 C_0 是转移概率为 $\{Q(y_0|x_0)\}$ 的信道之容量.

下面我们将率失真函数推广到随机过程信源. 设 $\mathbf{X} = \{X_i, i \in Z_+\}$ 是由一族相容的有限维分布 $\{p(x^n) = P(X^n = x^n), n = 0, 1, \cdots\}$ 确定的随机过程, 其中每个 X_i 都取值于有限字母集 $\mathcal{X}$, 记 $d(x, y)$ 为定义在 $\mathcal{X} \times \mathcal{Y}$ 上的距离测度, 对 $x^n = (x_0, x_1, \cdots, x_{n-1})$ 和 $y^n = (y_0, y_1, \cdots, y_{n-1})$, 定义单字母平均失真测度为

$$D(x^n, y^n) = \frac{1}{n} \sum_{i=0}^{n-1} d(x_i, y_i) \tag{5-17}$$

则 X^n 的单字母率失真函数定义为

$$R_n(\varepsilon) = \inf \frac{1}{n} I(X^n; Y^n) \tag{5-18}$$

其中 inf 是由所有和 X^n 构成满足以下性质 (a) 和 (b) 联合分布 $p(x^n, y^n)$ 的随机
向量 $Y^n = (Y_0, Y_1, \cdots, Y_{n-1})$ 取之:

(a) $\displaystyle\sum_{y^n} p(x^n, y^n) = p(x^n);$ \hfill (5-19)

(b) $\displaystyle\langle D(X^n, Y^n) \rangle \triangleq \sum_{(x^n, y^n)} p(x^n, y^n) D(x^n, y^n) \leqslant \varepsilon.$ \hfill (5-20)

最后随机过程 **X** 的单字母率失真函数定义为

$$R(\varepsilon) = \lim_{n \to \infty} R_n(\varepsilon) \tag{5-21}$$

我们已经知道, 对于平稳过程 **X**, 上述极限存在, 因此单字母率失真函数是有意义
的. 但是要得到随机过程率失真函数的解析表达式是困难的, 已经得到它的一些
上界和下界, 其中最重要的下界是香农下界, 特别对平稳马氏过程, 当 ε 充分小
时, 该下界与率失真函数重合, 我们将在后面的章节将这个下界推广到随机场, 而
随机过程可看作是一个特例.

4.6　随机过程的熵定理

随机过程的熵定理也称渐近等分性 (asymptotic equipartition property, AEP),
是信息论中信源编码定理的基础, 有很多重要的结果, 包括各种性能的随机过程
和各种不同的收敛性下的渐近等分性, 对应不同收敛性的有弱编码定理和强编码
定理等. 香农首先给出了定义在有限字母集合上平稳遍历信源的以概率收敛的
熵定理, McMillan[59] 和 Breiman[21] 分别对有限字母表遍历信源证明了 L^1 收
敛和几乎处处收敛性, Chung[22] 将熵定理推广到可列字母表, Thomasian[93] 和
Wolfowitz[98] 用组合论方法证明了 AEP, Billingsley[19] 将 Breiman 的结果推广
到平稳非遍历情形, Perez[75] 和 Kieffer[47] 对连续取值的遍历信源证明了 L^1 收
敛性, Barron[9] 和 Orey[70] 给出了连续取值的遍历信源的几乎处处收敛的证明.
Breiman 和 Billingsley 是将单边过程嵌入双边过程, 然后利用鞅收敛性证明了熵

定理, Ornstein 和 Weiss[71] 将上述结果进一步推广到任意可控群, 他们的方法不需要鞅收敛定理, Shields[85] 给出普通遍历性定理和熵定理的简单描述. Algoet 和 Cover[4] 给出了 AEP 的一个简单三明治式的证明. 刘文和杨卫国 [56] 给出了证明熵定理的强有力的数学分析法, 他们的方法可以用来证明各种强收敛的大数定律. Yang 和 Ye[101] 简化了刘文的方法, 并应用于随机场. 在本节给出平稳遍历过程的熵定理, 但略去了证明.

先回忆一下概率论中的大数定律.

定理 6.1 (弱大数定律)   设 $\mathbf{X} = \{X_1, X_2, \cdots, X_n, \cdots\}$ 是相互独立同分布的随机变量序列, 且有有限数学期望 $EX_i = a$, 则 $\frac{1}{n} \sum_{i=1}^{n} X_i$ 以概率收敛到 a, 即对任意的 $\varepsilon > 0$, 有

$$\lim_{n \to \infty} P_r \left\{ \left| \frac{1}{n} \sum_{i=1}^{n} X_i - a \right| < \varepsilon \right\} = 1$$

定理 6.2 (强大数定律)   设 $\mathbf{X} = \{X_1, X_2, \cdots, X_n, \cdots\}$ 是相互独立同分布的随机变量序列, 且有有限数学期望 $EX_i = a$, 则 $\frac{1}{n} \sum_{i=1}^{n} X_i$ 以概率 1 收敛到 a, 即对任意的 $\varepsilon > 0$, 有

$$P \left\{ \lim_{n \to \infty} \frac{1}{n} \sum_{i=1}^{n} X_i = a \right\} = 1$$

附注   这两个定理的证明读者可以从任何一本概率的参考书中找到. 这两个大数定律对平稳遍历随机序列也成立, 此处我们将证明都省略了. 一个随机序列 $\mathbf{X} = \{X_1, X_2, \cdots, X_n, \cdots\}$ 如果使大数定律成立, 称它为平均遍历的 (mean ergodic).

显然一个独立同分布序列在适当条件下是平均遍历的, 平稳遍历序列当然是平均遍历的, 但反之不成立, 根据逆反命题, 一个随机序列如不满足平均遍历性 (即强大数定律不成立), 则必是非遍历的.

将大数定律应用于信息论的一个重要结果是所谓的渐近等分性, 它进而可用于证明信源编码定理.

考虑一个随机序列 $\{X_k, k \geqslant 1\}$, 其中 X_k 互相独立且服从相同的分布 $p(x)$, 用 X 表示有相同分布的生成变量, 并设 $H(X) < \infty$. 记 $X^n = (X_1, X_2, \cdots, X_n)$, 则有

$$p(X^n) = p(X_1)p(X_2) \cdots p(X_n) \tag{6-1}$$

这里 $p(X^n)$ 是一个随机变量, 因为它是随机向量 X^n 的函数, 下面证明 $p(X^n)$ 的渐近等分性.

定理 6.3　对独立同分布序列 $\{X_k, k \geqslant 1\}$ 有

$$-\frac{1}{n} \log p(X^n)$$

以概率收敛到 $H(X_1)$.

证明　由序列的独立性及 (6-1) 知

$$-\frac{1}{n} \log p(X^n) = -\frac{1}{n} \sum_{k=1}^{n} \log p(X_k) \tag{6-2}$$

因为 $X_1, X_2, \cdots, X_n$ 相互独立同分布, $p(X_1), p(X_2), \cdots, p(X_n)$ 也独立同分布, 由弱大数定律, (6-2) 右式以概率收敛到数学期望

$$-E \log p(X) = H(X_1)$$

定理证毕.

本节给出独立同分布和平稳遍历序列强渐近等分性的证明, 然后不加证明地给出一般平稳遍历序列的渐近等分性. 有兴趣的读者可以参阅有关的参考文献.

定理 6.4　设 $X_1, X_2, \cdots$ 为独立同分布随机过程, 其公共分布为 $p(x)$. 则

$$-\frac{1}{n} \log p(X_1, X_2, \cdots, X_n)$$

以概率 1 收敛到单个随机变量的公共熵 $H(X_1) = H(P)$.

证明　由于独立随机变量的函数仍然相互独立, 由 $X_1, X_2, \cdots$ 的独立同分布性知

$$\log \frac{1}{p(X_i)}, \quad i = 1, 2, \cdots$$

也是独立同分布的随机变量序列, 则以概率 1 有

$$-\frac{1}{n} \log p(X_1, X_2, \cdots, X_n) = \frac{1}{n} \sum_{i=1}^{n} \log \frac{1}{p(X_i)} \xrightarrow{(*)} E_P \log \frac{1}{p(X_i)} = H(X_1) \tag{6-3}$$

其中 $(*)$ 成立是由强大数定律得到的.

为证明遍历平稳马氏过程的强渐近等分性, 我们先给出一个遍历性引理.

定理 6.5　设 $X_1, X_2, \cdots$ 为遍历的平稳过程, T 是移位算子, f 为可积函数, 则

$$\lim_{n \to \infty} \frac{1}{n} \sum_{i=1}^{n} f(T^i X) = E f(X)$$

证明 此定理证明要用到测度论知识, 读者可参考相关文献, 此处不再证明.

定理 6.6 设 $X_1, X_2, \cdots$ 为取值于有限字母集 $\mathcal{X}$ 的平稳遍历马氏链, 则

$$\lim_{n\to\infty} -\frac{1}{n}\log p(X_1, X_2, \cdots, X_n) = H(X_2 \mid X_1)$$

以概率 1 成立.

证明 设马氏链的一步转移概率矩阵为 $P = (p_{ij})$, 其中

$$p_{ij} = P(X_{n+1} = j \mid X_n = i), \quad i, j \in \mathcal{X}, \quad n = 1, 2, \cdots$$

马氏链的初始分布服从马氏链的平稳分布 $P\{X_1 = i\} = \pi(i)$, $i \in \mathcal{X}$, 则

$$H(X_{n+1} \mid X_1, X_2, \cdots, X_n) = H(X_{n+1} \mid X_n)$$
$$= H(X_2 \mid X_1)$$
$$= \sum_{i,j \in \mathcal{X}} \pi(i) \log p_{ij}$$

另一方面

$$-\frac{1}{n}\log p(X_1, \cdots, X_n) = -\frac{1}{n}\log\{\pi(X_1)p(X_2 \mid X_1)\cdots p(X_n \mid X_{n-1})\}$$
$$= \frac{1}{n}\sum_{i=1}^{n-1}(-\log p(X_{i+1} \mid X_i)) - \frac{1}{n}\log\pi(X_1)$$

记

$$W_i = -\log p(X_{i+1} \mid X_i), \quad i = 1, 2, \cdots$$

由于字母表 $\mathcal{X}$ 为有限集, 所以 $W_i(i = 1, 2, \cdots)$ 是有界的, 因为马氏链是平稳遍历的, 则以概率 1 有

$$\lim_{n\to\infty}\left[-\frac{1}{n}\log p(X_1, \cdots, X_n)\right]$$
$$= \lim_{n\to\infty}\left[-\left(\frac{n-1}{n}\right)\frac{1}{n-1}\sum_{i=1}^{n-1}W_i - \frac{1}{n}\log\pi(X_1)\right]$$
$$\stackrel{(*)}{=} E(W_i)$$
$$= -\sum_{i,j \in \mathcal{X}} \pi(i)p_{ij}\log p_{ij}$$

$$= H(X_2 \mid X_1)$$

其中 $(*)$ 成立是因为遍历性引理, 而 $H(X_2 \mid X_1)$ 正是马氏链的熵率.

此定理说明对平稳遍历马氏链来说, $-\dfrac{1}{n}\log p(X_1,\cdots,X_n)$ 以概率 1 收敛到熵率 $H(X_2 \mid X_1)$. 对一般的平稳遍历信源, 我们只给出以下的强渐近等分性, 而略去了证明.

定理 6.7　设 $X_1, X_2, \cdots$ 是取值于有限字母集 $\mathcal{X}$ 的平稳遍历过程, 其熵率为 $H_\infty(X)$, 则有

$$\lim_{n\to\infty} -\frac{1}{n}\log p(X_1, X_2, \cdots, X_n) = H_\infty(X)$$

在以概率 1 收敛和 L^1-收敛意义下成立.

附注　以概率收敛弱于上述定理中的两种收敛, 因此以概率收敛的熵定理是上述定理的推论.

第 5 章　树图上随机场的信息度量

将信息度量推广到随机场, 最常见的有格 Z^d 和树图上的随机场, 虽然在信号和图形处理领域, Z^d 似乎比树图更重要些, 树结构也已经被应用于很多领域, 不仅在理论上而且在应用中都有重要意义. 但是定义在格 Z^d 和树图上平稳随机场熵率的存在性证明则相当复杂 (参见 [14, 107]), 进而熵率的可计算的解析表达式则更为困难, 仅有 Z^2 上的 Ising 模型和树图上的马氏链场的熵率有解析表达式 (参见 [69]), 寻找可计算模型的努力一直是统计力学研究的方向之一. 在本章中我们先介绍树上随机场的一些信息度量, 然后讨论树上平稳随机场熵率和条件熵率的存在性, 并给出三种证明方法, 然后推广到表面熵. 特别地对于马氏链场和奇偶马氏链场, 其熵率有相对简单的表达形式. 此外, 随机场熵定理的证明也是很困难的问题, 从数学的观点来看, 树上的自同构算子群不是一个可控群, 而 Z^d 上移位算子群是可控群, 导致两者有着不同的性质, 有时树比 Z^d 容易处理, 有时却不然, 比如在证明熵定理时, 就不能将证明 Z^d 上平稳随机场熵定理的方法搬到树图情形. Ye 和 Berger[105] 发展了非可控群上证明 AEP 的技术 (因为树图上的移位变换群是非可控群), 利用组合数学方法证明了树图上平稳随机场以概率收敛的熵定理, Yang 和 Ye[101] 以及 Dang, Yang 和 Shi[25] 等进一步发展了刘文证明强极限定理的分析方法, 证明了树图上马氏链场的强收敛 AEP, 这些将在本章的后几节中讨论.

5.1　二叉树上随机场的熵率

本节我们介绍树上随机场的一些信息度量, 并讨论熵率、条件熵率、表面熵率等信息量, 对于有根的二叉树上的平移不变随机场, 用三种方法证明了熵率的存在性, 然后推广到更复杂的树的情形. 对一般的随机场给出熵率的上下界. 而马氏链场及非对称马氏链场熵率的上下界重合且有简单表达式.

以下我们首先考虑如图 5.1.1 的有根二叉树 T_b 上的随机场.

定义 1.1　我们考虑定义在有根二叉树 T_b (图 5.1.1) 上的随机场 $\mathbf{X} = \{X_j, j \in T_b\}$, 记 $T^{(n)}$ 为 T_b 的由根点和前 n 层的节点构成的子树, 上述随机场限制在该子树上为 $X^{T^{(n)}}$, 其熵为

$$H(X^{T^{(n)}}) = -\sum_{\mathbf{x}} \mu(x^{T^n}) \log \mu(x^{T^{(n)}}) \tag{1-1}$$

定义平均熵为

$$h_n \stackrel{\triangle}{=} h_n(\mathbf{X}) = \frac{1}{|T^{(n)}|} H(X^{T^{(n)}}) \tag{1-2}$$

其中及以后文中 $|A|$ 表示集合 A 中节点的个数, 定义随机场 $\mathbf{X}$ 的熵率为

$$h_\infty \stackrel{\triangle}{=} h(\mathbf{X}) = \lim_{n \to \infty} h_n(\mathbf{X}) \tag{1-3}$$

如果极限存在的话.

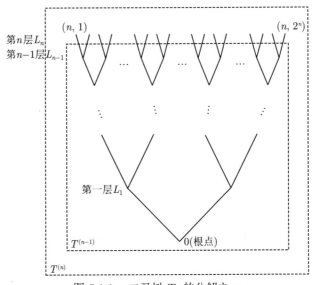

图 5.1.1 二叉树 T_b 的分解之一

定义 1.2 我们记二叉树的第 n 层上的 2^n 个节点集合为 L_n, 并依次标记为 $(n, 1)$, $(n, 2), \cdots, (n, 2^n)$, 并记定义其上的随机向量为 $X^{L_n} = (X_{n,1}, X_{n,2}, \cdots, X_{n,2^n})$, 定义给定根点和前 $n-1$ 层条件下第 n 层的平均熵为

$$h_n^L(\mathbf{X}) = \frac{1}{|L_n|} H(X^{L_n} \mid X^{T^{(n-1)}}) = \frac{1}{2^n} H(X^{L_n} \mid X^{T^{(n-1)}}) \tag{1-4}$$

然后定义表面的条件熵率为

$$h_\infty^L \stackrel{\triangle}{=} h^L(\mathbf{X}) = \lim_{n \to \infty} h_n^L(\mathbf{X}) \tag{1-5}$$

如果极限存在的话.

我们有以下定理.

定理 1.3 对定义在 T_b 上的平移不变随机场, $h_n(\mathbf{X})$ 非负且随 n 的增加而递减, 因此极限存在, 即 $h(\mathbf{X})$ 存在.

证明 先证明一个引理.

引理 1.4 如果将子树 $T^{(n)}$ 分解成 $T_1^{(n-1)}$, $T_2^{(n-1)}$ 和根点 0 三个部分 (图 5.1.2), 则当 n 增加时互信息 $I(X^{T_1^{(n-1)}}; X^{T_2^{(n-1)}})$ 和 $I(X_0; X^{T_1^{(n-1)}}, X^{T_2^{(n-1)}})$ 都是非减的.

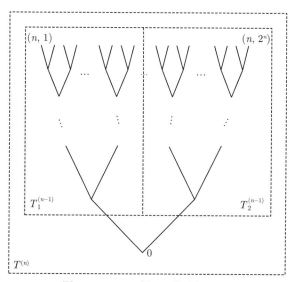

图 5.1.2 二叉树 T_b 的分解之二

证明 这是显然的, 因为增加随机变量越多, 互信息也越多.

定理 1.3 的证明 首先非负性是显然的. 因此只需证 $h_n(\mathbf{X})$ 关于 n 是非增的, 由于随机场的平移不变性, 所以有

$$H(X^{T_1^{(n-1)}}) = H(X^{T_2^{(n-1)}}) = H(X^{T^{(n-1)}})$$

利用联合熵的链法则, 我们有

$$H(X^{T^{(n)}})$$
$$= H(X^{T_1^{(n-1)}}) + H(X_2^{T_2^{(n-1)}} \mid X^{T_1^{(n-1)}}) + H(X_0 \mid X^{T_1^{(n-1)}}, X^{T_2^{(n-1)}})$$
$$\quad + H(X_2^{T_2^{(n-1)}}) - H(X_2^{T_2^{(n-1)}}) + H(X_0) - H(X_0)$$
$$= H(X_0) + 2H(X_2^{T_2^{(n-1)}}) - [H(X^{T_2^{(n-1)}}) - H(X_2^{T_2^{(n-1)}} \mid X^{T_1^{(n-1)}})]$$
$$\quad - [H(X_0) - H(X_0 \mid X^{T_1^{(n-1)}}, X^{T_2^{(n-1)}})]$$

$$= H(X_0) + 2H(X_2^{T^{(n-1)}}) - I(X^{T_1^{(n-1)}}; X^{T_2^{(n-1)}}) - I(X_0; X^{T_1^{(n-1)}}, X^{T_2^{(n-1)}}) \quad (1\text{-}6)$$

两边除以 $\mid T^{(n)} \mid = 2^{n+1} - 1$ 得

$$h_n(\mathbf{X}) = \frac{2^{n+1} - 2}{2^{n+1} - 1} h_{n-1}(\mathbf{X}) + \frac{1}{2^{n+1} - 1}$$
$$\cdot [H(X_0) - I(X^{T_1^{(n-1)}}; X^{T_2^{(n-1)}}) - I(X_0; X^{T_1^{(n-1)}}, X^{T_2^{(n-1)}})] \quad (1\text{-}7)$$

则有

$$\frac{2^{n+1} - 2}{2^{n+1} - 1} h_n(\mathbf{X}) = \frac{2^{n+1} - 2}{2^{n+1} - 1} h_{n-1}(\mathbf{X})$$
$$+ \frac{1}{2^{n+1} - 1}[H(X_0) - I(X^{T_1^{(n-1)}}; X^{T_2^{(n-1)}})$$
$$- I(X_0; X^{T_1^{(n-1)}}, X^{T_2^{(n-1)}}) - h_n(\mathbf{X})] \quad (1\text{-}8)$$

如果我们能证明中括号 $[\cdots]$ 永远是非正的就完成了证明. 递归地应用 (1-7) 式

$$[\cdots] = H(X_0) - I(X^{T_1^{(n-1)}}; X^{T_2^{(n-1)}}) - I(X_0; X^{T_1^{(n-1)}}, X^{T_2^{(n-1)}})$$
$$- \frac{1}{2^{n+1} - 1}[H(X_0) + 2H(X^{T^{(n-1)}}) - I(X^{T_1^{(n-1)}}; X^{T_2^{(n-1)}})$$
$$- I(X_0; X^{T_1^{(n-1)}}, X^{T_2^{(n-1)}})]$$
$$= H(X_0) - I(X^{T_1^{(n-1)}}; X^{T_2^{(n-1)}}) - I(X_0; X^{T_1^{(n-1)}}, X^{T_2^{(n-1)}})$$
$$- \frac{1}{2^{n+1} - 1}[H(X_0) - I(X^{T_1^{(n-1)}}; X^{T_2^{(n-1)}}) - I(X_0; X^{T_1^{(n-1)}}, X^{T_2^{(n-1)}})$$
$$+ 2H(X_0) - 2I(X^{T_1^{(n-2)}}; X^{T_2^{(n-2)}}) - 2I(X_0; X^{T_1^{(n-2)}}, X^{T_2^{(n-2)}})$$
$$+ 2^2 H(X_0) - 2^2 I(X^{T_1^{(n-3)}}; X^{T_2^{(n-3)}}) - 2^2 I(X_0; X^{T_1^{(n-3)}}, X^{T_2^{(n-3)}})$$
$$+ \cdots + 2^{n-2} H(X_0) - 2^{n-2} I(X^{T_1^{(n-1)}}; X^{T_2^{(n-1)}})$$
$$- 2^{n-2} I(X_0; X^{T_1^{(n-1)}}, X^{T_2^{(n-1)}})$$
$$+ 2^{n-1} H(X_0) - 2^{n-1} I(X_{1,1}; X_{1,2}) - 2^{n-1} I(X_0; X^{1,1}, X^{1,2})$$
$$+ 2^n H(X_0)]$$

合并同类项后可得 $H(X_0)$ 的系数为零, 利用引理 1.4 我们得到

$$[\cdots] \leqslant -I(X^{T_1^{(n-1)}}; X^{T_2^{(n-1)}}) - I(X_0; X^{T_1^{(n-1)}}, X^{T_2^{(n-1)}})$$

$$+ \frac{1 + 2 + 2^2 + \cdots + 2^{n-1}}{2^{n+1} - 1} [I(X^{T_1^{(n-1)}}; X^{T_2^{(n-1)}}) + I(X_0; X^{T_1^{(n-1)}}, X^{T_2^{(n-1)}})]$$

$$= -\left(1 - \frac{2^{n-1}}{2^{n+1} - 1}\right) [I(X^{T_1^{(n-1)}}; X^{T_2^{(n-1)}}) + I(X_0; X^{T_1^{(n-1)}}, X^{T_2^{(n-1)}})]$$

$$\leqslant -\frac{1}{2} [I(X^{T_1^{(n-1)}}; X^{T_2^{(n-1)}}) + I(X_0; X^{T_1^{(n-1)}}, X^{T_2^{(n-1)}})]$$

$$\leqslant 0 \tag{1-9}$$

最后一个不等式成立是因为互信息的非负性. 证毕.

附注 如果我们不要求 $h_n(\mathbf{X})$ 是非增的这么强的结果, 则可以直接证明熵率的存在性. 事实上

$$H(X^{T^{(n)}}) = H(X^{T_1^{(n-1)}}) + H(X^{T_2^{(n-1)}} \mid X^{T_1^{(n-1)}}) + H(X_0 \mid X^{T^{(n)}-\{0\}})$$

$$\leqslant 2H(X^{T^{(n-1)}}) + H(X_0)$$

$$h_n(\mathbf{X}) = \frac{1}{2^{n+1} - 1} H(X^{T^{(n)}})$$

$$\leqslant \frac{2^{n+1} - 2}{2^{n+1} - 1} + \frac{1}{2^{n+1} - 1} H(X_0)$$

$$\leqslant h_{n-1}(\mathbf{X}) + \frac{1}{2^n} H(X_0)$$

递归地应用上述不等式, 可得

$$h_{n+1}(\mathbf{X}) \leqslant h_n(\mathbf{X}) + \frac{1}{2^{n+1}} H(X_0)$$

$$h_{n+2}(\mathbf{X}) \leqslant h_{n+1}(\mathbf{X}) + \frac{1}{2^{n+2}} H(X_0)$$

$$\leqslant h_n(\mathbf{X}) + \left(\frac{1}{2^{n+1}} + \frac{1}{2^{n+2}}\right) H(X_0)$$

$$\cdots\cdots$$

$$h_{n+k}(\mathbf{X}) \leqslant h_n(\mathbf{X}) + \left(\frac{1}{2^{n+1}} + \frac{1}{2^{n+2}} + \cdots + \frac{1}{2^{n+k}}\right) H(X_0)$$

$$\leqslant h_n(\mathbf{X}) + \frac{1}{2^n} H(X_0), \quad k = 1, 2, \cdots \tag{1-10}$$

于是得

$$\sup_k h_{n+k}(\mathbf{X}) \leqslant h_n(\mathbf{X}) + \frac{1}{2^n} H(X_0) \tag{1-11}$$

但是序列 $\sup\limits_{k} h_{n+k}(\mathbf{X})$ 关于 n 是非增的, 所以

$$
\begin{aligned}
\varlimsup_{n\to\infty} h_n(\mathbf{X}) &\leqslant \lim_{n\to\infty} \sup_k h_{n+k}(\mathbf{X}) = \inf_n \sup_k h_{n+k}(\mathbf{X}) \\
&\leqslant \inf_n [h_n(\mathbf{X}) + \frac{1}{2^n}H(X_0)] \leqslant \inf_k \left[h_{n+k}(\mathbf{X}) + \frac{1}{2^{n+k}}H(X_0) \right] \\
&\leqslant \lim_{n\to\infty} \inf_k \left[h_{n+k}(\mathbf{X}) + \frac{1}{2^{n+k}}H(X_0) \right] = \varliminf_{n\to\infty} h_n(\mathbf{X}) \quad (1\text{-}12)
\end{aligned}
$$

反向不等式恒成立, 因此熵率

$$
\varliminf_{n\to\infty} h_n(\mathbf{X}) = \varlimsup_{n\to\infty} h_n(\mathbf{X}) = \lim_{n\to\infty} h_n(\mathbf{X}) = h(\mathbf{X})
$$

存在.

附注　上述两种熵率的存在性证明并没有给出熵率的可计算的表达形式, 下面我们给出条件熵率的两个定理, 并给出熵率和条件熵率的关系, 从而得到熵率存在性的第三种证明. 而第二个定理给出熵率的紧的上下界.

定理 1.5　对于二叉树 T_b 上平移不变随机场, 条件熵率 $h_n^L(\mathbf{X})$ 关于 n 是非负和非增的, 因此当 $n \to \infty$ 时的极限存在, 且等于熵率 $h(\mathbf{X})$.

证明　我们将定义于子树 $T^{(n)}$ 上的随机场在第 n 层的随机向量 $X^{L_n} = (X_{n,1}, X_{n,2}, \cdots, X_{n,2^n})$ 分解成左右两部分 $X^{L_n^l} = (X_{n,1}, X_{n,2}, \cdots, X_{n,2^{n-1}})$ 和 $X^{L_n^r} = (X_{n,2^{n-1}+1}, \cdots, X_{n,2^n})$. 而子树 $T_1^{(n-2)}$ 和 $T_2^{(n-2)}$ 分别是从节点 $(1,1)$ 和 $(1,2)$ 作为根点到原树第 $n-1$ 层的子树 (图 5.1.3), 根据图 5.1.3 所示的分解, 我们有

$$
\begin{aligned}
H(X^{L_n} \mid X^{T^{(n-1)}}) &= H(X^{L_n^l} \mid X^{T^{(n-1)}}) + H(X^{L_n^r} \mid X^{T^{(n-1)}}, X^{L_n^l}) \\
&\leqslant H(X^{L_n^l} \mid X^{T_1^{(n-2)}}) + H(X^{L_n^r} \mid X^{T_2^{(n-2)}}) \\
&= 2H(X^{L_{n-1}} \mid X^{T^{(n-2)}})
\end{aligned}
$$

因此

$$
\begin{aligned}
h_n^L(\mathbf{X}) &= \frac{1}{2^n} H(X^{L_n} \mid X^{T^{(n-1)}}) \\
&\leqslant \frac{1}{2^{n-1}} H(X^{L_{n-1}} \mid X^{T^{(n-2)}}) \\
&= h_{n-1}^L(\mathbf{X})
\end{aligned}
$$

这说明 $h_n^L(\mathbf{X})$ 关于 n 是非增的, 此外它显然是非负的, 因此当 $n \to \infty$ 时极限存在. 利用熵的链法则, 我们有

$$H(X^{T^{(n)}}) = H(X_0) + H(X^{L_1} \mid X_0) + H(X^{L_2} \mid X^{T^{(1)}}) + \cdots + H(X^{L_n} \mid X^{T^{(n-1)}})$$

将两边同除以 $(2^{n+1} - 1)$, 得到

$$h_n(\mathbf{X}) = \frac{1}{2^{n+1} - 1} h_0^L(\mathbf{X}) + \frac{2}{2^{n+1} - 1} h_1^L(\mathbf{X}) + \frac{2^2}{2^{n+1} - 1} h_2^L(\mathbf{X}) + \cdots + \frac{2^n}{2^{n+1} - 1} h_n^L(\mathbf{X})$$

注意到右边各项系数之和等于 1, 我们已经证明了极限

$$\lim_{n \to \infty} h_n^L(\mathbf{X}) = h^L(\mathbf{X})$$

利用以下引理, 令 $S_n = h_n(\mathbf{X})$, $b_n = h_n^L(\mathbf{X})$, 就证得

$$h(\mathbf{X}) = h^L(\mathbf{X})$$

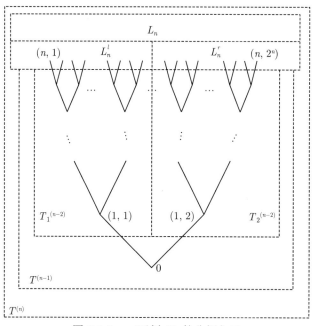

图 5.1.3　二叉树 T_b 的分解之三

引理 1.6　设 $\{b_n\}_0^\infty$ 是非负非增序列, 且 $\lim_{n \to \infty} b_n = b$. 又令

$$a_{n,k} = \frac{2^k}{2^{n+1} - 1}, \quad k = 0, 1, 2, \cdots, n; \quad n = 0, 1, \cdots$$

且

$$S_n = a_{n,0} b_0 + a_{n,1} b_1 + \cdots + a_{n,n} b_n$$

则 $\lim_{n\to\infty} S_n = b$.

证明　因为 $\lim_{n\to\infty} b_n = b$. 对任 $\varepsilon > 0$, 存在一个 N 使得对所有 $n > N$ 有

$$| b_n - b | < \varepsilon$$

对这个固定之 N,

$$S_{N+k} = a_{N+k,0} b_0 + \cdots + a_{N+k,N} b_N + a_{N+k,N+1} b_{N+1} + \cdots + a_{N+k,N+k} b_{N+k}$$

因此

$$
\begin{aligned}
| S_{N+k} - b | &\leqslant | a_{N+k,0}(b_0 - b) | + \cdots + | a_{N+k,N}(b_N - b) | \\
&\quad + (a_{N+k,N+1} + \cdots + a_{N+k,N+k})\varepsilon \\
&\leqslant \frac{2^{N+1} - 1}{2^{N+k+1} - 1} \max_{0 \leqslant l \leqslant N} | b_l - b | + \varepsilon
\end{aligned}
$$

令 $k \to \infty$ 就得

$$\lim_{n\to\infty} | S_n - b | \leqslant \varepsilon$$

因为 ε 可以任意小, 所以引理得证.

定义 1.7 (条件熵)　定义下条件熵 (参见图 5.1.2) 为

$$h_n^{lc}(\mathbf{X}) = H(X_{n,1} \mid X^{T^{(n)}\backslash(n,1)}) \tag{1-13}$$

$$h^{lc}(\mathbf{X}) = \lim_{n\to\infty} h_n^{lc}(\mathbf{X}) \tag{1-14}$$

上条件熵 (参见图 5.1.2)

$$h_n^{uc}(\mathbf{X}) = H(X_{n,1} \mid X^{T^{(n-1)}}) \tag{1-15}$$

$$h^{uc}(\mathbf{X}) = \lim_{n\to\infty} h_n^{uc}(\mathbf{X}) \tag{1-16}$$

定理 1.8　(a) 对于 T_b 上定义的平移不变随机场, 有 $h_n^{lc}(\mathbf{X})$ 和 $h_n^{uc}(\mathbf{X})$ 都关于 n 是非负和非增的, 因此极限 $h^{lc}(\mathbf{X})$ 和 $h^{uc}(\mathbf{X})$ 存在.

(b) 对于 T_b 上定义的平移不变随机场有

$$h^{lc}(\mathbf{X}) \leqslant h(\mathbf{X}) \leqslant h^{uc}(\mathbf{X})$$

(c) 对于 T_b 上定义的马氏链场有

$$h^{lc}(\mathbf{X}) = h(\mathbf{X}) = h^{uc}(\mathbf{X}) = H(X_{1,1} \mid X_0) \tag{1-17}$$

证明 (a) 再次把有 n 层的子树分解为根点 0 和 $T_1^{(n-1)}$ 和 $T_2^{(n-1)}$(参见图 5.1.2), 因为增加条件不增加条件熵的性质, 我们有

$$H(X_{n,1} \mid X^{T^{(n)}\backslash(n,1)}) \leqslant H(X_{n,1} \mid X^{T_1^{(n)}\backslash(n,1)}) \overset{(*)}{=\!=} H(X_{n-1,1} \mid X^{T^{(n)}\backslash(n-1,1)})$$

其中 $(*)$ 成立是因为平移不变性, 因此序列 $H(X_{n,1} \mid X^{T^{(n)}\backslash(n,1)})$ 关于 n 是非增的, 加上它显然是非负的, 从而极限 $h^{lc}(\mathbf{X})$ 存在. 类似地我们可以证明序列 $h_n^{uc}(\mathbf{X})$ 是非负和非增的, 从而极限 $h^{uc}(\mathbf{X})$ 存在.

(b) 回忆链法则

$$H(X^{T^{(n)}}) = H(X_0) + H(X_{1,1}X_{1,2} \mid X_0) + H(X_{2,1}X_{2,2}X_{2,3}X_{2,4} \mid X^{T^{(1)}})$$
$$+ \cdots + H(X_{n,1}X_{n,2}\cdots X_{n,2^n} \mid X^{T^{(n-1)}})$$

对于 $k \leqslant n$

$$H(X_{k,1}X_{k,2}\cdots X_{k,2^k} \mid X^{T^{(k-1)}})$$
$$= H(X_{k,1} \mid X^{T^{(k-1)}}) + H(X_{k,2} \mid X^{T^{(k-1)}}, X_{k,1}) + \cdots$$
$$+ H(X_{k,2^k} \mid X^{T^{(k-1)}}, X_{k,1}X_{k,2}\cdots X_{k,2^k-1})$$
$$\geqslant H(X_{k,1} \mid X^{T^{(k-1)}}, X_{k,2}\cdots X_{k,2^k}) + H(X_{k,2} \mid X^{T^{(k-1)}}, X_{k,1}X_{k,3}\cdots X_{k,2^k})$$
$$+ \cdots + H(X_{k,2^k} \mid X^{T^{(k-1)}}, X_{k,1}X_{k,2}\cdots X_{k,2^k-1})$$
$$\overset{(i)}{=\!=} 2^k H(X_{k,1} \mid X^{T^{(k-1)}\backslash(k,1)})$$
$$\overset{(ii)}{\geqslant} H(X_{n,1} \mid X^{T^{(n-1)}\backslash(n,1)})$$

其中 (i) 成立用到平移不变性, (ii) 成立用到 (a), 由此对所有 n 有

$$H(X^{T^{(n)}}) \geqslant (2^{n+1} - 1)H(X_{n,1} \mid X^{T^{(n-1)}\backslash(n,1)})$$

将两边除以 $2^{n+1} - 1$, 并令 $n \to \infty$ 得

$$h(\mathbf{X}) \geqslant h^{lc}(\mathbf{X}) \tag{1-18}$$

我们可以将 $H(X^{T^{(n)}})$ 表示成另一种形式 (图 5.1.1)

$$H(X^{T^{(n)}}) = H(X^{T^{(n-1)}}) + H(X_{n,1}X_{n,2}\cdots X_{n,2^n} \mid X^{T^{(n-1)}})$$

$$\leqslant H(X^{T^{(n-1)}}) + \sum_{j=1}^{2^n} H(X_{n,j} \mid X^{T^{(n-1)}})$$

$$= H(X^{T^{(n-1)}}) + 2^n H(X_{n,j} \mid X^{T^{(n-1)}})$$

其中最后一个等式成立用到强平稳性, 由此

$$\frac{1}{|T^{(n)}|} H(X^{T^{(n)}}) \leqslant \frac{2^n - 1}{2^{n+1} - 1} \frac{H(X^{T^{(n-1)}})}{2^n - 1} + \frac{2^n}{2^{n+1} - 1} H(X_{n,1} \mid X^{T^{(n-1)}})$$

令 $n \to \infty$ 得

$$h(\mathbf{X}) \leqslant \frac{1}{2} h(\mathbf{X}) + \frac{1}{2} h^{uc}(\mathbf{X})$$

因此 $h(\mathbf{X}) \leqslant h^{uc}(\mathbf{X})$, (b) 得证.

(c) 对于马氏链场

$$P(X_{n,1} \mid X^{T^{(n-1)} \setminus (n,1)}) = P(X_{n,1} \mid X_{n-1,1}) = P(X_{1,1} \mid X_0)$$

$$P(X_{n,1} \mid X^{T^{(n-1)}}) = P(X_{n,1} \mid X_{n-1,1}) = P(X_{1,1} \mid X_0)$$

所以

$$H(X_{n,1} \mid X^{T^{(n-1)} \setminus (n,1)}) = H(X_{n,1} \mid X_{n-1,1}) = H(X_{n,1} \mid X^{T^{(n-1)}})$$

由平移不变性

$$H(X_{n,1} \mid X_{n-1,1}) = H(X_{1,1} \mid X_0)$$

因此有

$$h^{lc}(\mathbf{X}) = h^{uc}(\mathbf{X}) = H(X_{1,1} \mid X_0)$$

最终

$$h(\mathbf{X}) = H(X_{1,1} \mid X_0)$$

附注   对平稳马氏链场, 我们以取值于 $\{0,1\}$ 的二进马氏链为例给出上述性质 (c) 的另一个证明. 给定马氏链的转移概率矩阵

$$Q = \begin{pmatrix} s & 1-s \\ 1-t & t \end{pmatrix}, \quad 0 \leqslant s, t \leqslant 1$$

马氏链有平稳分布

$$\pi = (\pi(0), \pi(1)) = \left(\frac{1-t}{2-s-t}, \frac{1-s}{2-s-t} \right), \quad 即 \quad \pi Q = \pi$$

对于定义在 T_b 上的马氏链场 $\mathbf{X} = \{X_i, i \in T_b\}$, 限制在有限子树 $T^{(n)}$ 上的边际分布为

$$P(X^{T^{(n)}} = x^{T^{(n)}}) = \pi(x_0) \prod_{i=1}^{2} Q(x_{1,i} \mid x_0) \prod_{k=1}^{2} \prod_{j=2^{i-1}+1}^{2^i} Q(x_{2,j} \mid x_{1,k}) \cdots$$

$$\cdot \prod_{k=1}^{2^{n-1}} \prod_{j=2^{i-1}+1}^{2^i} Q(x_{n,j} \mid x_{n-1,k}) \tag{1-19}$$

从而

$$H(X^{T^{(n)}}) = - \sum_{x^{T^{(n)}}} P(x^{T^{(n)}}) \log P(x^{T^{(n)}})$$

$$= H(X_0) + \sum_{i=1}^{2} H(X_{1,i} \mid X_0) + \sum_{k=1}^{n} \sum_{i=1}^{2^{k-1}} \sum_{j=2^{i-1}+1}^{2^i} H(X_{k+1,j} \mid X_{k,i})$$

$$= H(X_0) + (2 + 2^2 + \cdots + 2^n) H(Q(\cdot \mid \cdot))$$

$$= H(X_0) + (2^{n+1} - 2) H(Q(\cdot \mid \cdot)) \tag{1-20}$$

令 $h(\alpha) = -\alpha \log \alpha - (1-\alpha) \log(1-\alpha)$, 我们有

$$H(X_0) = h\left(\frac{1-t}{2-s-t}\right)$$

$$H(Q(\cdot \mid \cdot)) = - \sum_{x_0=0}^{1} \sum_{x_{1,1}=0}^{1} \pi(x_0) Q(x_{1,1} \mid x_0) \log Q(x_{1,1} \mid x_0)$$

$$= \frac{1-t}{2-s-t} h(t) + \frac{1-s}{2-s-t} h(s)$$

将 (1-20) 两边除以 $|T^{(n)}| = 2^{n+1} - 1$, 并令 $n \to \infty$, 就得

$$h(\mathbf{X}) = \frac{1-t}{2-s-t} h(t) + \frac{1-s}{2-s-t} h(s)$$

特别地对于对称马氏链, $t = s$, 则

$$h(\mathbf{X}) = h(s)$$

5.2　二叉树上随机场的表面熵

在本节中我们讨论二叉树上随机场的表面熵.

定义 2.1　我们考虑定义在二叉树 T_b (图 5.1.1) 上的随机场 $\mathbf{X} = \{X_j, j \in T_b\}$, 记 L_n 为 T_b 的第 n 层, 随机场限制在第 n 层就得到随机向量 X^{L_n}, 定义它的平均熵为

$$h_n^s(\mathbf{X}) = \frac{1}{|L_n|} H(X^{L_n}) \tag{2-1}$$

记其极限为

$$h^s(\mathbf{X}) = \lim_{n \to \infty} h_n^s(\mathbf{X}) \tag{2-2}$$

如果极限存在的话. 并称它为随机场 $\mathbf{X}$ 的表面熵.

定理 2.2　对于 T_b 上定义的平移不变随机场, 序列 $\{h_n^s\}$ 是 n 非负和单调不增的, 因此极限存在.

证明　因为 L_{n+1} 可以分解为左右两部分 L_{n+1}^l 和 L_{n+1}^r (图 5.1.3), 所以

$$
\begin{aligned}
H(X^{L_{n+1}}) &= H(X^{L_{n+1}^l}) + H(X^{L_{n+1}^r} \mid X^{L_{n+1}^l}) \\
&\leqslant H(X^{L_{n+1}^l}) + H(X^{L_{n+1}^r}) \\
&= 2H(X^{L_n})
\end{aligned}
$$

两边除以 $L_{n+1} = 2^{n+1} - 1 = 2 \times (2^n - 1) + 1 = 2|L_n| + 1$, 就证明了定理.

定义 2.3　我们定义给定根点条件下的平均表面熵为

$$h_n^{cs}(\mathbf{X}) = \frac{1}{|L_n|} H(X^{L_n} \mid X_0) \tag{2-3}$$

记其极限为

$$h^{cs}(\mathbf{X}) = \lim_{n \to \infty} h_n^{cs}(\mathbf{X}) \tag{2-4}$$

如果极限存在的话. 并称它为随机场 $\mathbf{X}$ 的表面熵.

对于一般平稳随机场, h_n^{cs} 不一定是单调的, 但是我们有以下结果.

定理 2.4　对于 T_b 上定义的平移不变马氏场, 序列 $\{h_n^{cs}\}$ 是单调增且有上界, 因此当 $n \to \infty$ 时极限存在.

证明　因为

$$H\left(X^{L_{n+1}} \mid X^{L_1}, X_0\right) \leqslant H\left(X^{L_{n+1}} \mid X_0\right)$$

利用马氏性和平移不变性, 并且 L_{n+1} 可以分解为左右两部分 L_{n+1}^l 和 L_{n+1}^r (图 5.1.3), 所以

$$\text{左式} = H\left(X^{L_{n+1}} \mid X_{1,1}, X_{1,2}\right)$$

$$= H\left(X^{L_{n+1}^r}, X^{L_{n+1}^l} \mid X_{1,1}, X_{1,2}\right)$$

$$= H\left(X^{L_{n+1}^l} \mid X_{1,1}\right) + H\left(X^{L_{n+1}^r} \mid X_{1,1}, X_{1,2}, X^{L_{n+1}^l}\right)$$

$$= H\left(X^{L_{n+1}^l} \mid X_{1,1}\right) + H\left(X^{L_{n+1}^r} \mid X_{1,2}\right)$$

$$= 2H\left(X^{L_n} \mid X_0\right)$$

$$\leqslant 右式$$

$$= H\left(X^{L_{n+1}} \mid X_0\right)$$

两边再除以 $|L_{n+1}|\,(= 2^n)$ 得

$$\frac{2}{|L_{n+1}|} H\left(X^{L_n} \mid X_0\right) \leqslant \frac{1}{|L_{n+1}|} H\left(X^{L_{n+1}} \mid X_0\right)$$

即

$$\frac{1}{|L_n|} H\left(X^{L_n} \mid X_0\right) \leqslant \frac{1}{|L_{n+1}|} H\left(X^{L_{n+1}} \mid X_0\right)$$

$$h_n^{cs} \leqslant h_{n+1}^{cs}$$

所以序列 $\{h_n^{cs}\}$ 是单调增的, 并且

$$H\left(X^{L_n} \mid X_0\right) \leqslant H\left(X^{L_n}\right) \leqslant \sum_{i=1}^{2^n} H\left(X_{n,i}\right) = 2^n H\left(X_0\right)$$

两边再除以 $|L_n|$ 得

$$h_n^{cs}(\mathbf{X}) \leqslant H\left(X_0\right)$$

即 $\{h_n^{cs}\}$ 有上界, 综上可知当 $n \to \infty$ 时极限存在.

定理 2.5 对于 T_b 上定义的平移不变马氏场, 如果 $H\left(X_0\right)$ 有限, 则

$$H\left(X_{1,1} \mid X_0\right) \leqslant h^{cs}(\mathbf{X}) = h^s(\mathbf{X}) \leqslant H\left(X_0\right)$$

证明 第一个不等式是定理 2.4 的推论, 为证明当中的等号成立, 注意到

$$H\left(X^{L_n}\right) - H\left(X^{L_n} \mid X_0\right) = I\left(X^{L_n}; X_0\right) = H\left(X_0\right) - H\left(X_0 \mid X^{L_n}\right) \leqslant H\left(X_0\right)$$

因此

$$\frac{1}{|L_n|}\left[H\left(X^{L_n}\right) - H\left(X^{L_n} \mid X_0\right)\right] \leqslant \frac{1}{|L_n|} H\left(X_0\right) \to 0$$

当 $H(X_0)$ 有限时成立. 最后一个不等式是定理 2.1 的推论.

那么什么时候第一和第三个不等号中的等号成立呢? 虽然 $h^{cs}(\boldsymbol{X})$ 和 $h^s(\boldsymbol{X})$ 的解析表达式未知, 但是数值计算表明, 这两个等号通常是成立的.

例 2.6　考虑定义在 T_b 上的二元马氏链场, 其转移概率矩阵为

$$\boldsymbol{Q} = \begin{pmatrix} Q(0\mid 0) & Q(1\mid 0) \\ Q(0\mid 1) & Q(1\mid 1) \end{pmatrix} = \begin{pmatrix} 1-s & s \\ s & 1-s \end{pmatrix}$$

平稳分布为 $\boldsymbol{\pi} = (\pi(0), \pi(1)) = \left(\dfrac{1}{2}, \dfrac{1}{2}\right)$, 则

$$H(X_0) = -\frac{1}{2}\log\frac{1}{2} - \frac{1}{2}\log\frac{1}{2} = \log 2$$

$$H(X_{1,1}\mid X_0) = -s\log s - (1-s)\log(1-s) = h(s) \leqslant \log 2$$

$$h_1^{cs}(\boldsymbol{X}) = \frac{1}{2}H(X_{1,1}, X_{1,2}\mid X_0) = H(X_{1,1}\mid X_0) = h(s)$$

$$h_2^{cs}(\boldsymbol{X}) = \frac{1}{4}H\left(X^{L_2}\mid X_0\right)$$

$$= -\frac{1}{2}\left[(1-s)^3 + s^3\right]\log\left[(1-s)^3 + s^3\right]$$

$$- \frac{3}{2}(1-s)\,s\log(1-s)s \leqslant \log 2$$

$$h_1^s(\boldsymbol{X}) = \frac{1}{2}H(X_{1,1}, X_{1,2})$$

$$= -\frac{1}{2}\left[(1-s)^2 + s^2\right]\log\frac{1}{2}\left[(1-s)^2 + s^2\right] - (1-s)s\log(1-s)s$$

$$\leqslant \log 2$$

$$h_2^s(\boldsymbol{X}) = \frac{1}{4}H\left(X^{L_2}\right)$$

$$= \frac{1}{4}\left(-2p_1\log p_1 - 8p_2\log p_2 - 2p_3\log p_3 - 4p_4\log p_4\right) \leqslant \log 2$$

其中

$$p_1 = \frac{1}{2}\left[(1-s)^6 + 2(1-s)^3 s^3 + s^6 + (1-s)^2 s^2\right]$$

$$p_2 = \frac{1}{2}s(1-s)\left[(1-s)^2 + s^2\right]$$

$$p_3 = s(1-s)\left[(1-s)^3 + s^3\right]$$

$$p_4 = (1-s)^2 s^2$$

如果 $s = \dfrac{1}{2}$, 则以上所有不等式中的等号成立. 图 5.2.1 显示了作为表面熵的上卜界的这些熵度量的曲线. 其中中间的实线为 $h^s(\mathbf{X}) = H(X_0)$ (见下 (ii)).

综合上述讨论, 这些熵度量有以下关系式.

(i) 对于 T_b 上定义的平移不变马氏场

$$h^{lc}(\mathbf{X}) \leqslant h(\mathbf{X}) = h^L(\mathbf{X}) \leqslant \min\{h^{uc}(\mathbf{X}), h^s(\mathbf{X})\}$$

$$\leqslant \max\{h^{uc}(\mathbf{X}), h^s(\mathbf{X})\} \leqslant H(X_0)$$

(ii) 对于 T_b 上定义的平移不变马氏链场

$$H(X_{1,1} \mid X_0) = h^{lc}(\mathbf{X}) = h(\mathbf{X}) = h^L(\mathbf{X}) = h^{uc}(\mathbf{X}) \leqslant h^{cs}(\mathbf{X})$$

$$= h^s(\mathbf{X}) = H(X_0)$$

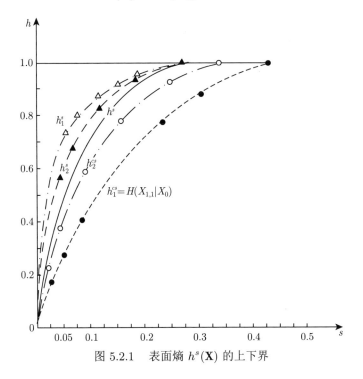

图 5.2.1   表面熵 $h^s(\mathbf{X})$ 的上下界

附注   本章对平移不变随机场证明的关于熵、条件熵、表面熵的结果显然对 G-不变随机场也是成立的.

第 6 章 树上随机场的熵定理

6.1 树上 G-不变随机场的熵定理

众所周知对于平稳随机过程或更一般的可控群 (amenable group) 上的随机场的遍历性定理的重要性, 它们在各个领域都有应用, 特别地, Shannon-McMillan-Breiman 定理是信息论中的基本定理, 是编码理论的基础. 但是对于树模型, 其有限子集的边界点的个数相对于子集总点数的比例趋于一个常数, 事实上, 对于二叉树来说

$$\frac{|L_n|}{|T^{(n)}|} = \frac{3 \cdot 2^{n-1}}{3 \cdot 2^n - 2} \to \frac{1}{2}, \quad n \to \infty \tag{1-1}$$

这说明树上的移位算子群不是可控群, 这意味着, 通常用于可控群上熵定理证明的方法不适用于树的场合, Pemantle[74] 研究了无穷树上动力系统的遍历性理论, 发现了一些不同于 Z^d 情形的性质, 本节我们将讨论在无穷树上定义的自同构不变和正则随机场的 Shannon-McMillan-Breiman 定理, 内容主要取自 [105], 用的方法是将 Thomasian[93] 和 Wolfowitz[98] 证明随机过程熵定理的组合论方法推广到树上的随机场, 并讨论了遍历性、正则性和渐近等分性的关系, 我们证明了在概率收敛意义下的熵定理, 对于更强的以概率 1 收敛意义下的强定理则仍未解决, 但是对于特别的马氏链场, 我们证明了强极限定理和 AEP[101].

我们从一些基本的定义和概念开始. 考虑一个二叉树 (bipartite tree), 可以将此类树上的节点分成两个等价的子集, 其中称 $\alpha \sim \beta$, 如果连接这两点的边数 $d(\alpha, \beta)$ 为偶数, 我们把这两个子集分别记为 EVEN 和 ODD, 而只有当 $\alpha \in$ EVEN, $\beta \in$ ODD 或反之时 $d(\alpha, \beta)$ 为奇数, 我们用 L_n^m 表示树上从第 n 层到第 m 层上的节点组成的子集, 特别地, 记 $L_n^n = L_n$ 表示第 n 层的点集, $T^{(n)} = L_0^n$ 是从根点到第 n 层组成的子树, 也称 L_n 是 $T^{(n)}$ 的边界. 我们以每个节点有 3 个邻点的齐次 Bethe 树为例展开讨论, 这时 L_n 可以分解成 3 个子集: $L_{n,i} = \{(n, (i-1)2^{n-1} + 1), \cdots, (n, i2^{n-1})\}, i = 1, 2, 3$, 图 6.1.1(a), (b) 展示了只有 3 层的子树分解图.

设 $\{f_\alpha, \alpha \in T\}$ 是移位算子群, f_α 把树 T 变成新树 T_α, 新树上节点的下标由下述规则唯一确定, 对于原树 T 上下标为 β 的节点, 在新树 T_α 上的下标为 $f_\alpha(\beta) = \tilde{\beta}_\alpha$, 其中 $\tilde{\beta}$ 就是新的下标. 举个例子, 如果 $\alpha = (n, j)$, 那么新树 T_α 上的

根点就是原树的根点在移位算子 f_α 作用下的像 $f_\alpha(o) = \tilde{o}_\alpha$, 如以下 3 点经移位后变成

$$f_\alpha((n+1, 2j-1)) = (1,1)_\alpha$$

$$f_\alpha((n+1, 2j)) = (1,2)_\alpha$$

$$f_\alpha((n-1, \lceil j/2 \rceil)) = (1,3)_\alpha$$

特别地, 当 $n = 1$ 时, $f_\alpha(o) = (1,3)_\alpha$ 为原根点在新树中的下标. 然后其他节点的新下标都可以唯一地确定了. 显然新的树 T_α 和原来的树 T 是图自同构的 (graph-automorphic). 类似地我们记 $T_\alpha^{(t)}$ 为由节点 α 为根点伸出的有 t 层的子树, 它的边界记为 $L_{\alpha,t}$, 可以分解为 3 部分 $L_{\alpha,t,i}, i = 1,2,3$, 如果 α 处于第 n 层, 那么我们总设 $L_{\alpha,t,1}, L_{\alpha,t,2}$ 是在原树的第 $(n+t)$ 层上, 图 6.1.1(c), (d) 展示了一些例子.

设 $\mathbf{X} = \{X_\alpha, \alpha \in T\}$ 是定义在 T 上的随机场, 每个 X_α 取值于有限集 $\mathcal{A}$, 在我们的熵定理中需要它的有限性. 记 $\Omega = \mathcal{A}^T$, $\mathcal{B}_T$ 为 Ω 上的 σ-代数, 则 T 上的随机场也就是 $(\Omega, \mathcal{B}_T)$ 上的概率测度 μ.

对于组态 $\omega \stackrel{\triangle}{=} w^T, f_\alpha(\omega) = \omega^{T_\alpha}$ 的含义是

$$[f_\alpha(\omega)]_{\tilde{\beta}_\alpha} = [w^{T_\alpha}]_{\tilde{\beta}_\alpha} = \omega_\beta$$

随机场 $\mathbf{X}$ 在移位算子 f_α 作用下变成 $f_\alpha(\mathbf{X}) \stackrel{\triangle}{=} X^{T_\alpha}$, 其中

$$X^{T_\alpha}(\omega^{T_\alpha}) = X(f_\alpha(\omega))$$

用 $X^{T_\alpha^{(t)}}$ 表示 X^{T_α} 限制在子集 $T^{(t)\alpha}$ 的子随机场. 我们回忆 T 上随机场的自同构不变性, 或简称 G-不变性, 如果任何有限柱集的概率分布在任何自同构变换 $\phi \in G$ 下保持不变.

一个集合 $B \in \mathcal{B}_T$ 称为 G-不变的, 如果 $\phi(B) = B$ 对任何 $\phi \in G$ 成立, 其中 $\phi(B) = \{\phi(\omega) : \omega \in B\}$. $\mathcal{A}^T$ 上的随机场 μ 称为 G-不变的, 如果对任何 G-不变集合 B 都有 $\mu(B) = 0$ 或 1.

然而 G-遍历性还不足以导出 G 遍历定理或称 G-遍历 AEP, 因为节点的奇偶性. 以下我们在一个正则性条件下证明 AEP, 这个正则性保证了遍历性定理的成立. 这个正则性条件要强于 G-遍历性, 稍后我们将讨论 G-遍历性、正则性和 AEP 的关系.

定义 1.1 设 $I(D)$ 为集合 D 的示性函数, 称随机场 $\mathbf{X} = \{X_\alpha, \alpha \in T\}$ 为正则 (regular) 的, 如果它满足以下条件:

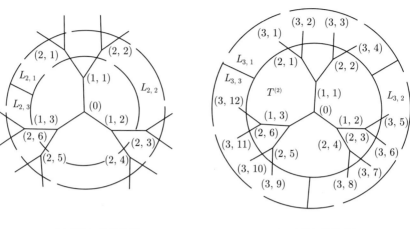

(a) 子树 $T^{(2)}$ 的分解   (b) 子树 $T^{(3)}$ 的分解

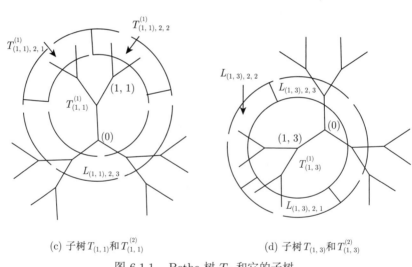

(c) 子树 $T_{(1,1)}$ 和 $T^{(2)}_{(1,1)}$ (d) 子树 $T_{(1,3)}$ 和 $T^{(2)}_{(1,3)}$

图 6.1.1　Bethe 树 T_3 和它的子树

(i) 对组态 ω^T 的任何集合 D, 有

$$\lim_{n\to\infty}\frac{1}{|T^{(n)}|}\sum_{\alpha\in T^{(n)}}I\{X^{T_\alpha}\in D\}=P\{X^T\in D\} \tag{1-2}$$

这个性质等价于

(ii) 对每个 $t=1,2,\cdots$ 和组态 $\omega^{T^{(t)}}$ 的每个集合 B_t 有

$$\lim_{n\to\infty}\frac{1}{|T^{(n)}|}\sum_{\alpha\in T^{(n)}}I\{X^{T_\alpha}\in B_t\}=P\{X^{T^{(t)}}\in B_t\} \tag{1-3}$$

在以概率收敛的意义下成立.

我们先回忆第 5 章关于树上随机场熵率和条件熵率的一些结果, 同时再引入以下新的熵度量, 它们在本章有重要作用. 记

$$h_n = \frac{1}{|T^{(n)}|} H(X^{T^{(n)}}) \tag{1-4}$$

其中

$$H(X^{T^{(n)}}) = -\sum_{\omega \in \mathcal{A}^{T^{(n)}}} P(X^{T^{(n)}} = \omega) \log P(X^{T^{(n)}} = \omega) \tag{1-5}$$

是随机场 $\mathbf{X}$ 在子集 $T^{(n)}$ 上的边际分布的香农熵, 对数取 2 为底, 然后定义熵率为

$$h_\infty = \lim_{n \to \infty} h_n \tag{1-6}$$

如果它存在的话.

我们将限制在第 n 层的随机向量表示为

$$X^{L_n} = (X_{n,1}, X_{n,2}, \cdots, X_{n,3 \cdot 2^{n-1}})$$

记给定前 $n-1$ 层子树下第 n 层的条件熵为

$$h_n^L = \frac{1}{|L_n|} H(X^{L_n} | X^{T^{(n-1)}}) = \frac{1}{3 \cdot 2^{n-1}} H(X^{L_n} | X^{T^{(n-1)}}) \tag{1-7}$$

然后定义条件熵率为

$$h_\infty^L = \lim_{n \to \infty} h_n^L \tag{1-8}$$

如果它存在的话.

在第 5 章我们已经证明了对于平移不变随机场以上定义的熵和条件熵率的存在性, 并且它们相等, 显然这些结果对 G-不变随机场也成立 (见第 5 章最后的附注), 即

$$h_\infty = h_\infty^L \tag{1-9}$$

为证明熵定理我们还需要更多的熵度量.

定义 1.2 将 L_n 分割成三部分

$$L_n = L_{n,1} \cup L_{n,2} \cup L_{n,3}$$

$$X^{L_n} = (X^{L_{n,1}}, X^{L_{n,2}}, X^{L_{n,3}})$$

然后定义条件熵为

$$\tilde{h}_n^L = \frac{1}{|L_{n,1} \cup L_{n,2}|} H(X^{L_{n,1} \cup L_{n,2}} | X^{T^{(n-1)} \cup L_{n,3}}) \tag{1-10}$$

和条件熵率为

$$\tilde{h}_\infty^L = \lim_{n\to\infty} \tilde{h}_n^L \tag{1-11}$$

如果它存在的话.

我们有以下定理.

定理 1.3　设 $\mathbf{X} = \{X_\alpha, \alpha \in T\}$ 是定义在 T 上的 G-不变随机场, $\tilde{h}_n^L$ 关于 n 非增, 因此极限 $\tilde{h}_\infty^L$ 存在, 并且 $\tilde{h}_\infty^L = h_\infty^L$, 由此 $\tilde{h}_\infty^L = h_\infty$ (我们得到熵率的另一种表达式).

证明　首先借助图 6.1.1 来证明 $\tilde{h}_2^L \leqslant \tilde{h}_1^L$.

$$\begin{aligned}
\tilde{h}_2^L &= \frac{1}{4} H(X^{L_{2,1} \cup L_{2,2}} | X^{T^{(1)} \cup L_{2,3}}) \\
&= \frac{1}{4} [H(X_{2,1}, X_{2,2} | X^{T^{(1)}} X_{2,5}, X_{2,6}) \\
&\quad + H(X_{2,3}, X_{2,4} | X^{T^{(1)}} X_{2,1}, X_{2,2}, X_{2,5}, X_{2,6})] \\
&\leqslant \frac{1}{4} [H(X_{2,1}, X_{2,2} | X_0, X_{1,1}) + H(X_{2,3}, X_{2,4} | X_0, X_{1,2})] \\
&\overset{(*)}{=} \frac{1}{4} [2\tilde{h}_1^L + 2\tilde{h}_1^L] = \tilde{h}_1^L
\end{aligned}$$

其中等号 $(*)$ 成立是因为 G-不变性, 类似地我们可以证明更一般的

$$\begin{aligned}
\tilde{h}_n^L &= \frac{1}{|L_{n,1} \cup L_{n,2}|} H(X^{L_{n,1} \cup L_{n,2}} | X^{T^{(n-1)} \cup L_{n,3}}) \\
&= \frac{1}{2^n} [H(X^{L_{n,1}} | X^{T^{(n-1)} \cup X_{n,3}}) + H(X^{L_{n,2}} | X^{T^{(n-1)} \cup L_{n,3} \cup L_{n,1}})] \\
&\leqslant \frac{1}{2^n} [H(X^{L_{(1,1),n-1,1} \cup L_{(1,1),n-1,2}} | X^{T^{(n-2)}_{(1,1)} \cup L_{(1,1),n-1,3}}) \\
&\quad + H(X^{L_{(1,2),n-1,1} \cup L_{(1,2),n-1,2}} | X^{T^{(n-2)}_{(1,2)} \cup L_{(1,2),n-1,3}})] \\
&\overset{(*)}{=} \frac{1}{2^n} [2^{n-1}\tilde{h}_{n-1}^L + 2^{n-1}\tilde{h}_{n-1}^L] = \tilde{h}_{n-1}^L
\end{aligned}$$

其中等号 $(*)$ 成立是因为 G-不变性. 单调性加上显然的非负性隐含了极限 $\tilde{h}_\infty^L$ 的存在性. 下面再证 $\tilde{h}_\infty^L = h_\infty^L$. 事实上

$$h_n^L = \frac{1}{|L_n|} H(X^{L_n} | X^{T^{(n-1)}})$$

$$= \frac{1}{3 \cdot 2^{n-1}} [H(X^{L_{n,3}}|X^{T^{(n-1)}}) + H(X^{L_{n,1} \cup L_{n,2}}|X^{T^{(n-1)} \cup L_{n,3}})]$$

$$\leqslant \frac{1}{3 \cdot 2^{n-1}} [H(X^{L_{(1,3),n-1,1} \cup L_{(1,3),n-1,2}}|X^{T^{(n-2)}_{(1,3)} \cup L_{(1,3),n-1,3}})$$

$$+ H(X^{L_{n,1} \cup L_{n,2}}|X^{T^{(n-1)} \cup L_{n,3}})]$$

$$= \frac{1}{2^n + 2^{n-1}} [2^{n-1} \tilde{h}^L_{n-1} + 2^n \tilde{h}^L_n]$$

(比如当 $n = 3$ 时, 见图 6.1.1), 令 $n \to \infty$, $h^L_n \to h^L_\infty$, $\tilde{h}^L_n \to \tilde{h}^L_\infty$, 就得

$$h^L_\infty \leqslant \tilde{h}^L_\infty$$

以下证反向不等式:

$$2 \cdot 2^n \tilde{h}^L_n \overset{(*)}{=} H(X^{L_{n,1} \cup L_{n,2}}|X^{T^{(n-1)} \cup L_{n,3}}) + H(X^{L_{n,3} \cup L_{n,1}}|X^{T^{(n-1)} \cup L_{n,2}})$$

$$= H(X^{L_{n,1} \cup L_{n,2}}|X^{T^{(n-1)} \cup L_{n,3}}) + H(X^{L_{n,1}}|X^{T^{(n-1)} \cup L_{n,2}})$$

$$+ H(X^{L_{n,3}}|X^{T^{(n-1)} \cup L_{n,1} \cup L_{n,2}})$$

$$\leqslant H(X^{L_{n,1} \cup L_{n,2}}|X^{T^{(n-1)}}) + H(X^{L_{n,3}}|X^{T^{(n-1)} \cup L_{n,1} \cup L_{n,2}})$$

$$+ H(X^{L_{(1,1),n-1,1} \cup L_{(1,1),n-1,2}}|X^{T^{(n-2)}_{(1,1)} \cup L_{(1,1),n-1,3}})$$

$$\overset{(**)}{=} H(X^{L_n}|X^{T^{(n-1)}}) + 2^{n-1} \tilde{h}^L_{n-1}$$

$$= 3 \cdot 2^{n-1} h^L_n + 2^{n-1} \tilde{h}^L_{n-1}$$

其中等号 $(*)$ 和 $(**)$ 成立是因为 G-不变性, 因此

$$\tilde{h}^L_n - \frac{2^{n-1}}{2^{n+1}} \tilde{h}^L_{n-1} \leqslant \frac{3 \cdot 2^{n-1}}{2^{n+1}} h^L_n$$

(比如 $n = 3$ 时, 参见图 6.1.1), 令 $n \to \infty$, $h^L_n \to h^L_\infty$, $\tilde{h}^L_n \to \tilde{h}^L_\infty$, 就得

$$\tilde{h}^L_\infty - \frac{1}{4} \tilde{h}^L_\infty \leqslant \frac{3}{4} h^L_\infty$$

亦即

$$\tilde{h}^L_\infty \leqslant h^L_\infty$$

综合上述讨论就得 $\tilde{h}^L_\infty = h^L_\infty$, 进而 $\tilde{h}^L_\infty = h_\infty$. 定理得证.

现在我们就可以来证明以概率收敛意义下的熵定理或 AEP, 定义

$$g_n(\omega) = \begin{cases} -\dfrac{1}{|T^{(n)}|} \log P(X^{T^{(n)}} = \omega^{T^{(n)}}), & \mu(\omega^{T^{(n)}}) > 0 \\ 0, & \text{其他} \end{cases}$$

我们有

定理 1.4 设 μ 是定义在 Bethe 树上的 G-不变且正则随机场, 当 $n \to \infty$ 时, g_n 以概率收敛到 h_∞.

证明 此定理是以下三个引理的推论.

引理 1.5 对任意 $\varepsilon > 0$, 当 n 充分大时, 存在集合 $B_n \in \mathcal{A}^{T^{(n)}}$, 使得

$$|B_n| < 2^{|T^{(n)}|(\tilde{h}_n^L + \varepsilon)} \tag{1-12}$$

$$\mu(B_n) > 1 - \varepsilon \tag{1-13}$$

引理 1.6 对任意 $\varepsilon > 0$, 当 n 充分大时有

$$P\{g_n < h_n + \varepsilon\} > 1 - \varepsilon \tag{1-14}$$

引理 1.7 对任意 $\varepsilon > 0$, 当 n 充分大时有

$$P\{g_n < h_n - \varepsilon\} < 3\varepsilon \log a \tag{1-15}$$

引理 1.5 的证明 因为 $\tilde{h}_n^L \to h_\infty$, 所以替代 (1-12), (1-13), 只需证明下面的 (1-16) 和 (1-17), 对任何给定的正整数 t 和充分大 n, 存在 $B_{n+t} \in \mathcal{A}^{n+t}$ 使得

$$|B_{n+t}| < 2^{|T^{(n+t)}|(\tilde{h}_t^L + \varepsilon/2)} \tag{1-16}$$

且

$$\mu(B_{n+t}) > 1 - \varepsilon \tag{1-17}$$

记 $a^{|T^{(t)}|} = a'$, 则将 $T^{(t)}$ 上的 a' 个组态编号排序, 设 ω_i 是第 i 个组态, 定义

$$\nu(\omega_i) = P(X^{L_{t,1} \cup L_{t,2}} = w_i^{L_{t,1} \cup L_{t,2}} | X^{T^{(t-1)} \cup L_{t,3}})$$

且规定, 如果 $P\{X^{T^{(t)}} = \omega_i\} = 0$, 则 $\nu(\omega_i) = 0$. 对 $n > t$, 定义随机向量

$$N_n(\mathbf{X}) = (N_n(\mathbf{X}; 1), N_n(\mathbf{X}; 2), \cdots, N_n(\mathbf{X}; a')) \tag{1-18}$$

其中 $N_n(\mathbf{X}; i)$ 等于 $\dfrac{1}{|T^{(n)}|}$ 乘以子组态 $X^{T_\alpha^{(t)}} = \omega_i$ 的 α 的个数, $i = 1, 2, \cdots, a'$, 即 $N_n(\mathbf{X})$ 是组态的频率分布向量, 由大数定律, 该向量以概率收敛到一个常数向量, 它的第 i 项就等于

$$P(X^{T^{(t)}} = \omega_i) = \mu(\omega_i)$$

由此, 对充分大的 n, 存在集合 $B_{n+t} \in \mathcal{A}^{T^{(n+t)}}$ 使得

$$\mu(B_{n+t}) > 1 - \varepsilon$$

并且对任组态 $u_0 \overset{\triangle}{=} u_0^{T^{(n+t)}}$，满足

$$|N_n(u_0; i) - \mu(\omega_i)| \leqslant \varepsilon \mu(\omega_i), \quad i = 1, 2, \cdots, a' \tag{1-19}$$

其中 $N_n(u_0; i)$ 的定义类似 $N_n(\mathbf{X}; i)$，即等于 $\dfrac{1}{|T^{(n)}|}$ 乘以子组态 $u_{0\alpha}^{T^{(t)}} = \omega_i$ 的 α 的个数，下面来证明 (1-16) 对于充分小的 ε 和充分大的 n 成立. 我们定义一个新的马氏场 $\mathbf{Y} = \{Y_\alpha, \alpha \in T\}$ 如下

$$
\begin{aligned}
P(Y^{T^{(n+t)}} = \omega^{T^{(n+t)}}) &= P_Y(\omega^{T^{(t)}}) P_Y(\omega^{L_{t+1}} | \omega^{T^{(t)}}) \cdots P_Y(\omega^{L_{t+n}} | \omega^{T^{(t+n-1)}}) \\
&= P_Y(\omega^{T^{(t-1)} \cup L_{t,3}}) P_Y(\omega^{L_{t,1} \cup L_{t,2}} | \omega^{T^{(t-1)} \cup L_{t,3}}) \\
&\quad \cdot \prod_{k=1}^{n} \prod_{j}^{3 \cdot 2^{k-1}} P_Y(\omega^{L_{(1,j),t,1} \cup L_{(1,j),t,2}} | \omega^{T^{(t-1)}_{(1,j)} \cup L_{(1,j),t,3}})
\end{aligned}
$$

如果我们对 $\mathbf{Y}$ 在 $T^{(t-1)} \cup L_{t,3}$ 上的组态的初始分布定义为

$$P(Y^{T^{(t-1)} \cup L_{t,3}} = \omega_l) = \mu(\omega_l), \quad l = 1, 2, \cdots, |T^{(t-1)} \cup L_{t,3}|$$

并且对所有 α 令

$$P_Y(\omega_i^{L_{\alpha,t,1} \cup L_{\alpha,t,2}} | \omega_i^{T^{(t-1)} \cup L_{\alpha,t,3}}) = \nu(\omega_i) \tag{1-20}$$

那么 $\mathbf{Y}$ 就是 $\mathbf{X}$ 的马氏近似. 由此

$$
\begin{aligned}
P(Y^{T^{(n+t)}} = u_0) &= \mu(u_0^{T^{(t-1)} \cup L_{t,3}}) \cdot \prod_{\alpha \in T^{(n)}} \mu(u_0^{L_{\alpha,t,1} \cup L_{\alpha,t,2}} | u_0^{T^{(t-1)} \cup L_{\alpha,t,3}}) \\
&= \mu(u_0^{T^{(t-1)} \cup L_{t,3}}) \prod_{i=1}^{a'} \nu(\omega_i)(u_0 \text{ 中 } \omega_i \text{ 的个数}) \\
&> \mu(u_0^{T^{(t-1)} \cup L_{t,3}}) \prod_{i=1}^{a'} \nu(\omega_i)^{|T^{(n)}|(1+\varepsilon)\mu(\omega_i)} \tag{1-21}
\end{aligned}
$$

对所有 $u_0 \in B_{n+t}$ 取和得

$$
\begin{aligned}
1 &\geqslant \sum_{u_0 \in B_{n+t}} P(Y^{T^{(n+t)}} = u_0) \\
&> \sum_{u_0 \in B_{n+t}} \mu(u_0^{T^{(t-1)} \cup L_{t,3}}) \exp_2 \left\{ \prod_{i=1}^{a'} \nu(\omega_i)^{|T^{(n)}|(1+\varepsilon)\mu(\omega_i)} \right\}
\end{aligned}
$$

$$> |B_{n+t}| \frac{1}{d} \exp_2 \left\{ |T^{(n)}|(1+\varepsilon) \sum_{i=1}^{a'} \mu(\omega_i) \log \nu(\omega_i) \right\}$$

$$= |B_{n+t}| \frac{1}{d} \exp_2 \left\{ -|T^{(n)}||L_{t,1} \cup L_{t,2}|(1+\varepsilon)\tilde{h}_t^L \right\} \tag{1-22}$$

其中 d 是最小正数 $\mu(\omega_i)$ 的倒数. 则

$$|B_{n+t}| \leqslant d \exp_2 \{|T^{(n)}||L_{t,1} \cup L_{t,2}|(1+\varepsilon)\tilde{h}_t^L\} \tag{1-23}$$

注意到当 n 充分大时

$$|T^{(n)}||L_{t,1} \cup L_{t,2}| = (3 \cdot 2^n - 2) \cdot 2^t \sim |T^{(n+1)}| = 3 \cdot 2^{n+t} - 2$$

于是当取 ε 充分小时由 (1-23) 就得 (1-16), 连同 (1-17) 就证明了引理 1.5.

引理 1.6 的证明　对于充分小的 ε 和充分大的 n, 设 B_n 是满足 (1-12) 和 (1-13) 的集合, 定义 $\mathcal{A}^{T^{(n)}}$ 的子集如下

$$F_n = \left\{ u_0 \in \mathcal{A}^{T^{(n)}} \left| -\frac{1}{|T^{(n)}|} \log \mu(u_0) < h_n + 3\varepsilon \right. \right\}$$

$$F_n^c = \mathcal{A}^{T^{(n)}} \setminus F_n$$

$$G_n = B_n \cap F_n$$

$$G_n' = B_n \cap F_n^c$$

对 $u_0 \in F_n^c$, 有

$$\mu(u_0) \leqslant 2^{-|T^{(n)}|(h_n+3\varepsilon)}$$

则

$$\mu(B_n) = \mu(G_n) + \mu(G_n') \leqslant \mu(G_n) + |B_n|2^{-|T^{(n)}|(h_n+3\varepsilon)} \tag{1-24}$$

因为

$$\tilde{h}_n^L \to h_\infty \quad \text{且} \quad h_n \to h_\infty \tag{1-25}$$

对充分大的 n, 由 (1-16) 得

$$|B_n| \leqslant 2^{-|T^{(n)}|(h_n+2\varepsilon)} \tag{1-26}$$

由 (1-17), (1-24) 和 (1-25) 可得

$$\mu(G_n) \geqslant \mu(B_n) - |B_n|2^{-|T^{(n)}|(h_n+\varepsilon)}$$

$$> 1 - \varepsilon - 2^{-|T^{(n)}|[(h_n+3\varepsilon)-(h_n+\varepsilon)]}$$

$$> 1 - \varepsilon - 2^{-|T^{(n)}|\varepsilon} \tag{1-27}$$

用 $\varepsilon/3$ 代替 ε, 取 n 充分大, 即证明了此引理.

引理 1.7 的证明　设 $\varepsilon > 0$ 充分小, 对每个充分大的 n, 定义 $\mathcal{A}^{T^{(n)}}$ 的子集如下

$$G_{1n} = \left\{ u_0 \in \mathcal{A}^{T^{(n)}} \middle| -\frac{1}{|T^{(n)}|} \log \mu(u_0) < h_n - \varepsilon \right\}$$

$$G_{2n} = \left\{ u_0 \middle| h_n - \varepsilon \leqslant -\frac{1}{|T^{(n)}|} \log \mu(u_0) < h_n + \varepsilon^2 \right\}$$

$$G_{3n} = \left\{ u_0 \middle| -\frac{1}{|T^{(n)}|} \log \mu(u_0) > h_n + \varepsilon^2 \right\}$$

则有

$$h_n \leqslant (h_n - \varepsilon)\mu(G_{1n}) + (h_n + \varepsilon^2)(1 - \mu(G_{1n})) - \frac{1}{|T^{(n)}|} \sum_{u_0 \in G_{3n}} \mu(u_0) \log \mu(u_0)$$

$$= (h_n + \varepsilon^2) - (\varepsilon + \varepsilon^2)\mu(G_{1n}) - \frac{1}{|T^{(n)}|} \sum_{u_0 \in G_{3n}} \mu(u_0) \log \mu(u_0) \tag{1-28}$$

因此

$$\mu(G_{1n}) = \frac{\varepsilon^2}{\varepsilon(1+\varepsilon)} - \frac{1}{|T^{(n)}|\varepsilon(1+\varepsilon)} \sum_{u_0 \in G_{3n}} \mu(u_0) \log \mu(u_0)$$

$$\leqslant \varepsilon - \frac{1}{|T^{(n)}|\varepsilon} \sum_{u_0 \in G_{3n}} \mu(u_0) \log \mu(u_0) \tag{1-29}$$

在 (1-31) 后的附注里, 我们将证明不等式

$$-\sum_{u_0 \in G_{3n}} \mu(u_0) \log \mu(u_0) \leqslant -\mu(G_{3n}) \log \mu(G_{3n}) + |T^{(n)}|\mu(G_{3n}) \log a \tag{1-30}$$

同时引理隐含了

$$\mu(G_{3n}) < \varepsilon^2 \tag{1-31}$$

由 (1-30) 和 (1-31), 对充分大的 n, (1-29) 变成

$$\mu(G_{1n}) \leqslant \varepsilon + \frac{\log \varepsilon}{\varepsilon|T^{(n)}|} + \varepsilon^2 \log a \leqslant \varepsilon + 2\varepsilon \log a \leqslant 3\varepsilon \log a$$

这就证明了引理.

附注　不等式 (1-30) 可用拉格朗日乘子法证明之, 即要求

$$H = - \sum_{u_0 \in G_{3n}} \mu(u_0) \log \mu(u_0) \tag{1-32}$$

在条件

$$\sum_{u_0 \in G_{3n}} \mu(u_0) = \mu(G_{3n}) \tag{1-33}$$

下的极值, 设

$$f = - \sum_{u_0 \in G_{3n}} \mu(u_0) \log \mu(u_0) - \lambda \sum_{u_0 \in G_{3n}} \mu(u_0)$$

令

$$\frac{\partial f}{\partial \mu(u_0)} = 0$$

就得解

$$\tilde{\mu}(u_0) = \frac{\mu(G_{3n})}{|G_{3n}|} \quad \text{对所有 } u_0 \in G_{3n} \text{ 成立}$$

它对应的熵的最大值为

$$H_{\max} = - \sum_{u_0 \in G_{3n}} \frac{\mu(G_{3n})}{|G_{3n}|} \log \frac{\mu(G_{3n})}{|G_{3n}|}$$

$$\leqslant -\mu(G_{3n}) \log \mu(G_{3n}) + \mu(G_{3n})|T^{(n)}| \log a$$

这就证明了不等式 (1-30).

正如前面我们曾提及的, T 上的 G-不变随机场, 正则性隐含了遍历性和 AEP, 但反之不然. 另一方面, 单独遍历性也不隐含 AEP, 我们举两个反例.

例 1.8　设 U 是一个随机变量, 以等概率取值 0 或 1, 又设 $\mathbf{Y} = \{Y_\alpha, \alpha \in T\}$ 是随机场, 定义如下

$$Y_\alpha = \begin{cases} 0, & \alpha \in \text{EVENS} \text{ 且 } U = 0 \text{ 或 } \alpha \in \text{ODDS} \text{ 且 } U = 1 \\ 1, & \text{其他} \end{cases}$$

换言之, 有一半时间 $\mathbf{Y}$ 是 EVENS 的示性函数, 另一半时间 $\mathbf{Y}$ 是 ODDS 的示性函数, 显然 $\mathbf{Y}$ 是 G-不变且遍历的, 但它不是正则的, 事实上我们发现以下两个有非零概率的组态

$$\omega^{(1)} = \{\omega_\alpha = 1 \text{ 对所有 } \alpha \in \text{EVENS}, \omega_\alpha = 0 \text{ 对所有 } \alpha \in \text{ODDS}\}$$

$$\omega^{(2)} = \{\omega_\alpha = 1 \text{ 对所有 } \alpha \in \text{ODDS}, \omega_\alpha = 0 \text{ 对所有 } \alpha \in \text{EVENS}\}$$

那么, 对偶数 n 有

$$\frac{1}{|T^{(n)}|} \sum_{i \in T^{(n)}} \omega_i^{(1)} = \frac{2 \cdot 2^n - 1}{3 \cdot 2^n - 2} \to 2/3, \quad n \to \infty$$

而

$$\frac{1}{|T^{(n)}|} \sum_{i \in T^{(n)}} \omega_i^{(2)} \to 1/3, \quad n \to \infty$$

类似地, 对奇数 n 有

$$\frac{1}{|T^{(n)}|} \sum_{i \in T^{(n)}} \omega_i^{(1)} \to 1/3, \quad n \to \infty$$

而

$$\frac{1}{|T^{(n)}|} \sum_{i \in T^{(n)}} \omega_i^{(2)} \to 2/3, \quad n \to \infty$$

因此, $\dfrac{1}{|T^{(n)}|} \sum_{i \in T^{(n)}} Y_i$ 无论在哪个意义下都不收敛, 因此不是正则的, 而易证 $g_n \to 0$ 以概率 1 成立. 所以此例说明, 遍历性并不隐含正则性, 正则性是 AEP 的充分条件而非必要条件.

例 1.9 设 U 和 $\mathbf{Y}$ 同上例, 又设 $\mathbf{Z} = \{Z_\alpha, \alpha \in T\}$ 是互相独立的随机变量, 且服从的公共分布同 U 的分布, 又 $\mathbf{X} = \{X_\alpha, \alpha \in T\}$ 是随机场, 定义如下

$$X_\alpha = \begin{cases} 0, & Y_\alpha = 0 \\ 1 + Z_\alpha, & Y_\alpha = 1 \end{cases}$$

所以 $\mathbf{X} = \{X_\alpha, \alpha \in T\}$ 的一半时间在 EVENS 等于 0, 在 ODDS 上独立地取值 1 或 2; 另一半时间在 ODDS 上取 1, 并在 EVENS 上独立地取值 1 或 2, 显然 $\mathbf{Y} = \{Y_\alpha, \alpha \in T\}$, $\mathbf{Z} = \{Z_\alpha, \alpha \in T\}$ 和 $\mathbf{X} = \{X_\alpha, \alpha \in T\}$ 都是 G-不变和遍历的, 但都不是正则的, 也不满足 AEP, 事实上, 设

$$s_n = \frac{1}{|T^{(n)}|} \sum_{\alpha \in T^{(n)}} X_\alpha$$

那么

$$s_n = E(1 + Z_0) \cdot \{\text{满足 } Y_\alpha = 1 \text{ 的 } \alpha \text{ 在 } T^{(n)} \text{ 中的比例}\}$$

对于每个有非零概率的组态 ω, 这个值当 $n \to \infty$ 时在 $\frac{1}{3}E(1+Z_0)$ 和 $\frac{2}{3}E(1+Z_0)$ 来回变动. 类似地 g_n 等于 $Y_\alpha = 1$ 的 α 在 $T^{(n)}$ 中的比例, 对于每个有非零概率的组态 ω, 这个值当 $n \to \infty$ 时在 $\frac{1}{3}$ 和 $\frac{2}{3}$ 来回变动.

问题在于在尾 σ-域中有 1 比特的信息不是 G-不变的, 这个奇偶性的比特信息是不可避免的, 但是如果我们将自同构性的限制变成 PPG, 那么当根点的奇偶性给定后, 遍历性就可导出 AEP, 否则 g_n 因根点属于 ENEVS 还是 ODDS 而趋于不同的极限.

我们已经证明的 AEP 就隐含了以下的编码定理.

定理 1.10　任给 $\varepsilon > 0$, 当 n (依赖于 $\varepsilon > 0$) 充分大时, 存在集合 $\mathcal{C}_n = \{1, 2, \cdots, M\}$ 和一对编码和译码函数 (f, ϕ), 其中 $f : \mathcal{A}^{T^{(n)}} \longrightarrow \mathcal{C}_n$, $\phi : \mathcal{C}_n \longrightarrow \mathcal{A}^{T^{(n)}}$, 使得

$$P\{\mathbf{X}^{T^{(n)}} \neq \phi(f(\mathcal{X}^{T^{(n)}}))\} < \varepsilon \tag{1-34}$$

且

$$\frac{1}{|T^{(n)}|} \log_2 M < h_\infty + \varepsilon \tag{1-35}$$

证明　此为 AEP 的直接推论.

附注　本节的讨论对有根的 Cayley 树也成立, 其证明应比本节简单一些. 对于更强的以概率 1 的收敛性还没有得到证明, 但在第 7 章中我们将对特殊的马氏链场来证明强收敛性.

6.2　树上 PPG-不变随机场的熵率

本节讨论在保持奇偶性的自同构不变意义下随机场的遍历性、正则性和 AEP 的关系.

1. 更多的定义、概念和熵度量

在前面的章节曾提及对于可以二分的树, 其节点集合可以分割成两个等价的子集 EVENS 和 ODDS, 其中 $\alpha \sim \beta$, 若 $d(\alpha, \beta)$ 是偶数, 而 $d(\alpha, \beta)$ 是奇数, 仅当它们属于不同的子集时成立. 对任何有限子集 S, 记

$$e(S) = 1 - o(S) = \frac{|S \cap \text{EVENS}|}{|S|}$$

定义 2.1　设 PPG 是树图 T 上保持所有节点奇偶性不变的图自同构群, 称在 T 上的随机场为 PPG-不变的, 如果所有有限柱集的概率分布在任何 $\phi \in \text{PPG}$ 下都保持不变.

例 2.2 (PPG-不变随机场之例) 记 $|\mathcal{A}| = a$, 设 Q^{EO} 和 Q^{OE} 是两个 $a \times a$ 随机矩阵, π^E 和 π^O 是 $\mathcal{A}$ 上的两个概率分布, 满足

$$\pi^E(i)Q^{EO}(j|i) = \pi^O Q^{OE}(i|j), \quad i,j \in \mathcal{A}, \quad Q^{EO} \neq Q^{OE} \tag{2-1}$$

如第 3 章定义 1.6 中所示我们定义概率测度 $\mu_{Q^{EO},Q^{OE}}$ 如下: 用 π^E 定义 EVENS 上的分布, π^O 定义 ODDS 上的分布, Q^{EO} 为从 EVENS 节点到 ODDS 节点的转移概率, Q^{OE} 为从 ODDS 节点到 EVENS 节点的转移概率, 这样定义的测度事实上是奇偶马氏链, 特别地当 $Q^{EO} = Q^{OE}$ 时就变成马氏链场.

定义 2.3 记 $\phi(B) = \{\phi(\omega) : \omega \in B\}$, 称集合 $B \in \mathcal{B}_T$ 是 PPG-不变的, 如果 $\phi(B) = B$ 对任意 $\phi \in \text{PPG}$ 成立.

定义 2.4 称定义在 $\mathcal{A}^T$ 上的随机场是 PPG-遍历的, 如果对任何 PPG-不变子集 B 都有 $\mu(B)$ 等于 0 或 1.

下面我们定义一些新的熵度量, 先回忆经典的平均熵的定义

$$h_n = \frac{1}{|T^{(n)}|} H(X^{T^{(n)}})$$

其中

$$H(X^{T^{(n)}}) = - \sum_{\omega \in \mathcal{A}^{T^{(n)}}} P(X^{T^{(n)}} = \omega) \log P(X^{T^{(n)}} = \omega)$$

是随机场在 $\mathcal{A}^{T^{(n)}}$ 上的边际分布的熵, 为了区别对不同奇偶性的根点, 我们用 $h_n(E)$ 和 $h_n(O)$ 分别记根点为偶点和奇点时对应的平均熵. 以下定义从不同奇偶性的根点到不同奇偶层的子树对应的熵率, 包括偶-偶 (even-even)、偶-奇 (even-odd)、奇-奇 (odd-odd)、奇-偶 (odd-even) 熵率.

定义 2.5

$$h_\infty(EE) = \lim_{k \to \infty} h_{2k}(E) \tag{2-2}$$

$$h_\infty(EO) = \lim_{k \to \infty} h_{2k+1}(E) \tag{2-3}$$

$$h_\infty(OO) = \lim_{k \to \infty} h_{2k}(O) \tag{2-4}$$

$$h_\infty(OE) = \lim_{k \to \infty} h_{2k+1}(O) \tag{2-5}$$

如果对应的极限存在的话, 且这 4 个极限都相等, 它们的公共值就称为 **X** 的熵率 h_∞.

再回忆条件熵率, 设 L_n 是第 n 层的节点集, 平均条件熵定义为

$$h_n^L = \frac{1}{|L_n|} H(X^{L_n}|X^{T^{(n-1)}}) \tag{2-6}$$

定义 2.6 用 $h_n^L(E)$ 和 $h_n^L(O)$ 分别表示根点为偶点和奇点时对应的条件熵, 然后我们分别定义偶-偶 (even-even)、偶-奇 (even-odd)、奇-奇 (odd-odd)、奇-偶 (odd-even) 条件熵率如下:

$$h_\infty^L(EE) = \lim_{k\to\infty} h_{2k}^L(E) \tag{2-7}$$

$$h_\infty^L(EO) = \lim_{k\to\infty} h_{2k+1}^L(E) \tag{2-8}$$

$$h_\infty^L(OO) = \lim_{k\to\infty} h_{2k}^L(O) \tag{2-9}$$

$$h_\infty^L(OE) = \lim_{k\to\infty} h_{2k+1}^L(O) \tag{2-10}$$

如果对应的极限存在的话, 如果这 4 个极限都相等, 它们的公共值就称为 **X** 的条件熵率 h_∞^L.

以下我们来证明这些熵度量对于 PPG-不变随机场的存在性.

定理 2.7 对 PPG-不变随机场 $\mathbf{X} = \{X_\alpha, \alpha \in T\}$ 有

(i) 无论根点属于 EVENS 还是 ODDS, h_{2k}^L 和 h_{2k+1}^L 都随 k 增加而非增, 从而定义 2.6 中的 4 个极限都存在, 并且有以下关系

$$h_\infty^L(EE) = h_\infty^L(OE) \triangleq h^E \tag{2-11}$$

$$h_\infty^L(EO) = h_\infty^L(OO) \triangleq h^O \tag{2-12}$$

(ii) 从而定义 2.5 中的 4 个极限都存在, 并且有以下关系

$$h_\infty(EE) = h_\infty(OE) = \frac{2}{3}h^E + \frac{1}{3}h^O \tag{2-13}$$

$$h_\infty(EO) = h_\infty(OO) = \frac{1}{3}h^E + \frac{2}{3}h^O \tag{2-14}$$

把它们统一起来得

$$\lim_{n\to\infty}\{h_n - [e(T^{(n)})h^E + o(T^{(n)})h^O]\} = 0 \tag{2-15}$$

如果随机场是 G-不变的, 则 $h^E = h^O = h_\infty^L = h_\infty$.

证明　(i) 将 L_n 分解成 3 部分 $L_n = L_{n,1} \cup L_{n,2} \cup L_{n,3}$, 利用熵的链法则

$$H(X^{L_n}|X^{T^{(n-1)}})$$

$$= H(X^{L_{n,1}}|X^{T^{(n-1)}}) + H(X^{L_{n,2}}|X^{T^{(n-1)} \cup L_{n,1}}) + H(X^{L_{n,3}}|X^{T^{(n-1)} \cup L_{n,1} \cup L_{n,2}})$$

为简单清晰起见, 我们以 $n = 3$ 为例来证明

$$h_3^L(E) \leqslant h_2^L(O) \leqslant h_1^L(E) \tag{2-16}$$

$$h_3^L(O) \leqslant h_2^L(E) \leqslant h_1^L(O) \tag{2-17}$$

首先我们将

$$H(X^{L_3}|X^{T^{(2)}})$$

$$= H(X^{L_{3,1}}|X^{T^{(2)}}) + H(X^{L_{3,2}}|X^{T^{(2)} \cup L_{3,1}}) + H(X^{L_{3,3}}|X^{T^{(2)} \cup L_{3,1} \cup L_{3,2}})$$

$$= H(X_{3,1}, X_{3,2}|X^{T^{(2)}}) + H(X_{3,3}, X_{3,4}|X^{T^{(2)}}, X_{3,1}, X_{3,2})$$

$$\quad + H(X_{3,5}, X_{3,6}|X^{T^{(2)} \cup L_{3,1}}, X_{3,3}, X_{3,4}) + H(X_{3,7}, X_{3,8}|X^{T^{(2)} \cup L_{3,1}}, X_{3,5}, X_{3,6})$$

$$\quad + H(X_{3,9}, X_{3,10}|X^{T^{(2)} \cup L_{3,1} \cup L_{3,2}})$$

$$\quad + H(X_{3,11}, X_{3,12}|X^{T^{(2)} \cup L_{3,1} \cup L_{3,2}}, X_{3,9}, X_{3,10}) \tag{2-18}$$

利用去掉条件不减少熵的性质, 我们有

$$H(X_{3,1}, X_{3,2}|X^{T^{(2)}}) \leqslant H(X_{3,1}, X_{3,2}|X_{2,1}, X_{2,2}, X_{1,1}, X_0) \overset{(*)}{=} H(X^{L_{(1,1),2,1}}|X^{T_{(1,1)}^{(1)}})$$

此处和以后出现的等式 $(*)$ 成立是因为 PPG-不变性. 类似地有

$$H(X_{3,3}, X_{3,4}|X^{T^{(2)} \cup L_{3,1}}) \leqslant H(X^{L_{(1,1),2,2}}|X^{T_{(1,1)}^{(1)}})$$

$$\overset{(*)}{=} H(X^{L_{(1,1),2,1}}|X^{T_{(1,1)}^{(1)}})$$

继续类似地可得

$$H(X_{3,5}, X_{3,6}|X^{T^{(2)} \cup L_{3,1}}) \leqslant H(X^{L_{(1,2),2,1}}|X^{T_{(1,2)}^{(1)} \cup L_{(1,2),2,3}})$$

$$\overset{(*)}{=} H(X^{L_{(1,2),2,2}}|X^{T_{(1,2)}^{(1)} \cup L_{(1,2),2,1}}) \overset{(*)}{=} H(X^{L_{(1,1),2,2}}|X^{T_{(1,1)}^{(1)} \cup L_{(1,1),2,3}})$$

继续

$$H(X_{3,7}, X_{3,8}|X^{T^{(2)} \cup L_{3,1}} X_{3,5}, X_{3,6}) \leqslant H(X^{L_{(1,2),2,2}}|X^{T_{(1,2)}^{(1)} \cup L_{(1,2),2,1} \cup L_{(1,2),2,3}})$$

$$\stackrel{(*)}{=} H(X^{L_{(1,2),2,3}}|X^{T_{(1,2)}^{(1)}\cup L_{(1,2),2,1}\cup L_{(1,2),2,2}}) \stackrel{(*)}{=} H(X^{L_{(1,1),2,3}}|X^{T_{(1,1)}^{(1)}\cup L_{(1,1),2,1}\cup L_{(1,1),2,3}})$$

$$H(X_{3,9},X_{3,10}|X^{T^{(2)}\cup L_{3,1}\cup L_{3,2}}) \leqslant H(X^{L_{(1,3),2,1}}|X^{T_{(1,3)}^{(1)}\cup L_{(1,3),3,3}})$$

$$\stackrel{(*)}{=} H(X^{L_{(1,3),2,2}}|X^{T_{(1,3)}^{(1)}\cup L_{(1,3),2,1}}) \stackrel{(*)}{=} H(X^{L_{(1,1),2,2}}|X^{T_{(1,1)}^{(1)}\cup L_{(1,1),2,1}})$$

$$H(X_{3,11},X_{3,12}|X^{T^{(2)}\cup L_{3,1}\cup L_{3,2}},X_{3,9},X_{3,10})$$

$$\leqslant H(X^{L_{(1,3),2,2}}|X^{T_{(1,3)}^{(1)}\cup L_{(1,3),2,1}\cup L_{(1,3),2,3}})$$

$$\stackrel{(*)}{=} H(X^{L_{(1,3),2,3}}|X^{T_{(1,3)}^{(1)}\cup L_{(1,3),2,1}\cup L_{(1,3),2,3}})$$

$$\stackrel{(*)}{=} H(X^{L_{(1,1),2,3}}|X^{T_{(1,1)}^{(1)}\cup L_{(1,1),2,1}\cup L_{(1,1),2,2}})$$

因此

$$H(X^{L_3}|X^{T^{(2)}})$$

$$\leqslant 2[H(X^{L_{(1,1),2,1}}|X^{T_{(1,1)}^{(1)}}) + H(X^{L_{(1,1),2,2}}|X^{T_{(1,1)}^{(1)}\cup L_{(1,1),2,1}})$$

$$+ H(X^{L_{(1,3),2,3}}|X^{T_{(1,1)}^{(1)}\cup L_{(1,3),2,1}\cup L_{(1,3),2,2}})]$$

$$= 2H(X^{L_{(1,1),2}}|X^{T_{(1,1)}^{(1)}})$$

两边除以 $|L_3| = 2|L_{(1,1),2}|$, 得

$$h_3^L \leqslant \frac{1}{|L_{(1,1),2}|}H(X^{L_{(1,1),2}}|X^{T_{(1,1)}^{(1)}})$$

类似地可得

$$\frac{1}{|L_{(1,1),2}|}H(X^{L_{(1,1),2}}|X^{T_{(1,1)}^{(1)}}) \leqslant \frac{1}{|L_{(2,1),1}|}H(X^{L_{(2,1),1}}|X_{(2,1)})$$

$$\stackrel{(*)}{=} \frac{1}{|L_1|}H(X^{L_1}|X_0)$$

以上的讨论与根点的奇偶性无关, 然而因为节点 $0 \sim (2,1)$ 与 $(1,1)$ 奇偶性不同, 我们就得 (2-16) 式. 利用类似的讨论我们可得

$$H(X^{L_n}|X^{T^{(n-1)}}) \leqslant 2[H(X^{L_{(1,1),n-1,1}}|X^{T_{(1,1)}^{(n-2)}})]$$

$$\leqslant 4H(X^{L_{(2,1),n-2}}|X^{T_{(2,1)}^{(n-3)}}) \stackrel{(*)}{=} 4H(X^{L_{n-2}}|X^{T^{(n-3)}})$$

$$\leqslant 8H(X^{L_{(3,1),n-3}}|X^{T_{(3,1)}^{(n-4)}}) \stackrel{(*)}{=} 8H(X^{L_{(1,1),n-3}}|X^{T_{(1,1)}^{(n-4)}})$$

将两边同除以 $|L_n|$, 再根据奇偶性可得

$$h_{2k}^L(E) \leqslant h_{2k-1}^L(O) \leqslant h_{2k-2}^L(E) \leqslant h_{2k-3}^L(O) \tag{2-19}$$

$$h_{2k+1}^L(E) \leqslant h_{2k}^L(O) \leqslant h_{2k-1}^L(E) \leqslant h_{2k-2}^L(O) \tag{2-20}$$

于是我们证明了平均条件熵的单调性, 加上它们显然的非负性就证明了定义中 4 个极限的存在性, 将上两式取极限就得

$$h_\infty^L(EE) \leqslant h_\infty^L(OE) \leqslant h_\infty^L(EE) \leqslant h_v^L(OE) \tag{2-21}$$

$$h_\infty^L(EO) \leqslant h_\infty^L(OO) \leqslant h_\infty^L(EO) \leqslant h_\infty^L(OO) \tag{2-22}$$

我们可以看到 (2-11), (2-12) 式中的两个可能不同的极限.

(ii) 我们首先证明两个引理.

引理 2.8 假设数列 $\{b_n\}_1^\infty$ 是非负非增的, 且 $\lim_{n\to\infty} b_n = b$, 设

$$a_{n,l} \geqslant 0, \quad l = 0, 1, 2, \cdots, \quad n = 1, 2, \cdots$$

$$a_{n,l-1} \leqslant a_{n,l}, \quad 对所有 n, l 成立, 且 \sum_{l=1}^n a_{n,l} = 1$$

设 $S_n = a_{n,0}b_0 + \cdots + a_{n,n}b_n$, 则

$$\lim_{n\to\infty} S_n = b$$

证明 此证明是将第 5 章引理 1.8 的证明做适当修改而来的, 因为 $\lim_{n\to\infty} b_n = b$, 则对任意 $\varepsilon > 0$, 存在 N, 使得对任意 $n > N$ 有

$$|b_n - b| < \varepsilon$$

对这个固定的 N,

$$S_{N+k} = a_{n+k,0}b_0 + \cdots + a_{N+k,N}b_N + a_{N+k,N}b_{N+1}$$

$$+ \cdots + a_{N+k,N+k}b_{N+k}$$

从而

$$|S_{N+k} - b| \leqslant |a_{n+k,0}(b_0 - b)| + \cdots + |a_{N+k,N}(b_N - b)|$$

$$+(a_{N+k,N}b_{N+1}+\cdots+a_{N+k,N+k})\varepsilon$$

$$\leqslant N\max_{0\leqslant l\leqslant N}|a_{N+k,l}(b_l-b)|+\varepsilon$$

$$\overset{(**)}{\leqslant}\frac{N}{k+1}\max_{0\leqslant l\leqslant N}|(b_l-b)|+\varepsilon$$

其中 $(**)$ 成立是因为

$$\max_{0\leqslant l\leqslant N}|a_{N+k,l}=a_{N+k,N}|\leqslant\frac{1}{k+1}$$

否则的话

$$\sum_{l=0}^{N+k}a_{N+k,l}>(k+1)\cdot\frac{1}{k+1}=1$$

与假设矛盾. 令 $k\to\infty$, 得到 $\lim_{n\to\infty}|S_n-b|\leqslant\varepsilon$, 由 ε 的任意性就证明了引理.

引理 2.9　设 $\{b_{2k}\}_0^\infty,\{b_{2k+1}\}_0^\infty$ 为两列非负非增数列满足

$$\lim_{k\to\infty}b_{2k}=b^{(1)},\quad\lim_{k\to\infty}b_{2k+1}=b^{(2)}$$

又设数列 $\{a_{n,l}\}$ 同引理 2.8, 并且

$$\lim_{k\to\infty}\sum_{l=0}^k a_{2k,2l}=p^{(1)}$$

$$\lim_{k\to\infty}\sum_{l=0}^k a_{2k,2l-1}=p^{(2)}$$

其中 $p^{(1)}+p^{(2)}=1$, 则

$$\lim_{k\to\infty}S_{2k}=p^{(1)}b^{(1)}+p^{(2)}b^{(2)}$$

类似地, 如果

$$\lim_{k\to\infty}\sum_{l=0}^k a_{2k+1,2l}=q^{(1)}$$

$$\lim_{k\to\infty}\sum_{l=0}^k a_{2k+1,2l+1}=q^{(2)}$$

其中 $q^{(1)}+q^{(2)}=1$, 则

$$\lim_{k\to\infty}S_{2k+1}=q^{(1)}b^{(1)}+q^{(2)}b^{(2)}$$

证明 这是引理 2.8 的直接推论.

现在来证明 (ii), 再一次利用熵的链法则

$$H(X^{T^{(n)}}) = H(X_0) + H(X^{L_1}|X_0) + H(X^{L_2}|X^{T^{(1)}}) + \cdots + H(X^{L_n}|X^{T^{(n-1)}})$$

我们取 $n = 2k$, 就得

$$
\begin{aligned}
h_{2k} &= \frac{1}{|T^{(2k)}|} H(X^{T^{(2k)}}) = \frac{1}{3 \cdot 2^{2k} - 2} H(X^{T^{(n)}}) \\
&= \frac{1}{3 \cdot 2^{2k} - 2} H(X_0) + \frac{6}{3 \cdot 2^{2k} - 2} \cdot \frac{1}{6} H(X^{L_2}|X^{T^{(1)}}) \\
&\quad + \cdots + \frac{3 \cdot 2^{2k-1}}{3 \cdot 2^{2k} - 2} \frac{1}{3 \cdot 2^{2k-1}} H(X^{L_{2k}}|X^{T^{(2k-1)}}) \\
&\quad + \frac{3}{3 \cdot 2^{2k} - 2} \frac{1}{3} H(X^{L_1}|X_0) + \frac{3 \cdot 2^2}{3 \cdot 2^{2k} - 2} \frac{1}{3 \cdot 2^2} H(X^{L_3}|X^{T^{(2)}}) \\
&\quad + \cdots + \frac{3 \cdot 2^{2k-2}}{3 \cdot 2^{2k} - 2} \frac{1}{3 \cdot 2^{2k-2}} H(X^{L_{2k-1}}|X^{T^{(2k-2)}}) \\
&\overset{\triangle}{=} \alpha_{2k,0}\beta_0 + \alpha_{2k,2}\beta_2 + \cdots + \alpha_{2k,2k}\beta_{2k} \\
&\quad + \alpha_{2k,1}\beta_1 + \alpha_{2k,3}\beta_3 + \cdots + \alpha_{2k,2k-1}\beta_{2k-1}
\end{aligned}
\tag{2-23}
$$

对于 $n = 2k+1$, 我们有类似的分解, 注意这里新定义的 $\{\alpha_{n,j}, j = 0, 1, \cdots, n; n = 1, 2, \cdots\}$ 和 $\{\beta_j, j = 0, 1, \cdots\}$ 满足引理 2.8 的条件, 只需把 $a_{n,j}$ 和 b_j 分别换成 $\alpha_{n,j}$ 和 β_j 即可, 同时注意到

$$\lim_{n \to \infty} e(T^{(n)}) = \begin{cases} \dfrac{2}{3}, & \text{根点属于 EVENS 且 } n \text{ 是偶数} \\ \dfrac{1}{3}, & \text{其他} \end{cases}$$

$$\lim_{n \to \infty} o(T^{(n)}) = \begin{cases} \dfrac{2}{3}, & \text{根点属于 ODDS 且 } n \text{ 是偶数} \\ \dfrac{1}{3}, & \text{其他} \end{cases}$$

利用引理就可完成证明.

附注 定理 2.7 可以用到 OEMC 场合, 但是下面我们给出一个直接证明. 根据第 3 章定义 1.6 给定两个转移概率矩阵 Q^{EO} 和 Q^{OE} 和两个分布 π^E 和 π^O 满足第 3 章定义 1.6 的条件, 对于定义在 Bethe 树上的一个 OEMC $\mathbf{X} = \{X_\alpha, \alpha \in T\}$,

假设根点属于 EVENS, 那么有限子树 $T^{(2k)}$ 的边际分布为

$$P(X^{T^{(2k)}} = x^{T^{(2k)}}) = \pi^E(x_0) \prod_{i=1}^{3} Q^{EO}(x_{1,i}|x_0) \prod_{i=1}^{3} \prod_{j=2^{i-1}+1}^{3 \cdot 2^i - 1} Q^{OE}(x_{2,j}|x_{1,j})$$

$$\cdots \prod_{i=1}^{3 \cdot 2^{2k-2}} \prod_{j=2^{i-1}+1}^{3 \cdot 2^i - 1} Q^{OE}(x_{2k,j}|x_{2k-1,j}) \tag{2-24}$$

由此得到熵

$$H(X^{T^{(2k)}}) = -\sum P(x^{T^{(2k)}}) \log P(x^{T^{(2k)}})$$
$$= H(X_0) + [e(T^{(2k)}) - 1]H(Q^{OE}(\cdot|\cdot)) + o(T^{(2k)})H(Q^{EO}(\cdot|\cdot)) \tag{2-25}$$

其中

$$H(Q^{EO}(\cdot|\cdot)) = -\sum_{x_i=1}^{a} \sum_{x_j=1}^{a} Q^{EO}(x_j|x_i) \log Q^{EO}(x_j|x_i)$$

$$H(Q^{OE}(\cdot|\cdot)) = -\sum_{x_i=1}^{a} \sum_{x_j=1}^{a} Q^{OE}(x_j|x_i) \log Q^{OE}(x_j|x_i) \tag{2-26}$$

(2-25) 两边同除以 $|T^{(2k)}|$, 然后令 $k \to \infty$, 就得

$$h_\infty(OE) = h_\infty(EE)$$

$$h_\infty(EO) = h_\infty(OO) = \frac{1}{3}H(Q^{OE}(\cdot|\cdot)) + \frac{2}{3}H(Q^{EO}(\cdot|\cdot)) \tag{2-27}$$

特别地对马氏链场, $Q^{EO} = Q^{OE} \triangleq Q, \pi^E = \pi^O \triangleq \pi$, 熵率的定义类似 Q^{EO} 和 Q^{OE}, 即

$$h_\infty = h_\infty^L = H(Q(\cdot|\cdot)) \tag{2-28}$$

这就是前面已经得到的关于马氏链场的结果. 为了证明主要的定理, 我们还需要一些熵度量.

定义 2.10   将树 T 的第 n 层 L_n 分解为 $L_n = L_{n,1} \cup L_{n,2} \cup L_{n,3}$, 对应地 $X^{L_n} = (X^{L_{n,1}}, X^{L_{n,2}}, X^{L_{n,3}})$, 定义条件熵率

$$\tilde{h}_n^L = \frac{1}{|L_{n,1} \cup L_{n,2}|} H(X^{L_{n,1} \cup L_{n,2}}|X^{T^{(n-1)} \cup L_{n,3}}) \tag{2-29}$$

用 $\tilde{h}_n^L(E)$ 和 $\tilde{h}_n^L(O)$ 分别表示根点为 EVENS 和 ODDS 对应的条件熵, 定义

$$\tilde{h}_\infty^L(EE) = \lim_{k\to\infty} \tilde{h}_{2k}^L(E)$$

$$\tilde{h}_\infty^L(EO) = \lim_{k\to\infty} \tilde{h}_{2k+1}^L(E)$$

$$\tilde{h}_\infty^L(OO) = \lim_{k\to\infty} \tilde{h}_{2k}^L(O)$$

$$\tilde{h}_\infty^L(OE) = \lim_{k\to\infty} \tilde{h}_{2k+1}^L(O) \tag{2-30}$$

如果极限存在的话.

我们可以类似地对随机场 X^{T_α} 定义相应的熵度量, 我们还需要条件熵

$$H(X^{L_{\gamma,1,1}\cup L_{\gamma,1,2}}|X^{T_\gamma^{(n-1)}\cup L_{\gamma,1,3}})$$

我们有以下定理.

定理 2.11 对一个 PPG-不变随机场 $\mathbf{X} = \{X_\gamma, \gamma \in T\}$, $\tilde{h}_{2k}^L(E), \tilde{h}_{2k+1}^L(E)$, $\tilde{h}_{2k}^L(O), \tilde{h}_{2k+1}^L(O)$ 随 k 增加而非增, 因此定义 2.5 中的四个极限都存在, 且

$$\tilde{h}_\infty^L(EE) = \tilde{h}_\infty^L(OE) = h^E$$

$$\tilde{h}_\infty^L(EO) = \tilde{h}_\infty^L(OO) = h^O \tag{2-31}$$

证明 先证明 $\tilde{h}_2^L(E) \leqslant \tilde{h}_1^L(O)$ 和 $\tilde{h}_2^L(O) \leqslant \tilde{h}_1^L(E)$, 参考图 6.1.1(a), 我们有

$$\tilde{h}_2^L = \frac{1}{4}H(X^{L_{2,1}\cup L_{2,2}}|X^{T^{(1)}\cup L_{2,3}})$$

$$= \frac{1}{4}[H(X_{2,1}, X_{2,2}|X^{T^{(1)}}, X_{2,5}, X_{2,6})$$

$$+ H(X_{2,3}, X_{2,4}|X^{T^{(1)}}, X_{2,1}, X_{2,2}, X_{2,5}, X_{2,6})]$$

$$\leqslant \frac{1}{4}[H(X_{2,1}, X_{2,2}|X_0, X_{1,1}) + H(X_{2,3}, X_{2,4}|X_0, X_{1,2})]$$

$$= \frac{1}{4} \cdot 2 \cdot H(X^{L_{(1,1),1,1}\cup L_{(1,1),1,2}}|X^{T_{(1,1)}^{(0)}\cup L_{(1,1),1,3}}) \tag{2-32}$$

上述不等式对根点属于 EVENS 或 ODDS 时都成立, 更一般地有

$$\tilde{h}_n^L = \frac{1}{|L_{n,1}\cup L_{n,2}|}H(X^{L_{n,1}\cup L_{n,2}}|X^{T^{(n-1)}\cup L_{n,3}})$$

$$= \frac{1}{2^n}[H(X^{L_{n,1}}|X^{T^{(n-1)}\cup L_{n,3}}) + H(X^{L_{n,3}}|X^{T^{(n-1)}\cup L_{n,3}\cup L_{n,1}})]$$

$$\leqslant \frac{1}{2^n}[H(X^{L_{(1,1),n-1,1}\cup L_{(1,1),n-1,2}}|X^{T_{(1,1)}^{(n-2)}\cup L_{(1,1),n-1,3}})$$

$$+H(X^{L_{(1,2),n-1,1}\cup L_{(1,2),n-1,2}}|X^{T_{(1,2)}^{(n-2)}\cup L_{(1,2),n-1,3}})]$$

$$\overset{(*)}{=}\frac{1}{2^n}\cdot 2\cdot H(X^{L_{(1,1),n-1,1}\cup L_{(1,1),n-1,2}}|X^{T_{(1,1)}^{(n-2)}\cup L_{(1,1),n-1,3}}) \tag{2-33}$$

其中 $(*)$ 成立是因为 PPG-不变性, 我们可以类似证明根点属于 EVENS 或 OODS, 以及 n 分别是奇数或偶数时对应的熵不等式

$$\tilde{h}_{2k}^L(E)\leqslant \tilde{h}_{2k-1}^L(O)\leqslant \tilde{h}_{2k-2}^L(E)\leqslant \tilde{h}_{2k-3}^L(O)$$

$$\tilde{h}_{2k+1}^L(E)\leqslant \tilde{h}_{2k}^L(O)\leqslant \tilde{h}_{2k-1}^L(E)\leqslant \tilde{h}_{2k-2}^L(O) \tag{2-34}$$

以上证明的非增性加上显然的非负性就证明了 4 个极限的存在性, 进而由上述不等式我们还可以得到

$$\tilde{h}_{\infty}^L(EE)=\tilde{h}_{\infty}^L(OE)$$

$$\tilde{h}_{\infty}^L(OO)=\tilde{h}_{\infty}^L(EO) \tag{2-35}$$

下面我们来证明这两个极限分别和 h^E 与 h^O 相等.

$$h_n^L=\frac{1}{|L_n|}H(X^{T^{(n-1)}})$$

$$=\frac{1}{3\cdot 2^n}[H(X^{L_{n,3}}|X^{T^{(n-1)}})+H(X^{L_{n,1}\cup L_{n,2}}|X^{T^{(n-1)}\cup L_{n,3}})]$$

$$\leqslant \frac{1}{2^n+2^{n-1}}[H(X^{L_{(1,3),n-1,1}\cup L_{(1,3),n-1,2}}|X^{T_{(1,3)}^{(n-2)}\cup L_{(1,3),n-1,3}})$$

$$+H(X^{L_{n,1}\cup L_{n,2}}|X^{T^{(n-1)}\cup L_{n,3}})]$$

我们有

$$h_{2k}^L(E)\leqslant \frac{1}{2^{2k}+2^{2k-1}}[2^{2k-1}\tilde{h}_{2k-1}^L(O)+2^{2k}\tilde{h}_{2k}^L(E)]$$

$$h_{2k}^L(O)\leqslant \frac{1}{2^{2k}+2^{2k-1}}[2^{2k-1}\tilde{h}_{2k-1}^L(E)+2^{2k}\tilde{h}_{2k}^L(O)]$$

(特别地当 $n=3$ 时可参见图 6.1.1(b)), 因为 (2-35), 当 $k\to\infty$ 时, $h_{2k}^L(E)\to h^E, h_{2k}^L(O)\to h^O$, 所以我们得

$$h^E\leqslant \tilde{h}_{\infty}^L(EE)$$

$$h^O\leqslant \tilde{h}_{\infty}^L(OO) \tag{2-36}$$

以下证明反向不等式

$$2 \cdot 2^n \tilde{h}_n^L$$

$$\overset{(*)}{=} H(X^{L_{n,1} \cup L_{n,2}} | X^{T^{(n-1)} \cup L_{n,3}}) + H(X^{L_{n,1} \cup L_{n,3}} | X^{T^{(n-1)} \cup L_{n,2}})$$

$$= H(X^{L_{n,1} \cup L_{n,2}} | X^{T^{(n-1)} \cup L_{n,3}}) + H(X^{L_{n,1}} | X^{T^{(n-1)} \cup L_{n,2}})$$

$$\quad + H(X^{L_{n,1} \cup L_{n,3}} | X^{T^{(n-1)} \cup L_{n,1} \cup L_{n,2}})$$

$$\leqslant H(X^{L_{n,1} \cup L_{n,2}} | X^{T^{(n-1)} \cup L_{n,3}}) + H(X^{L_{n,3}} | X^{T^{(n-1)} \cup L_{n1} \cup L_{n,2}})$$

$$\quad + H(X^{L_{(1,1),n-1,1} \cup L_{(1,1),n-1,2}} | X^{T^{(n-1)}_{(1,1)} \cup L_{(1,1),n-1,1}})$$

$$\overset{(*)}{=} H(X^{L_n} | X^{T^{(n-1)}}) + H(X^{L_{(1,1),n-1,1} \cup L_{(1,1),n-1,2}} | X^{T^{(n-1)}_{(1,1)} \cup L_{(1,1),n-1,1}})$$

$$= 3 \cdot 2^{n-1} h_n^L + H(X^{L_{(1,1),n-1,1} \cup L_{(1,1),n-1,2}} | X^{T^{(n-1)}_{(1,1)} \cup L_{(1,1),n-1,1}})$$

其中 $(*)$ 成立是因为 PPG-不变性, 所以

$$\tilde{h}_{2k}^L(E) - \frac{2^{2k-1}}{2^{2k+1}} \tilde{h}_{2k-1}^L(O) \leqslant \frac{3 \cdot 2^{2k-1}}{2^{2k+1}} \tilde{h}_{2k}^L(E)$$

$$\tilde{h}_{2k}^L(O) - \frac{2^{2k-1}}{2^{2k+1}} \tilde{h}_{2k-1}^L(E) \leqslant \frac{3 \cdot 2^{2k-1}}{2^{2k+1}} \tilde{h}_{2k}^L(O)$$

(特别当 $n = 3$ 时可参见图 6.1.1(b), (c)), 由于 (2-30), $h_{2k}^L(E) \to h^E, h_{2k}^L(O) \to h^O$, 令 $k \to \infty$ 得

$$\tilde{h}_\infty^L(EE) - \frac{1}{4} \tilde{h}_\infty^L(OE) \leqslant \frac{3}{4} h^E$$

$$\tilde{h}_\infty^L(OO) - \frac{1}{4} \tilde{h}_\infty^L(EO) \leqslant \frac{3}{4} h^O$$

再次利用 (2-35) 就得

$$\tilde{h}_\infty^L(EE) \leqslant h^E$$

$$\tilde{h}_\infty^L(OO) \leqslant h^O$$

综上可得结论

$$\tilde{h}_\infty^L(EE) = h^E$$

$$\tilde{h}_\infty^L(OO) = h^O$$

连同 (2-36) 就证明了定理.

6.3 树上 PPG-不变随机场的熵定理

Pemantle[74] 研究了定义在 Bethe 树上的动力系统的遍历性问题, 并发现了和 Z^d 上随机场不同的性质, 他证明了 PPG-遍历性等价于混合性 (mixing property), 还隐含下面两个引理.

引理 3.1 (Birkhoff 平均极限定理) 设 μ 是 Ω 上的一个遍历 PPG-不变概率测度, $\phi_1, \phi_2, \cdots$ 是 PPG 中一列变换, 满足对任何 $\alpha \in T$, $d(\phi_i \alpha, \phi_j \alpha) \geqslant |i - j|$. 设 $f : \Omega \to R$ 为任意有界可测函数. 设

$$f^{(k)} = \frac{1}{k} \sum_{j=1}^{k} f \circ \phi_j$$

那么 $f^{(k)} \to E_\mu f$ 以概率收敛意义下成立.

证明 见 Pemantle[74] 系 9.

引理 3.2 设 μ 是 Ω 上的一个遍历 PPG-不变概率测度, S 是一个有限节点子集, $I\{D\}$ 为集合 D 的示性函数, 设 α, β 是分别属于 EVENS 和 ODDS 的任何节点, 则

(i) 设 D 是 Ω 的任何 Borel 子集, 对任意 $\varepsilon > 0$, 存在 $N(\varepsilon)$ 使得对任何有限子集 $S \subset T$, $|S| \geqslant N(\varepsilon)$, 那么至少以概率 $1 - \varepsilon$ 有

$$\left| \frac{1}{|S|} \sum_{s \in S} I\{X^{T_s} \in D\} - [e(S)P_\mu(X^{T_\alpha} \in D) + o(S)P_\mu(X^{T_\beta} \in D)] \right| < \varepsilon$$

(ii) 对任何 $t = 1, 2, \cdots$, 设 D_t 为 Ω_t 的任意 Borel 子集, 对任意 $\varepsilon > 0$, 存在 $N_t(\varepsilon)$ 使得对任何有限子集 $S \subset T$, $|S| \geqslant N(\varepsilon)$, 那么至少以概率 $1 - \varepsilon$ 有

$$\left| \frac{1}{|S|} \sum_{s \in S} I\{X^{T_s^{(t)}} \in D_t\} - [e(S)P_\mu(X^{T_\alpha} \in D_t) + o(S)P_\mu(X^{T_\beta^{(t)}} \in D_t)] \right| < \varepsilon$$

证明 (i) 和 (ii) 都是引理 3.1 的推论.

附注 这就是上一节中正则性在 PPG-不变随机场下的表现, 而弱大数律就是该引理在 $t = 0$ 时的特例. 特别当 $S = T^{(n)}$ 时在下文中将起重要作用.

设 $\mathcal{A}^T$ 是组态空间, $\mathcal{B}^T$ 是包含 $\mathcal{A}^T$ 的所有有限柱集的最小 σ-域, μ 是 $\mathcal{B}^T$ 上的概率测度, 设 $\mathbf{X} = \{X_\gamma, \gamma \in T\}$ 是随机场, 满足 $P(\mathbf{X} \in G) = \mu(G)$ 对任意 $G \in \mathcal{B}^T$ 成立.

假设 F 是 $\mathcal{A}^{T^{(n)}}$ 的子集, $|F|$ 是该集合中组态的个数, $\mu(F)$ 是 $\mathcal{A}^{T^{(n)}}$ 中以 F 为基底的柱集的 μ-测度, 定义

$$g_n(\omega) = \begin{cases} -\dfrac{1}{|T^{(n)}|} \log P(X^{T^{(n)}} = \omega^{T^{(n)}}), & \mu(\omega^{T^{(n)}}) > 0 \\ 0, & \text{其他} \end{cases}$$

定理 3.3 (PPG-AEP)　μ 是定义在 Bethe 树 T 上的 PPG-不变并遍历随机场, 对任意 $\varepsilon > 0$, 存在 $N_t(\varepsilon)$ 使得对任何 $n \geqslant N_t(\varepsilon)$, 至少以概率 $1 - \varepsilon$ 有

$$|g_n(\omega) - [e(S)h^E + o(S)h^O]| \leqslant \varepsilon \tag{3-1}$$

附注　这个定理可以按照根点的奇偶性和子树层数的奇偶性表示成更具体的形式.

$$\lim_{k \to \infty} g_{2k}(\omega) = \begin{cases} \dfrac{2}{3}h^E + \dfrac{1}{3}h^O, & \text{根点 } 0 \in \text{EVENS} \\ \dfrac{1}{3}h^E + \dfrac{2}{3}h^O, & \text{根点 } 0 \in \text{ODDS} \end{cases} \tag{3-2}$$

$$\lim_{k \to \infty} g_{2k+1}(\omega) = \begin{cases} \dfrac{1}{3}h^E + \dfrac{2}{3}h^O, & \text{根点 } 0 \in \text{EVENS} \\ \dfrac{2}{3}h^E + \dfrac{1}{3}h^O, & \text{根点 } 0 \in \text{ODDS} \end{cases} \tag{3-3}$$

其中所有收敛都是以概率收敛.

证明　本定理是以下三个引理的推论.

引理 3.4　对任给的 $\varepsilon > 0$, 当 n 充分大时, 存在一个子集 $B_n \in \mathcal{A}^{T^{(n)}}$ 使得

$$|B_n| < 2^{|T^{(n)}|[e(T^{(n)})h^E + o(T^{(n)})h^O + \varepsilon]} \tag{3-4}$$

$$\mu(B_n) > 1 - \varepsilon \tag{3-5}$$

引理 3.5　对任给的 $\varepsilon > 0$, 当 n 充分大时有

$$P\{g_n < e(T^{(n)})h^E + o(T^{(n)})h^O + \varepsilon\} > 1 - \varepsilon \tag{3-6}$$

引理 3.6　对任给的 $\varepsilon > 0$, 当 n 充分大时有

$$P\{g_n < e(T^{(n)})h^E + o(T^{(n)})h^O - \varepsilon\} < 4\varepsilon \log a \tag{3-7}$$

引理 3.4 的证明　因为 $\tilde{h}_{2k}^L(E) \to h^E$, $\tilde{h}_{2k}^L(O) \to h^O$, 为证明 (3-4), (3-5) 我们只需证明对任给定的正值偶数 t 和充分大的 n, 存在一个子集 $B_{n+t} \in \mathcal{A}^{T^{(n+t)}}$ 使得

$$|B_{n+t}| < 2^{|T^{(n+t)}|[e(T^{(n)})\tilde{h}_t^L(E) + o(T^{(n)})\tilde{h}_t^L(O) + \varepsilon/2]} \tag{3-8}$$

$$\mu(B_{n+t}) > 1 - \varepsilon \tag{3-9}$$

在此证明中我们始终记根点为 0, 设 $\alpha \in \text{EVENS}$, $\beta \in \text{ODDS}$, t 是一个偶整数, 记 $|\mathcal{A}^{T^{(t)}}| = a'$, 将这 a' 个组态作一个任意的排序, 记 ω_i 是第 i 个组态, 定义

$$\mu(\omega_i) = \begin{cases} \mu^E(\omega_i) = P(X^{T_\alpha^{(t)}} = \omega_i), & 0 \in \text{EVENS} \\ \mu^O(\omega_i) = P(X^{T_\beta^{(t)}} = \omega_i), & 0 \in \text{ODDS} \end{cases}$$

$$\nu(\omega_i) = \begin{cases} \nu^E(\omega_i) = P(X^{L_{\alpha,t,1} \cup L_{\alpha,t,2}} = \omega_i^{L_{\alpha,t,1} \cup L_{\alpha,t,2}} | X^{T_\alpha^{(t-1)} \cup L_{\alpha,t,3}} = \omega_i^{T^{(t-1)} \cup L_{\alpha,t,3}}), \\ \qquad 0 \in \text{EVENS} \\ \nu^O(\omega_i) = P(X^{L_{\beta,t,1} \cup L_{\beta,t,2}} = \omega_i^{L_{t,1} \cup L_{t,2}} | X^{T_\beta^{(t-1)} \cup L_{\beta,t,3}} = \omega_i^{T^{(t-1)} \cup L_{t,3}}), \\ \qquad 0 \in \text{ODDS} \end{cases}$$

而特别地,

当 $P\{X^{T_\alpha^{(t)}} = \omega_i\} = 0$ 时 $\nu(\omega_i) = 0$;

当 $P\{X^{T_\beta^{(t)}} = \omega_i\} = 0$ 时 $\nu(\omega_i) = 0$.

对 n, t, 定义随机向量

$$N_{n+t}(\mathbf{X}) = (N_{n+t}(\mathbf{X}; 1), N_{n+t}(\mathbf{X}; 2), \cdots, N_{n+t}(\mathbf{X}; a')) \tag{3-10}$$

其中 $i = 1, 2, \cdots, a'$, $N_{n+t}(\mathbf{X}; i)$ 表示组态等于 ω_i 的频率, 即 $\dfrac{1}{|T^{(n)}|}$ 乘以组态 $X^{T_\gamma^{(t)}} = \omega_i$ 的节点 γ 的数目, 那么由引理 3.2, 对任给的 $\varepsilon > 0$, 存在 $N(\varepsilon)$ 使得当 $n > N(\varepsilon)$ 时至少以概率 $1 - \varepsilon$ 有

$$|N_{n+t}(\mathbf{X}; i) - [e(T^{(n)})P_\mu(X^{T_\alpha^{(t)}} = \omega_i) + o(T^{(n)})P_\mu(X^{T_\beta^{(t)}} = \omega_i)]| < \varepsilon$$

由此知对充分大的 n, 存在集合 $B_{n+t} \subset \mathcal{A}^{T^{(n+t)}}$ 使得

$$\mu(B_{n+t}) > 1 - \varepsilon$$

任何组态 $u_0 \overset{\triangle}{=} u_0^{T^{(n+t)}} \in B_{n+t}$ 满足

$$|N_{n+t}(u_0; i) - [e(T^{(n)})P_\mu(X^{T_\alpha^{(t)}} = \omega_i) + o(T^{(n)})P_\mu(X^{T_\beta^{(t)}} = \omega_i)]| < \varepsilon$$

其中 $N_{n+t}(u_0; i)$ 的含义类似 $N_{n+t}(\mathbf{X}; i)$. 下面来证 (3-8) 对充分小的 ε 和充分大的 n 成立. 定义一个马氏场 $\mathbf{Y} = \{Y_\gamma, \gamma \in T\}$, 其分布服从

$$P(Y^{(n+t)} = \omega^{(n+t)})$$

$$= P_Y(\omega^{T^{(t)}}) P_Y(\omega^{L_{t+1}} | \omega^{T^{(t)}}) \cdots P_Y(\omega^{L_{t+n}} | \omega^{T^{(t+n-1)}})$$

$$= P_Y(\omega^{T^{(t-1)} \cup L_{t,3}}) P_Y(\omega^{L_{t,1} \cup L_{t,2}} | \omega^{T^{(t-1)}_{(k,j)}})$$

$$\times \prod_{k=1}^{n} \prod_{j=1}^{} 3 \cdot 2^k - 1 P_V(\omega^{L_{(k,j),t,1} \cup L_{(k,j),t,2}} | \omega^{T^{(t-1)}_{(k,j)} \cup L_{(k,j),t,3}})$$

如果我们对 $\mathbf{Y}$ 在 $T^{(t-1)} \cup L_{t,3}$ 上的组态给予初始分布

$$P(Y^{T^{(t-1)} \cup L_{t,3}})$$

$$= \begin{cases} P_\mu(X^{T^{(t)}_\alpha \cup L_{\alpha,t,3}} = \omega_l^{T^{(t)}_\alpha \cup L_{\alpha,t,3}}) \triangleq \mu^E(\omega_l^{T^{(t)}_\alpha \cup L_{\alpha,t,3}}), & 0 \in \text{EVENS} \\ P_\mu(X^{T^{(t)}_\beta \cup L_{\beta,t,3}} = \omega_l^{T^{(t)}_\beta \cup L_{\beta,t,3}}) \triangleq \mu^O(\omega_l^{T^{(t)}_\beta \cup L_{\alpha,t,3}}), & 0 \in \text{ODDS} \\ l = 1,2,\cdots,|T^{(t-i)} \cup L_{t,3}| \end{cases}$$

令

$$P_Y(\omega^{L_{\gamma,t,1} \cup L_{\gamma,t,2}} | \omega^{T^{(t-1)}_\gamma \cup L_{\gamma,t,3}}) = \begin{cases} \nu^E(\omega_i), & \gamma \in \text{EVENS} \\ \nu^O(\omega_i), & \gamma \in \text{ODDS} \end{cases} \tag{3-11}$$

那么对所有 $\gamma \in T$, $\mathbf{Y}$ 是 $\mathbf{X}$ 的马氏逼近, 从而

$$P(Y^{(n+t)} = u_0) = \mu(u_0^{T^{(t-1)} \cup L_{t,3}}) \cdot \prod_{\gamma \in T^{(n)}} \mu(u_0^{L_{\gamma,t,1} \cup L_{\gamma,t,2}} | u_0^{T^{(t-1)}_\gamma \cup L_{\gamma,t,3}})$$

$$= \mu(u_0^{T^{(t-1)} \cup L_{t,3}}) \prod_{i=1}^{a'} \nu^E(\omega_i)^{u_0^{T^{(t)}_\alpha} = \omega_i\text{的 }\alpha\text{ 的数目}}$$

$$\cdot \nu^O(\omega_i)^{u_0^{T^{(t)}_\beta} = \omega_i\text{的 }\beta\text{ 的数目}}$$

$$\overset{(**)}{>} \mu(u_0^{T^{(t-1)} \cup L_{t,3}}) \prod_{i=1}^{a'} \nu^E(\omega_i)^{|T^{(n)}|e(T^{(n)})(1+\varepsilon)\mu^E(\omega_i)}$$

$$\cdot \nu^O(\omega_i)^{|T^{(n)}|o(T^{(n)})(1+\varepsilon)\mu^O(\omega_i)} \tag{3-12}$$

其中 $(**)$ 成立是因为引理 3.2, 对所有 $u_0 \in B_{n+t}$ 取和就得

$$1 \geqslant \sum_{u_0 \in B_{n|t}} P(Y^{(n+t)} = u_0)$$

$$> \sum_{u_0 \in B_{n+t}} \mu(u_0^{T^{(t-1)} \cup L_{t,3}}) \exp_2\left\{ \prod_{i=1}^{a'} \nu^E(\omega_i)^{|T^{(n)}|e(T^{(n)})(1+\varepsilon)\mu^E(\omega_i)} \right.$$

$$
\cdot \nu^O(\omega_i)^{|T^{(n)}|o(T^{(n)})(1+\varepsilon)\mu^O(\omega_i)}\Big\}
$$

$$
> |B_{n+t}|\frac{1}{d}\exp_2\Big\{|T^{(n)}|(1+\varepsilon)\Big[e(T^{(n)})\sum_{i=1}^{a'}\mu^E(\omega_i)\log\nu^E(\omega_i)
$$

$$
+o(T^{(n)})\sum_{i=1}^{a'}\mu^O(\omega_i)\log\nu^O(\omega_i)\Big]\Big\}
$$

$$
= |B_{n+t}|\frac{1}{d}\exp_2\{-|T^{(n)}|(1+\varepsilon)[e(T^{(n)})H(X^{L_{\alpha,t,1}\cup L_{\alpha,t,2}}|X^{T_\alpha^{(t-1)}\cup L_{\alpha,t,3}})
$$

$$
+o(T^{(n)})H(X^{L_{\beta,t,1}\cup L_{\beta,t,2}}|X^{T_\beta^{(t-1)}\cup L_{\beta,t,3}})]\}
$$

$$
= |B_{n+t}|\frac{1}{d}\exp_2\{-|T^{(n)}||L_{t,1}\cup L_{t,2}|(1+\varepsilon)[e(T^{(n)})\tilde{h}_t^L(E)+o(T^{(n)})\tilde{h}_t^L(O)]\}
$$

$$
\tag{3-13}
$$

其中 d 是 $\mu(\omega_i)$ 的最小值的倒数, 则

$$
|B_{n+t}| \leqslant d\exp_2\{|T^{(n)}||L_{t,1}\cup L_{t,2}|(1+\varepsilon)[e(T^{(n)})\tilde{h}_t^L(E)+o(T^{(n)})\tilde{h}_t^L(O)]\} \tag{3-14}
$$

注意到当 n 充分大时

$$
|T^{(n)}||L_{t,1}\cup L_{t,2}| = (3\cdot 2^n-2)\cdot 2^t \sim |T^{(n+t)}| = 3\cdot 2^{n+t}-2
$$

因此如果取 ε 充分小, 由 (3-14) 即得 (3-8), 再连同 (3-9) 就证得此引理.

引理 3.5 的证明　对任意 $\varepsilon>0$ 和充分大的 n, B_n 满足 (3-4) 和 (3-5) 的集合, 定义 $\mathcal{A}^{T^{(n)}}$ 的子集

$$
F_n = \Big\{u_0 \in \mathcal{A}^{T^{(n)}}\Big|-\frac{1}{|T^{(n)}|}\log\mu(u_0) < e(T^{(n)})h^E+o(T^{(n)})h^O+3\varepsilon\Big\}
$$

$$
F_n^c = \mathcal{A}^{T^{(n)}}\setminus F_n, \quad G_n = B_n\cap F_n, \quad G_n' = B_n\cap F_n^c
$$

对 $u_0 \in F_n^c$ 有

$$
\mu(u_0) \leqslant 2^{-|T^{(n)}|(e(T^{(n)})h^E+o(T^{(n)})h^O+3\varepsilon)}
$$

则

$$
\mu(B_n) = \mu(G_n)+\mu(G_n')
$$

$$
\leqslant \mu(G_n)+|B_n|2^{-|T^{(n)}|(e(T^{(n)})h^E+o(T^{(n)})h^O+3\varepsilon)} \tag{3-15}
$$

因为

$$\tilde{h}_{2k}^L(E) \to h^E, \quad \tilde{h}_{2k}^L(O) \to h^O$$

对充分大的 n, 由 (3-4) 知

$$|B_n| < 2^{|T^{(n)}|(e(T^{(n)})h^E + o(T^{(n)})h^O + 2\varepsilon)} \tag{3-16}$$

由 (3-5), (3-15) 和 (3-16) 可得结论

$$
\begin{aligned}
\mu(G_n) &\geqslant \mu(B_n) - |B_n| 2^{-|T^{(n)}|(e(T^{(n)})h^E + o(T^{(n)})h^O + \varepsilon)} \\
&> 1 - \varepsilon - 2^{-|T^{(n)}|[(e(T^{(n)})h^E + o(T^{(n)})h^O + 3\varepsilon) - (e(T^{(n)})h^E + o(T^{(n)})h^O + 2\varepsilon)]} \\
&> 1 - \varepsilon - 2^{-|T^{(n)}|\varepsilon}
\end{aligned}
\tag{3-17}
$$

用 $\varepsilon/3$ 代替 ε, 并取 n 充分大即证明了此引理.

引理 3.6 的证明 对任意 $\varepsilon > 0$ 和充分大 n, 定义 $\mathcal{A}^{T^{(n)}}$ 的子集

$$
\begin{aligned}
G_{1n} &= \left\{ u_0 \in \mathcal{A}^{T^{(n)}} \,\middle|\, -\frac{1}{|T^{(n)}|}\log\mu(u_0) < e(T^{(n)})h^E + o(T^{(n)})h^O - \varepsilon \right\} \\
G_{2n} &= \left\{ u_0 \in \mathcal{A}^{T^{(n)}} \,\middle|\, e(T^{(n)})h^E + o(T^{(n)})h^O - \varepsilon \leqslant -\frac{1}{|T^{(n)}|}\log\mu(u_0) \right. \\
&\qquad\qquad \left. \leqslant e(T^{(n)})h^E + o(T^{(n)})h^O + \varepsilon^2 \right\} \\
G_{3n} &= \left\{ u_0 \in \mathcal{A}^{T^{(n)}} \,\middle|\, -\frac{1}{|T^{(n)}|}\log\mu(u_0) > e(T^{(n)})h^E + o(T^{(n)})h^O + \varepsilon^2 \right\}
\end{aligned}
$$

然后由 (2-15) 可得

$$
\begin{aligned}
&e(T^{(n)})h^E + o(T^{(n)})h^O - \varepsilon^2 \\
&\leqslant -\frac{1}{|T^{(n)}|}\sum_{u_0 \in \mathcal{A}^{T^{(n)}}} \mu(u_0)\log\mu(u_0) \\
&\leqslant [e(T^{(n)})h^E + o(T^{(n)})h^O - \varepsilon]\mu(G_{1n}) \\
&\quad + [e(T^{(n)})h^E + o(T^{(n)})h^O + \varepsilon^2](1 - \mu(G_{1n})) \\
&\quad - \frac{1}{|T^{(n)}|}\sum_{u_0 \in \mathcal{A}^{T^{(n)}}} \mu(u_0)\log\mu(u_0) \\
&= [o(T^{(n)})h^O + \varepsilon^2 + \varepsilon^2] - (\varepsilon + \varepsilon^2)\mu(G_{1n})
\end{aligned}
$$

$$-\frac{1}{|T^{(n)}|}\sum_{u_0\in\mathcal{A}^{T^{(n)}}}\mu(u_0)\log\mu(u_0) \tag{3-18}$$

因此

$$\mu(G_{1n})=\frac{2\cdot\varepsilon^2}{\varepsilon(1+\varepsilon)}-\frac{1}{|T^{(n)}|\varepsilon(1+\varepsilon)}\sum_{u_0\in G_{3n}}\mu(u_0)\log\mu(u_0)$$

$$\leqslant 2\varepsilon-\frac{1}{|T^{(n)}|\varepsilon}\sum_{u_0\in G_{3n}}\mu(u_0)\log\mu(u_0) \tag{3-19}$$

在 (3-21) 式后面的附注中我们将证明

$$-\sum_{u_0\in G_{3n}}\mu(u_0)\log\mu(u_0)\leqslant-\mu(G_{3n})\log\mu(G_{3n})+|T^{(n)}|\mu(G_{3n})\log a \tag{3-20}$$

并且引理 3.5 隐含了

$$\mu(G_{3n})<\varepsilon^2 \tag{3-21}$$

由 (3-20) 和 (3-21), 对充分大 n, (3-19) 变成

$$\mu(G_{1n})\leqslant 2\varepsilon+\frac{\log\varepsilon}{\varepsilon|T^{(n)}|}+\varepsilon^2\log a\leqslant 2\varepsilon+2\varepsilon\log a\leqslant 4\varepsilon\log a$$

这就证明了引理.

　　附注　不等式 (3-20) 可以用拉格朗日乘子法来证明, 事实上我们要求

$$H=-\sum_{u_0\in G_{3n}}\mu(u_0)\log\mu(u_0) \tag{3-22}$$

在以下条件下的极值

$$\sum\mu(u_0)=\mu(G_{3n}) \tag{3-23}$$

设

$$f=-\sum_{u_0\in G_{3n}}\mu(u_0)\log\mu(u_0)-\lambda\sum_{u_0\in G_{3n}}\mu(u_0)$$

令

$$\frac{\partial f}{\partial\mu(u_0)}=0$$

就得

$$\tilde\mu(u_0)=\frac{\mu(G_{3n})}{|G_{3n}|},\quad\text{对所有 }u_0\in G_{3n}$$

在这个分布下的最大熵为

$$H_{\max} = -\sum_{u_0 \in G_{3n}} \frac{\mu(G_{3n})}{|G_{3n}|} \log \frac{\mu(G_{3n})}{|G_{3n}|}$$

$$\leqslant -\mu(G_{3n}) \log \mu(G_{3n}) + \mu(G_{3n})|T^{(n)}| \log a$$

这就证明了不等式 (3-20), 从而完成了定理 3.3 的证明.

附注 (1) 本节的讨论中我们看到了正则性条件的重要性, 那么一个有趣的问题是什么样的随机场满足正则性条件, 当然如果强大数定律成立, 它显然隐含了正则性, 但是对树上的一般随机场强大数定律还没有得到证明, Pemantle[74] 证明了 PPG-不变随机场的弱大数定律, 即在概率收敛意义下的大数定律, 利用它的结果我们证明了 PPG-不变随机场的在概率收敛意义下的熵定理, 或说 AEP. 作为 PPG-不变随机场的特例, 对 G-不变随机场并满足正则性条件, 对应的弱大数定律以及 AEP 都成立. 如果强大数定律能够得证, 那么以概率 1 收敛意义下的熵定理也成立. 在第 7 章我们将对马氏链场证明强大数定律和强 AEP.

(2) 以上对我们定义的一些熵度量证明了相应的大数定律和 AEP, 是否还有其他熵度量也满足大数定律和熵定理呢? 我们给出一个比较一般的讨论. 记二叉树 T_b 的所有有限维子集族记为 Λ, 在 Λ 上定义一个偏序关系: 如果 $\lambda_1, \lambda_2 \in \Lambda$ 满足 $\lambda_1 \subset \lambda_2$ 就记 $\lambda_1 \preceq \lambda_2$, 这就定义了一种偏序关系. 我们用 $\to$ 表示 λ 沿着 Λ 的极限过程, 设 $f : \Lambda \to \mathcal{R}$, $f_\lambda \in \mathcal{R}$, 即 f_λ 在 λ 上的取值, 那么 $f_\lambda \to a$, 意味着对任意 $\varepsilon > 0$, 存在一个 $\lambda_0 \in \Lambda$ 使得对任何 $\lambda \succeq \lambda_0$ 有 $|f_\lambda - a| \leqslant \varepsilon$. 类似地可以定义

$$\overline{\lim_{\lambda \to \Lambda}} f_\lambda = \inf_{\lambda' \in \Lambda} \sup_{\lambda \succeq \lambda'} f_\lambda \tag{3-24}$$

$$\underline{\lim_{\lambda \to \Lambda}} f_\lambda = \sup_{\lambda' \in \Lambda} \inf_{\lambda \succeq \lambda'} f_\lambda \tag{3-25}$$

因此 $f_\lambda \to a$ 等价于

$$\overline{\lim_{\lambda \to \Lambda}} f_\lambda = \underline{\lim_{\lambda \to \Lambda}} f_\lambda = a \tag{3-26}$$

现在我们定义

$$h^\lambda = \frac{1}{|\lambda|} H(X^\lambda) \tag{3-27}$$

$$g^\lambda = -\frac{1}{|\lambda|} \log P(X^\lambda) \tag{3-28}$$

$$\overline{h} = \overline{\lim_{\lambda \to \Lambda}} h^\lambda \tag{3-29}$$

$$\underline{h} = \varliminf_{\lambda \to \Lambda} h^\lambda \tag{3-30}$$

显然, 我们以前定义的熵率 h_∞ 满足

$$\underline{h} \leqslant h_\infty \leqslant \overline{h}$$

对树上 PPG-不变或 G-不变随机场是否有 $\underline{h} = \overline{h}$, 关于这些熵度量的 Shannon-McMillan-Breiman 定理是否成立, 即 g^λ 和 h^λ 在某种收敛意义下的极限是否存在且相等, 目前尚无结果.

第 7 章 树上马氏链场的强极限定理

本节我们将证明定义在树图上的非齐次马氏链 (本章对马氏场的表述和前面章节略有不同, 特别称它们为树指标马氏链场) 的强极限定理, 作为推论还得到一些单点频率和点对频率分布的强极限定理, 最后给出强大数定律, 或称渐近等分性质, 主要内容来自 [101].

7.1 树指标马氏链场

设 $T_{B,N}$ 为一齐次树, 也称 Bethe 树, 如图 7.1.1 所示在此树上每个节点有 $N+1$ 个邻点, 我们固定某个节点为根点 (root), 并把它定义为第 0 层, 设 σ, τ 为树上的两个节点, 记 $\tau \leqslant \sigma$ 如果 τ 位于从 0 到 σ 的唯一的路上, 则记 $|\sigma|$ 为这条路的边数, 对任何两点 σ, τ, 记 $\sigma \wedge \tau$ 为从根点 0 出发并满足

$$\sigma \wedge \tau \leqslant \sigma \quad \text{和} \quad \sigma \wedge \tau \leqslant \tau$$

的节点. 如果 $\sigma \neq 0$, 则记 $\bar{\sigma}$ 为满足 $\bar{\sigma} \leqslant \sigma$ 和 $|\bar{\sigma}| = |\sigma| - 1$ 的节点 (称 σ 为 $\bar{\sigma}$ 的子代). 易见根点有 $N+1$ 个子代. 所有其他节点只有 N 个子代.

我们也会讨论另一种树, 称为有根 Cayley 树 $T_{C,N}$. 如图 7.1.2 所示在这类树 $T_{C,N}$ 上, 根点只有 N 个邻点, 而其他节点都有 $N+1$ 个邻点, 换言之, Cayley 树上所有的点只有 N 个子代, 当 $N=1$ 时即为 1 维非负整数集 $T_{C,1} = Z_+$, 在不产生歧义的情况下, 我们把 $T_{B,N}$ 和 $T_{C,N}$ 都简记为 T.

如果 $|\sigma| = n$, 则称 σ 在树 T 的第 n 层, 记 $T^{(n)}$ 为树 T 的第 0 层到第 n 层构成的子树, 记 L_n 为第 n 层的节点集合.

定义 1.1(树指标非齐次马氏链, Tree-indexed nonhomogeneous Markov chains) 设 T 为一齐次树 (Bethe 树或 Cayley 树), $\mathcal{A} = \{0, 1, 2, \cdots\}$ 为可列状态空间, $\{X_t, t \in T\}$ 取值于 $\mathcal{A}$ 随机变量集合, 或称定义在概率空间 $(\Omega, \mathcal{F}, P)$ 上的随机场. 设

$$p = (p(x), x \in \mathcal{A}) \tag{1-1}$$

为定义在 $\mathcal{A}$ 上的概率分布,

$$P_n = (P_n(y|x)), \quad x, y \in \mathcal{A}, \ n \geqslant 1 \tag{1-2}$$

是定义在 $\mathcal{A}^2$ 上的一列随机矩阵. 如果对任意节点 $\sigma, \tau,\ \sigma \in L_n,$

$$P_r(X_\sigma = y | X_{\bar{\sigma}} = x \text{ 且 } X_\tau \text{ 满足 } \sigma \wedge \tau \leqslant \bar{\sigma})$$

$$= P_r(X_\sigma = y | X_{\bar{\sigma}} = x) = P_n(y|x), \quad \text{对所有 } x, y \in \mathcal{A} \tag{1-3}$$

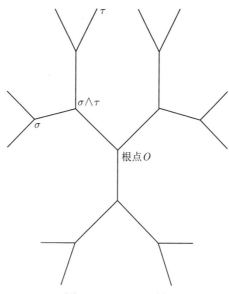

图 7.1.1   Bethe 树

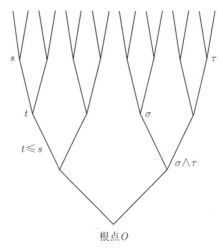

图 7.1.2   叉 Cayley 树

且

$$P(X_0 = x) = p(x), \quad \forall x \in G \tag{1-4}$$

称 $\{X_t, t \in T\}$ 是初始分布为 (1-1)、转移概率矩阵列为 (1-2) 的树指标非齐次马氏链. 如果对所有 n 有

$$P_n = P = (P(y|x)), \forall x, y \in \mathcal{A} \tag{1-5}$$

则称 $\{X_t, t \in T\}$ 为 $\mathcal{A}$ 值树指标齐次马氏链.

易见树指标马氏链是定义在树上的一类特殊的马氏场. Benjamini 和 Peres 用类似的方法定义了树指标齐次马氏链 (见 [17]). Georgii 给出了树指标马氏链的另一种定义 (见 [33], p.239). 另一类特殊的树指标非齐次马氏链称为奇-偶马氏链 (见 [15, 87]). 对 Cayley 树 $T_{C,N}$, 当 $N = 1$ 时, 就得到 1 维直线整数集上的非齐次马氏链.

设 B 是 T 的子图. 记 $X^B = \{X_\sigma, \sigma \in B\}$, $|B|$ 为 B 上节点的个数. 记 $S(\sigma)$ 为节点 σ 的所有子代的节点集合. 如果 T 是 Bethe 树, 即 $T_{B,N}$, $|S(0)| = N + 1$, $|S(\sigma)| = N$ $(\sigma \neq 0)$; 而对于 Cayley 树 $T_{C,N}$ 有 $|S(\sigma)| = N$.

关于树指标随机过程有许多研究, Benjamini 和 Peres 给出了树指标齐次马氏链的定义并研究了常返性和线常返性 (recurrence and ray-recurrence) (见 [17]). 第 5 章介绍了齐次树上平稳随机场的熵率的存在性 (见 [14]). Pemantle 证明了定义在齐次树上 PPG-不变和遍历随机场的混合性质 (mixing property) 和弱大数定律 (weak law of large numbers) (见 [94]). 第 6 章介绍了作者利用 Pemantle 的结果和组合论方法证明的 PPG-不变和遍历随机场的渐近等分性质 (AEP) (见 [102, 105]).

7.2 节首先讨论定义在齐次树上的可列状态非齐次马氏链的一个强大数定律, 作为推论证明了树指标非齐次马氏链单点和点对频率的强大数定律, 这是关于马氏链的相关定理在树指标下的推广. 7.3 节将介绍树上有限状态非齐次马氏链场的强大数定律和强渐近等分性, 它也是 1 维马氏链的相应结果的推广.

7.2 树指标马氏链场的强极限定理

先证一个引理.

引理 2.1 设 T 是一齐次树 (Bethe 树或 Cayley 树), $\{X_\sigma, \sigma \in T\}$ 是由 (1-1) 定义的树指标非齐次马氏链, 由定义 1.1 定义的树指标非齐次马氏链知 $\{g_n(x, y), n \geqslant 1\}$ 是定义在 $\mathcal{A}^2$ 上的一列二元函数. 设 $L_0 = \{0\}$ 和 $\mathcal{F}_n = \sigma(X^{T^{(n)}})$,

以及

$$F_n(\omega) = \sum_{i=0}^{n-1} \sum_{\sigma \in L_i} \sum_{\tau \in S(\sigma)} g_{i+1}(X_\sigma, X_\tau) \tag{2-1}$$

$$t_n(\lambda, \omega) = \frac{e^{\lambda F_n(\omega)}}{\prod_{i=0}^{n-1} \prod_{\sigma \in L_i} \prod_{\tau \in S(\sigma)} E[e^{\lambda g_{i+1}(X_\sigma, X_\tau)} | X_\sigma]} \tag{2-2}$$

则 $\{t_n(\lambda, \omega), \mathcal{F}_n, n \geqslant 1\}$ 是非负鞅.

证明　易见

$$P(x^{T^{(n)}}) = P(X^{T^{(n)}} = x^{T^{(n)}})$$

$$= p(x_0) \prod_{\tau \in L_1} P_1(x_\tau | x_0) \prod_{\sigma \in L_1} \prod_{\tau \in S(\sigma)} P_2(x_\tau | x_\sigma) \cdots \prod_{\sigma \in L_{n-1}} \prod_{\tau \in S(\sigma)} P_n(x_\tau | x_\sigma) \tag{2-3}$$

因此由 (2-3)

$$P(X^{L_n} = x^{L_n} | X^{T^{(n-1)}} = x^{T^{(n-1)}}) = \frac{P(x^{T^{(n)}})}{P(x^{T^{(n-1)}})} = \prod_{\sigma \in L_{n-1}} \prod_{\tau \in S(\sigma)} P_n(x_\tau | x_\sigma) \tag{2-4}$$

进而

$$E\left[\exp\left\{\lambda \sum_{\sigma \in L_{n-1}} \sum_{\tau \in S(\sigma)} g_n(X_\sigma, X_\tau)\right\} \middle| \mathcal{F}_{n-1}\right]$$

$$= \sum_{x^{L_n}} \exp\left\{\lambda \sum_{\sigma \in L_{n-1}} \sum_{\tau \in S(\sigma)} g_n(X_\sigma, x_\tau)\right\} P(X^{L_n} = x^{L_n} | X^{T^{(n-1)}})$$

$$= \sum_{x^{L_n}} \exp\left\{\lambda \sum_{\sigma \in L_{n-1}} \sum_{\tau \in S(\sigma)} g_n(X_\sigma, x_\tau)\right\} \prod_{\sigma \in L_{n-1}} \prod_{\tau \in S(\sigma)} P_n(x_\tau | X_\sigma)$$

$$= \prod_{\sigma \in L_{n-1}} \prod_{\tau \in S(\sigma)} \sum_{x_\tau} e^{\lambda g_n(X_\sigma, x_\tau)} P_n(x_\tau | X_\sigma)$$

$$= \prod_{\sigma \in L_{n-1}} \prod_{\tau \in S(\sigma)} E[e^{\lambda g_n(X_\sigma, X_\tau)} | X_\sigma] \quad \text{a.e.} \tag{2-5}$$

易见

$$t_n(\lambda,\omega) = t_{n-1}(\lambda,\omega)\frac{\exp\left\{\lambda\sum\limits_{\sigma\in L_{n-1}}\sum\limits_{\tau\in S(\sigma)}g_n(X_\sigma,X_\tau)\right\}}{\prod\limits_{\sigma\in L_{n-1}}\prod\limits_{\tau\in S(\sigma)}E[e^{\lambda g_n(X_\sigma,X_\tau)}|X_\sigma]} \tag{2-6}$$

由 (2-5) 和 (2-6) 可得

$$E[t_n(\lambda,\omega)|\mathcal{F}_{n-1}] = t_{n-1}(\lambda,\omega) \quad \text{a.e.} \tag{2-7}$$

从而 $\{t_n(\lambda,\omega),\mathcal{F}_n,n\geqslant 1\}$ 是一个非负鞅.

定理 2.2 设 T 是齐次树 (Bethe 树或 Cayley 树). 设 $\{X_\sigma,\sigma\in T\}$ 是由 (1-1) 定义的取值于 $\mathcal{A}$ 的树指标非齐次马氏链, 其初始分布为 (1-1), 一步转移概率矩阵列为 (1-2). 又设 $\{g_n(x,y),n\geqslant 1\}$ 是定义在 $\mathcal{A}^2$ 的一列二元函数, 设 $\{a_n,n\geqslant 1\}$ 是一列非负随机变量, $F_n(\omega)$ 由 (2-1) 式定义且

$$G_n(\omega) = \sum_{i=0}^{n-1}\sum_{\sigma\in L_i}\sum_{\tau\in S(\sigma)}E[g_{i+1}(X_\sigma,X_\tau)|X_\sigma]$$

$$= |S(0)|\sum_j g_1(X_0,j)P_1(j|X_0)$$

$$+ N\sum_{i=1}^{n-1}\sum_{\sigma\in L_i}\sum_j g_{i+1}(X_\sigma,j)P_{i+1}(j|X_\sigma) \tag{2-8}$$

令 $\alpha > 0$, 设

$$D(\alpha) = \left\{\lim_n a_n = \infty, \limsup_n \frac{1}{a_n}\sum_{i=0}^{n-1}\sum_{\sigma\in L_i}\sum_{\tau\in S(\sigma)}E[g_{i+1}^2(X_\sigma,X_\tau)\right.$$

$$\left.\cdot e^{\alpha|g_{i+1}(X_\sigma,X_\tau)|}|X_\sigma] < \infty\right\} \tag{2-9}$$

则

$$\lim_n \frac{1}{a_n}[F_n(\omega) - G_n(\omega)] = 0 \quad \text{a.e.,} \quad \omega\in D(\alpha) \tag{2-10}$$

证明 设 $t_n(\lambda,\omega)$ 由 (2-2) 定义. 由引理 2.1, $\{t_n(\lambda,\omega),\mathcal{F}_n,n\geqslant 1\}$ 是一个非负鞅, 由 Doob 鞅收敛定理可得

$$\lim_n t_n(\lambda,\omega) = t(\lambda,\omega) < \infty \quad \text{a.e.} \tag{2-11}$$

设 $\mathcal{A} = \{\omega : \lim_n a_n = \infty\}$. 由 (2-11) 式得

$$\limsup_n \frac{1}{a_n} \ln t_n(\lambda, \omega) \leqslant 0 \quad \text{a.e.,} \quad \omega \in \mathcal{A} \tag{2-12}$$

从 (2-1), (2-2) 和 (2-12), 我们得到

$$\limsup_n \frac{1}{a_n} \sum_{i=0}^{n-1} \sum_{\sigma \in L_i} \sum_{\tau \in S(\sigma)} \{g_{i+1}(X_\sigma, X_\tau)\lambda - \ln E[e^{\lambda g_{i+1}(X_\sigma, X_\tau)}|X_\sigma]\} \leqslant 0 \ \text{a.e.,} \ \omega \in \mathcal{A}$$

$$\tag{2-13}$$

令 $\lambda > 0$, 将 (2-13) 式两边同除以 λ 就得

$$\limsup_n \frac{1}{a_n} \sum_{i=0}^{n-1} \sum_{\sigma \in L_i} \sum_{\tau \in S(\sigma)} \left\{ g_{i+1}(X_\sigma, X_\tau) - \frac{\ln E[e^{\lambda g_{i+1}(X_\sigma, X_\tau)}|X_\sigma]}{\lambda} \right\}$$

$$\leqslant 0 \ \text{a.e.,} \ \omega \in \mathcal{A} \tag{2-14}$$

利用 (2-14) 和不等式 $\ln x \leqslant x - 1(x > 0), 0 \leqslant e^x - 1 - x \leqslant \dfrac{x^2}{2}e^{|x|}$, 当 $0 < \lambda < \alpha$ 时, 就得

$$\limsup_n \frac{1}{a_n} \sum_{i=0}^{n-1} \sum_{\sigma \in L_i} \sum_{\tau \in S(\sigma)} \{g_{i+1}(X_\sigma, X_\tau) - E[g_{i+1}(X_\sigma, X_\tau)|X_\sigma]\}$$

$$\leqslant \limsup_n \frac{1}{a_n} \sum_{i=0}^{n-1} \sum_{\sigma \in L_i} \sum_{\tau \in S(\sigma)} \left\{ \frac{\ln E[e^{\lambda g_{i+1}(X_\sigma, X_\tau)}|X_\sigma]}{\lambda} - E[g_{i+1}(X_\sigma, X_\tau)|X_\sigma] \right\}$$

$$\leqslant \limsup_n \frac{1}{a_n} \sum_{i=0}^{n-1} \sum_{\sigma \in L_i} \sum_{\tau \in S(\sigma)} \left\{ \frac{E[e^{\lambda g_{i+1}(X_\sigma, X_\tau)}|X_\sigma] - 1}{\lambda} - E[g_{i+1}(X_\sigma, X_\tau)|X_\sigma] \right\}$$

$$\leqslant \frac{\lambda}{2} \limsup_n \frac{1}{a_n} \sum_{i=0}^{n-1} \sum_{\sigma \in L_i} \sum_{\tau \in S(\sigma)} E[g_{i+1}^2(X_\sigma, X_\tau)e^{\lambda|g_{i+1}(X_\sigma, X_\tau)|}|X_\sigma]$$

$$\leqslant \frac{\lambda}{2} \limsup_n \frac{1}{a_n} \sum_{i=0}^{n-1} \sum_{\sigma \in L_i} \sum_{\tau \in S(\sigma)} E[g_{i+1}^2(X_\sigma, X_\tau)e^{\alpha|g_{i+1}(X_\sigma, X_\tau)|}|X_\sigma] \ \text{a.e.,} \ \omega \in D(\alpha)$$

$$\tag{2-15}$$

令 $\lambda \to 0^+$, 因为 (2-15)

$$\limsup_n \frac{1}{a_n} \sum_{i=0}^{n-1} \sum_{\sigma \in L_i} \sum_{\tau \in S(\sigma)} \{g_{i+1}(X_\sigma, X_\tau) - E[g_{i+1}(X_\sigma, X_\tau)|X_\sigma]\} \leqslant 0$$

$$\text{a.e.}, \omega \in D(\alpha) \tag{2-16}$$

在 (2-13) 中令 $-\alpha < \lambda < 0$, 类似地可得

$$\liminf_n \frac{1}{a_n} \sum_{i=0}^{n-1} \sum_{\sigma \in L_i} \sum_{\tau \in S(\sigma)} \{g_{i+1}(X_\sigma, X_\tau) - E[g_{i+1}(X_\sigma, X_\tau)|X_\sigma]\} \geqslant 0$$

$$\text{a.e.}, \omega \in D(\alpha) \tag{2-17}$$

最后由 (2-1), (2-8), (2-16) 与 (2-17) 可得 (2-10) 成立.

推论 2.3 设 $\{X_\sigma, \sigma \in T\}$ 为以上定义的树指标非齐次马氏链, 设 $\{g_n(x,y), n \geqslant 1\}$ 为定义在 $\mathcal{A}^2$ 上的一列有界二元函数, 亦即存在 $K > 0$ 使得 $|g_n(x,y)| \leqslant K$, $\forall n \geqslant 1$. 又设 $\{a_n, n \geqslant 1\}$ 为一列非负随机变量, $F_n(\omega)$ 和 $G_n(\omega)$ 分别由 (2-1) 和 (2-8) 给出, 记

$$\Omega_0 = \left\{ \omega : \lim_n a_n = \infty, \limsup_n \frac{1}{a_n} \sum_{i=0}^{n-1} \sum_{\sigma \in L_i} \sum_{\tau \in S(\sigma)} E[|g_{i+1}(X_\sigma, X_\tau)||X_\sigma|] < \infty \right\} \tag{2-18}$$

则

$$\lim_n \frac{1}{a_n}[F_n(\omega) - G_n(\omega)] = 0 \quad \text{a.e.}, \quad \omega \in \Omega_0 \tag{2-19}$$

证明 如果 $\{g_n(x,y), n \geqslant 1\}$ 是定义在 $\mathcal{A}^2$ 上的一列有界函数, 那么对任意 $\alpha > 0$ 有

$$E[g_{i+1}^2(X_\sigma, X_\tau)e^{\alpha|g_{i+1}(X_\sigma, X_\tau)|}|X_\sigma] \leqslant Ke^{\alpha K}E[|g_{i+1}(X_\sigma, X_\tau)||X_\sigma] \tag{2-20}$$

则 $\Omega_0 \subset D(\alpha)$. 由定理 2.2 即证得这个引理.

推论 2.4 设 $\{X_\sigma, \sigma \in T\}$ 是 T 指标取值于 $\mathcal{A}$ 的非齐次马氏链, 令 $\{g_n(x,y), n \geqslant 1\}$ 为定义在 $\mathcal{A}^2$ 上的一列非负二元函数, 满足对所有 n 存在 $\alpha > 0$ 和 $K > 0$ 使得

$$E[g_{i+1}^2(X_\sigma, X_\tau)e^{\alpha g_{i+1}(X_\sigma, X_\tau)}|X_\sigma] \leqslant KE[g_{i+1}(X_\sigma, X_\tau)|X_\sigma] \tag{2-21}$$

令 $F_n(\omega)$ 和 $G_n(\omega)$ 分别由 (2-1) 和 (2-8) 给出, 记

$$A = \{\omega : \lim_n F_n(\omega) = \infty\}, \quad B = \{\omega : \lim_n G_n(\omega) = \infty\} \tag{2-22}$$

则 $A = B$ a.e., 且

$$\lim_n \frac{F_n(\omega)}{G_n(\omega)} = 1 \quad \text{a.e.,} \quad \omega \in B \tag{2-23}$$

附注　如果 $\{g_n(x,y), n \geqslant 1\}$ 是一列有界非负函数, 则 (2-20) 成立.

证明　如果在定理 2.2 中令 $a_n = G_n(\omega)$, 我们有 $B \subset D(\alpha)$, 就可直接得到 (2-23), 这隐含了 $B \subset A$ a.e. 如果令 $a_n = F_n(\omega)$, 那么由 (2-22) 和定理 2.2, 就有

$$\limsup_n \frac{G_n(\omega)}{F_n(\omega)} = 0, \quad \omega \in AB^c \tag{2-24}$$

$$\limsup_n \frac{G_n(\omega)}{F_n(\omega)} = 1 \quad \text{a.e.,} \ \omega \in AB^c \tag{2-25}$$

这样就有 $AB^c = \varnothing$ a.e. 从而就得到 $A = B$ a.e.

推论 2.5　设 $\{X_\sigma, \sigma \in T\}$ 是树指标且取值于 $\mathcal{A}$ 的非齐次马氏链, $S_n(k)$ ($k \in \mathcal{A}$) 为在随机变量集 $X^{T^{(n)}} = \{X_\sigma, \sigma \in T^{(n)}\}$ 中取值为 k 的变量数, $S_n(k,l)$ 为随机变量对集合

$$\{(X_0, X_\tau),\ \tau \in L_1,\ (X_\sigma, X_\tau),\ \sigma \in L_i, \tau \in S(\sigma),\ 1 \leqslant i \leqslant n-1\} \tag{2-26}$$

中取值为 (k,l) 的变量对的个数, 记 $A = \{\omega : \lim_n S_{n-1}(k) = \infty\}$, 则

$$\lim_n \frac{S_n(k,l) - \left(|S(0)| I_k(X_0) P_1(l|k) + N \sum_{i=1}^{n-1} \sum_{\sigma \in L_i} I_k(X_\sigma) P_{i+1}(l|k) \right)}{S_{n-1}(k)} = 0$$

$$\text{a.e.,} \omega \in A \tag{2-27}$$

其中

$$I_k(x) = \begin{cases} 1, & x = k \\ 0, & x \neq k \end{cases} \tag{2-28}$$

如果进一步有

$$\lim_n P_n(l|k) = P(l|k) \tag{2-29}$$

则

$$\lim_n \frac{S_n(k,l)}{S_{n-1}(k)} = NP(l|k) \quad \text{a.e.,} \quad \omega \in A \tag{2-30}$$

证明 首先易见

$$S_n(k) = \sum_{i=0}^{n-1} \sum_{\sigma \in L_i} \sum_{\tau \in S(\sigma)} I_k(X_\tau) + I_k(X_0) \tag{2-31}$$

$$S_n(k,l) = \sum_{i=0}^{n-1} \sum_{\sigma \in L_i} \sum_{\tau \in S(\sigma)} I_k(X_\sigma) I_l(X_\tau) \tag{2-32}$$

令推论 2.3 中的 $g_n(x,y) = I_k(x)I_l(y)$ 和 $a_n = S_{n-1}(k)$ 由 (2-1) 和 (2-8), 就有

$$F_n(\omega) = \sum_{i=0}^{n-1} \sum_{\sigma \in L_i} \sum_{\tau \in S(\sigma)} I_k(X_\sigma) I_l(X_\tau) = S_n(k,l) \tag{2-33}$$

$$G_n(\omega) = |S(0)| \sum_j I_k(X_0) I_l(j) P_1(j|X_0) + N \sum_{i=1}^{n-1} \sum_{\sigma \in L_i} \sum_j I_k(X_\sigma) I_l(j) P_{i+1}(j|X_\sigma)$$

$$= |S(0)| I_k(X_0) P_1(l|k) + N \sum_{i=1}^{n-1} \sum_{\sigma \in L_i} I_k(X_\sigma) P_{i+1}(l|k) \tag{2-34}$$

和

$$\limsup_n \frac{1}{S_{n-1}(k)} \sum_{i=0}^{n-1} \sum_{\sigma \in L_i} \sum_{\tau \in S(\sigma)} E[|g_{i+1}(X_\sigma, X_\tau)||X_\sigma]$$

$$= \limsup_n \frac{G_n(\omega)}{S_{n-1}(k)} \leqslant N, \quad \omega \in A \tag{2-35}$$

由 (2-33)—(2-35) 以及推论 2.3 就得 (2-27), 根据 (2-27) 和 (2-29) 就有 (2-30).

推论 2.6 (见 [99]) 令 $\{X_\sigma, \sigma \in T\}$ 是树指标取值于 $\mathcal{A}$ 的齐次马氏链, 其一步转移概率矩阵为 $P = (P(y|x)), x, y \in \mathcal{A}$, 那么 (2-30) 成立.

推论 2.7 设 $\{X_\sigma, \sigma \in T\}$ 是如前的树指标取值于 $\mathcal{A}$ 的齐次马氏链, $S_n(k)$ 由推论 2.5 中所定义, 那么

$$\lim_n \left\{ \frac{S_n(k)}{|T^{(n)}|} - \frac{1}{|T^{(n-1)}|} \sum_{i=0}^{n-1} \sum_{\sigma \in L_i} P_{i+1}(k|X_\sigma) \right\} = 0 \text{ a.e.} \tag{2-36}$$

证明 在推论 2.3 中令 $g_n(x,y) = I_k(y)$, $a_n = |T^{(n)}|$, 由 (2-31) 和 (2-8) 就得

$$F_n(\omega) = \sum_{i=0}^{n-1} \sum_{\sigma \in L_i} \sum_{\tau \in S(\sigma)} I_k(X_\tau) = S_n(k) - I_k(X_0) \tag{2-37}$$

$$G_n(\omega) = |S(0)| \sum_j I_k(j) P_1(j|X_0) + N \sum_{i=1}^{n-1} \sum_{\sigma \in L_i} \sum_j I_k(j) P_{i+1}(j|X_\sigma)$$

$$= |S(0)| P_1(k|X_0) + N \sum_{i=1}^{n-1} \sum_{\sigma \in L_i} P_{i+1}(k|X_\sigma) \tag{2-38}$$

以及

$$\limsup_n \frac{1}{|T^{(n)}|} \sum_{i=0}^{n-1} \sum_{\sigma \in L_i} \sum_{\tau \in S(\sigma)} E[|g_{i+1}(X_\sigma, X_\tau)||X_\sigma] = \limsup_n \frac{G_n(\omega)}{|T^{(n)}|} \leqslant 1 \tag{2-39}$$

注意到 $\lim_n |T^{(n-1)}|/|T^{(n)}| = 1/N$, 由 (2-37)—(2-39) 和推论 2.3 就得 (2-36).

　　附注　因为定义在 1 维非负整数集 Z^+ 上的非齐次马氏链是树指标非齐次马氏链的特例, 所以推论 2.5 和推论 2.7 都是直线上非齐次马氏链的推广 (见 [55]).

7.3　树指标非齐次马氏链的强大数定律和熵定理

　　定理 3.1　设 $\mathcal{A} = \{0, 1, \cdots, b-1\}$ 为有限状态空间, $\{X_\sigma, \sigma \in T\}$ 是以前定义的树指标非齐次马氏链, 有初始分布 (1-1) 和有限转移概率矩阵列 (1-2). 又设 $P = (P(j|i))$, $i, j \in G$ 是另一个转移概率矩阵且是遍历的, $S_n(k)$ 如前定义, 如果

$$\lim_n P_n(j|i) = P(j|i), \quad \forall i, j \in G \tag{3-1}$$

则

$$\lim_n \frac{S_n(k)}{|T^{(n)}|} = \pi(k) \quad \text{a.e.,} \ k \in G \tag{3-2}$$

其中 $\pi = (\pi(0), \cdots, \pi(b-1))$ 是转移概率矩阵 P 所唯一决定的平稳分布.

　　证明　由 (3-1), 易证

$$\lim_n \frac{1}{|T^{(n-1)}|} \sum_{i=0}^{n-1} \sum_{\sigma \in L_i} [P_{i+1}(k|X_\sigma) - P(k|X_\sigma)] = 0, \quad k \in \mathcal{A} \tag{3-3}$$

由推论 2.7 和 (3-3), 可得

$$\lim_n \left\{ \frac{S_n(k)}{|T^{(n)}|} - \frac{1}{|T^{(n-1)}|} \sum_{i=0}^{n-1} \sum_{\sigma \in L_i} P(k|X_\sigma) \right\} = 0 \ \text{a.e.,} \ k \in \mathcal{A} \tag{3-4}$$

因为

$$\sum_{i=0}^{n-1}\sum_{\sigma\in L_i}P(k|X_\sigma)=\sum_{i=0}^{n-1}\sum_{\sigma\in L_i}\sum_{j=0}^{b-1}I_j(X_\sigma)P(k|j)=\sum_{j=0}^{b-1}P(k|j)S_{n-1}(j) \qquad (3\text{-}5)$$

再由 (3-4) 和 (3-5), 我们有

$$\lim_n\left\{\frac{S_n(k)}{|T^{(n)}|}-\frac{1}{|T^{(n-1)}|}\sum_{j=0}^{b-1}P(k|j)S_{n-1}(j)\right\}=0 \ \ \text{a.e.},\ \ k=0,1,\cdots,b-1 \quad (3\text{-}6)$$

将 (3-6) 式的第 k 个等式乘以 $P(l|k)$, 再将它们相加, 再次利用 (3-6) 式就得

$$\lim_n\left\{\left[\sum_{k=0}^{b-1}\frac{S_n(k)}{|T^{(n)}|}P(l|k)-\frac{S_{n+1}(l)}{|T^{(n+1)}|}\right]\right.$$
$$\left.+\left[\frac{S_{n+1}(l)}{|T^{(n+1)}|}-\sum_{k=0}^{b-1}\sum_{j=0}^{b-1}\frac{S_{n-1}(j)}{|T^{(n-1)}|}P(l|k)P(k|j)\right]\right\}$$
$$=\lim_n\left[\frac{S_{n+1}(l)}{|T^{(n+1)}|}-\sum_{j=0}^{b-1}\frac{S_{n-1}(j)}{|T^{(n-1)}|}P^{(2)}(l|j)\right]=0 \ \ \text{a.e.} \qquad (3\text{-}7)$$

其中 $P^{(N)}(l|j)$ 是由 P 决定的第 N-步转移概率, 根据归纳就有

$$\lim_n\left[\frac{S_{n+N}(l)}{|T^{(n+N)}|}-\sum_{j=0}^{b-1}\frac{S_{n-1}(j)}{|T^{(n-1)}|}P^{(N+1)}(l|j)\right]=0 \ \ \text{a.e.} \qquad (3\text{-}8)$$

因为

$$\lim_N P^{(N+1)}(l|j)=\pi(l),\ \ j\in G \qquad (3\text{-}9)$$

和 $\sum_{j=0}^{b-1}S_{n-1}(j)=|T^{(n-1)}|$, 从 (3-8) 和 (3-9) 就得 (3-2).

定理 3.2 设 $\{X_\sigma,\sigma\in T\}$ 是定理 3.1 中定义的树指标非齐次马氏链, $S_n(k,l)$ 同定理 2.2 的推论 2.5 中所定义的, 那么

$$\lim_n\frac{S_n(k,l)}{|T^{(n)}|}=\pi(k)P(l|k) \ \ \text{a.e.} \qquad (3\text{-}10)$$

证明 由推论 2.5 和定理 3.1 直接可证得.

推论 3.3 (见 [99]) 设 $\{X_\sigma,\sigma\in T\}$ 为树指标有限状态齐次马氏链, 其转移概率矩阵为 $P=(P(j|i))$, 如果 P 是遍历的, 则 (3-2) 和 (3-10) 成立.

　　设 T 是一树图, $\{X_\sigma, \sigma \in T\}$ 为 T 树指标并取值于 $\mathcal{A}$ 的随机过程, $x^{T^{(n)}}$ 是在它的有限子集 $X^{T^{(n)}}$ 的样本, 记

$$P(x^{T^{(n)}}) = P(X^{T^{(n)}} = x^{T^{(n)}}) \tag{3-11}$$

记

$$f_n(\omega) = -\frac{1}{|T^{(n)}|} \ln P(X^{T^{(n)}}) \tag{3-12}$$

称 $f_n(\omega)$ 为 $X^{T^{(n)}}$ 的熵密度. 如果 $\{X_\sigma, \sigma \in T\}$ 为定义 3.1 中的树指标非齐次马氏链, 由 (3-12) 我们有

$$f_n(\omega) = -\frac{1}{|T^{(n)}|} \left[\ln p(X_0) + \sum_{i=0}^{n-1} \sum_{\sigma \in L_i} \sum_{\tau \in S(\sigma)} \ln P_{i+1}(X_\tau|X_\sigma) \right] \tag{3-13}$$

如果 $f_n(\omega)$ 在某种收敛意义下收敛到常数 (L_1-收敛、以概率收敛、以概率 1 收敛), 在信息论中称为渐近等分性或 Shannon-McMillan-Breiman 定理, 或熵定理, 下面我们将证明树指标有限状态非齐次马氏链场在 a.e. 收敛意义下的 AEP, 是 [99, 100] 中结果的推广. 在下文中我们将他们的结果推广到树指标有限非齐次马氏链场的 AEP.

　　定理 3.4　设 $\{X_\sigma, \sigma \in T\}$ 是定理 3.1 中的树指标有限非齐次马氏链, $f_n(\omega)$ 如 (3-13) 式所定义, 则

$$\lim_n \left\{ f_n(\omega) - \frac{1}{|T^{(n-1)}|} \sum_{i=0}^{n-1} \sum_{\sigma \in L_i} H[P_{i+1}(0|X_\sigma), \cdots, P_{i+1}(b-1|X_\sigma)] \right\} = 0 \quad \text{a.e.} \tag{3-14}$$

如果 (3-1) 成立, 则

$$\lim_n f_n(\omega) = \sum_{k=0}^{b-1} \pi(k) H[P(0|k), \cdots, P(b-1|k)] \quad \text{a.e.} \tag{3-15}$$

其中 $H[P(0), \cdots, P(b-1)]$ 是分布 $(P(0), \cdots, P(b-1))$ 的熵, 即

$$H[P(0), \cdots, P(b-1)] = -\sum_{k=0}^{b-1} P(k) \ln P(k) \tag{3-16}$$

　　证明　在定理 2.2 中令 $g_n(x, y) = -\ln P_n(y|x)$, $a_n = |T^{(n)}|$, $\alpha = \dfrac{1}{2}$, 注意到

$$E[g_n^2(X_\sigma, X_\tau) e^{\alpha|g_n^2(X_\sigma, X_\tau)|}|X_\sigma]$$

$$= \sum_{x_\tau} (\ln P_n(x_\tau|X_\sigma))^2 e^{-\frac{1}{2}\ln P_n(x_\tau|X_\sigma)} P_n(x_\tau|X_\sigma)$$

$$= \sum_{x_\tau} (\ln P_n(x_\tau|X_\sigma))^2 (P_n(x_\tau|X_\sigma))^{\frac{1}{2}} \leqslant b16e^{-2} \qquad (3\text{-}17)$$

其中 $\tau \in S(\sigma)$, 我们有

$$\limsup_n \frac{1}{|T^{(n)}|} \sum_{i=0}^{n-1} \sum_{\sigma \in L_i} \sum_{\tau \in S(\sigma)} E[g_{i+1}^2(X_\sigma, X_\tau)e^{\alpha|g_{i+1}^2(X_\sigma, X_\tau)|}|X_\sigma] \leqslant b16e^{-2} \quad (3\text{-}18)$$

根据 (2-1) 和 (2-8) 就有

$$\frac{F_n(\omega)}{|T^{(n)}|} = -\frac{1}{|T^{(n)}|} \sum_{i=0}^{n-1} \sum_{\sigma \in L_i} \sum_{\tau \in S(\sigma)} \ln P_{i+1}(X_\tau|X_\sigma)$$

$$= f_n(\omega) + \frac{\ln p(X_0)}{|T^{(n)}|} \qquad (3\text{-}19)$$

$$G_n(\omega) = |S(0)| \sum_j (-\ln P_1(j|X_0)) P_1(j|X_0)$$

$$+ N \sum_{i=1}^{n-1} \sum_{\sigma \in L_i} \sum_j (-\ln P_{i+1}(j|X_\sigma)) P_{i+1}(j|X_\sigma)$$

$$= N \sum_{i=1}^{n-1} \sum_{\sigma \in L_i} H[P_{i+1}(0|X_\sigma), \cdots, P_{i+1}(b-1|X_\sigma)]$$

$$+ |S(0)| H[P_1(0|X_0), \cdots, P_1(b-1|X_0)] \qquad (3\text{-}20)$$

由 (3-18)—(3-20) 和定理 2.2 就证明了 (3-14).

如果 (3-1) 成立, 易证

$$\lim_n \frac{1}{|T^{(n-1)}|} \sum_{i=0}^{n-1} \sum_{\sigma \in L_i} \{H[P_{i+1}(0|X_\sigma), \cdots, P_{i+1}(b-1|X_\sigma)]$$

$$- H[P(0|X_\sigma), \cdots, P(b-1|X_\sigma)]\} = 0 \qquad (3\text{-}21)$$

由定理 3.1

$$\lim_n \frac{1}{|T^{(n-1)}|} \sum_{i=0}^{n-1} \sum_{\sigma \in L_i} H[P(0|X_\sigma), \cdots, P(b-1|X_\sigma)]$$

$$= \lim_n \frac{1}{|T^{(n-1)}|} \sum_{i=0}^{n-1} \sum_{\sigma \in L_i} \sum_k I_k(X_\sigma) H[P(0|k), \cdots, P(b-1|k)]$$

$$= \sum_k H[P(0|k), \cdots, P(b-1|k)] \lim_n \frac{S_{n-1}(k)}{|T^{(n-1)}|}$$

$$= \sum_{k=0}^{b-1} \pi(k) H[P(0|k), \cdots, P(b-1|k)] \quad \text{a.e.} \tag{3-22}$$

由 (3-21) 和 (3-22) 就得 (3-15).

    附注   本章对树图上的马氏链场证明了在 a.e. 收敛意义下的强熵定理, 我们猜想对一般树图上 PPG-不变奇偶马氏链场, 强熵定理也成立, 但其证明还是一个开问题.

第 8 章　Z^d 上随机场的信息度量和熵定理

8.1　Z^d 上随机场的熵率

首先我们回忆第 2 章中给出的 Z^d 上随机场的定义.

考虑 $S = Z^d$ 上定义的随机场, 设 $\mathcal{X}$ 是一个有限集合, $\mathcal{B}$ 为 $\mathcal{X}$ 的 σ-域, $\Omega = \mathcal{X}^S = \prod_{i \in S} \mathcal{X}_i$, 其中每个 $\mathcal{X}_i = \mathcal{X}$. 则 S 上的一个随机场是概率空间 $(\Omega, \mathcal{F}_S) = (\mathcal{X}, \mathcal{B})^S$ 上的一个测度 μ, 或者用 Z^d 上的一族随机变量来定义. 以 S 的节点为下标的一族随机变量 $\mathbf{X} = \{X_s : X_s \in \mathcal{X}, s \in S\}$ 称定义于 S 上取值于 $\mathcal{X}$ 的随机场. 我们还可以用相容的有限维分布族或相容的条件转移概率来定义随机场, 这里不再重复, 可参见第 2 章. 下面定义随机场的一些信息度量. 先给出一些记号, 设 S 的子集

$$V^{(n)} = \{i = (i_1, i_2, \cdots, i_d), -n \leqslant i_k \leqslant n, k = 1, 2, \cdots, d\}$$

在不致混淆的场合, 把它简记为 V.

定义 1.1　设 $V \subseteq S$ 是一个非空子集, μ 是定义在 S 上的一个随机场, μ_V 是定义在 $\mathcal{X}^V$ 上的边际分布, 定义 $\mu_{V^{(n)}}$ 的熵为

$$H_V(\mu) \overset{\triangle}{=} H_V(X^{V^{(n)}}) = -\sum_{x^{V^{(n)}}} \mu(x^{V^{(n)}}) \log \mu(x^{V^{(n)}}) \tag{1-1}$$

定义 $\mu_{V^{(n)}}$ 的平均熵为

$$h_V(\mu) = \frac{1}{|V^{(n)}|} H_V(X^{V^{(n)}}) \tag{1-2}$$

定义随机场 μ 的熵率为

$$h(\mu) \overset{\triangle}{=} h(\mathbf{X}) = \lim_{n \to \infty} h_V(\mu) \tag{1-3}$$

如果它存在的话.

熵率的存在性证明是以下强半可加性的推论.

性质 1.2　设 μ 是定义在 Z^d 上的平移不变随机场, 对于 $S = Z^d$ 的任何有限子集 V, V', V_1, V_2, 我们有

(a) $0 \leqslant H(\mu_V) \leqslant |V| \log 2$;

(b) 对于 $V \subseteq V'$ 有 $0 \leqslant H(\mu_{V'}) - H(\mu_V) \leqslant (|V'| - |V|) \log 2$;

(c) 强半可加性

$$H(\mu_{V_1 \cup V_2}) + H(\mu_{V_1 \cap V_2}) \leqslant H(\mu_{V_1}) + H(\mu_{V_2})$$

特别地, 如果 $V_1 \cap V_2 = \varnothing$, 则

$$H(\mu_{V_1 \cup V_2}) \leqslant H(\mu_{V_1}) + H(\mu_{V_2})$$

证明　因为 $H(\mu_\varnothing) = 0$, 所以性质 (a) 是 (b) 的推论.

(b) 如果 $V \subseteq V'$, 则有

$$H(\mu_{V'}) - H(\mu_V) = -\sum_{x^V} \sum_{x^{V' \setminus V}} \mu_{V'}(x^V \cup x^{V' \setminus V})[\log \mu_{V'}(x^{V'}) - \log \mu_V(x^V)] \quad (1\text{-}4)$$

因为 $\mu_{V'}(x^{V'}) \leqslant \mu_V(x^V)$, 所以 (1-4) 导致

$$H(\mu_{V'}) - H(\mu_V) \geqslant 0 \quad (1\text{-}5)$$

记 $\tilde{\mu}_V(x^V) = 2^{|V|} \mu_V(x^V)$, 就有

$$\tilde{H}(\mu_V) \overset{\triangle}{=} H(\mu_V) - \log 2^{|V|} = -2^{-|V|} - \sum_{x^V} \tilde{\mu}_V(x^V) \log \tilde{\mu}_V(x^V)$$

因此

$$\tilde{H}(\mu_{V'}) - \tilde{H}(\mu_V) = -2^{-|V|} \sum_{x^V} \sum_{y^{V' \setminus V}} \tilde{\mu}_{V'}(x^V \cup y^{V' \setminus V}) \log \frac{\tilde{\mu}_{V'}(x^V \cup y^{V' \setminus V})}{\tilde{\mu}_V(x^V)} \quad (1\text{-}6)$$

因为函数 $t \log t (t > 0)$ 的凸性, 我们有

$$t \log t \geqslant t - 1 \quad \text{或} \quad -\log t \leqslant \frac{1}{t} - 1 \quad (1\text{-}7)$$

将 $t = \dfrac{\tilde{\mu}_{V'}(x^V \cup y^{V' \setminus V})}{\tilde{\mu}_V(x^V)}$ 代入 (1-6) 式得

$$H(\mu_{V'}) - H(\mu_V) - [|V'| - |V|] \log 2 = \tilde{H}(\mu_{V'}) - \tilde{H}(\mu_V)$$

$$\leqslant 2^{-|V|} \sum_{x^V} \sum_{y^{V' \setminus V}} \tilde{\mu}_{V'}(x^V \cup y^{V' \setminus V}) \left[\frac{\tilde{\mu}_V(x^V)}{\tilde{\mu}_{V'}(x^V \cup y^{V' \setminus V})} - 1 \right] = 0 \quad (1\text{-}8)$$

(1-5) 结合 (1-8) 就证明了 (b).

(c) 再次利用 (1-6), 我们得到

$$H(\mu_{V_1 \cup V_2}) - H(\mu_{V_1}) - H(\mu_{V_2}) + H(\mu_{V_1 \cap V_2})$$

$$= - \sum_{x^{V_1 \cap V_2}} \sum_{y^{V_1 \setminus V_2}} \sum_{z^{V_2 \setminus V_1}} \mu_{V_1 \cup V_2}(x^{V_1 \cap V_2} y^{V_1 \setminus V_2} z^{V_2 \setminus V_1})$$

$$\cdot \log \frac{\mu_{V_1 \cup V_2}(x^{V_1 \cap V_2} y^{V_1 \setminus V_2} z^{V_2 \setminus V_1}) \mu_{V_1 \cap V_2}(x^{V_1 \cap V_2})}{\mu_{V_1}(x^{V_1 \cap V_2} y^{V_1 \setminus V_2}) \mu_{V_2}(x^{V_1 \cap V_2} z^{V_2 \setminus V_1})}$$

$$\leqslant \sum_{x,y,z} \mu_{V_1 \cup V_2} \left[\frac{\mu_{V_1} \cdot \mu_{V_2}}{\mu_{V_1 \cup V_2} \cdot \mu_{V_1 \cap V_2}} - 1 \right]$$

$$= \sum_{x,y} \frac{\mu_{V_1}}{\mu_{V_1 \cap V_2}} \sum_{z} \mu_{V_2} - \sum_{x,y,z} \mu_{V_1 \cup V_2}(x \cup y \cup z)$$

$$= \sum_{x,y} \mu_{V_1}(x \cup y) - \sum_{x,y,z} \mu_{V_1 \cup V_2}(x \cup y \cup z)$$

$$= 0 \tag{1-9}$$

由此证明了 (c).

半可加性隐含了熵率的存在性.

定理 1.3 (a) 对 Z^d 上的平移不变随机场, 熵率存在, 并取值于 $[-\infty, \log|\mathcal{X}|]$, 且

$$h(\mu) = \inf_V \frac{H(\mu_V)}{|V|} \tag{1-10}$$

$$0 \leqslant h(\mu) \leqslant \log 2$$

(b) 熵率 $h(\mu)$ 是关于 μ 的仿射函数.

要证明此定理, 我们需要以下关于半可加函数极限的引理.

引理 1.4 设在定义域 $a = (a_1, a_2, \cdots, a_d) \in Z^d$, $a_i > 0, i = 1, 2, \cdots, d$ 上定义了实函数 $F(a_1, a_2, \cdots, a_d)$, 且满足以下半可加性

$$F(a_1, \cdots, b_i + c_i, \cdots, a_d)$$

$$\leqslant F(a_1, \cdots, b_i, \cdots, a_d) + F(a_1, \cdots, c_i, \cdots, a_d), \quad i = 1, 2, \cdots, d$$

则

$$\lim_{n \to \infty} \frac{F(a_1, a_2, \cdots, a_d)}{a_1 a_2 \cdots \cdot a_d} = \inf_n \frac{F(a_1, a_2, \cdots, a_d)}{a_1 a_2 \cdots \cdot a_d}$$

证明 记

$$C = \inf_n \frac{F(a_1, a_2, \cdots, a_d)}{a_1 a_2 \cdots \cdot a_d}$$

并设 $C \neq -\infty$, 显然

$$\liminf_{n\to\infty} \frac{F(a_1, a_2, \cdots, a_d)}{a_1 a_2 \cdots a_d} \geqslant C \tag{1-11}$$

对给定的 $\varepsilon > 0$, 选取 $b = (b_1, b_2, \cdots, b_d)$ 使得

$$\frac{F(b_1, b_2, \cdots, b_d)}{b_1 b_2 \cdots b_d} < C + \varepsilon$$

取 $a_i = n_i b_i + c_i (i = 1, 2, \cdots, d)$, 其中 n_i 是一个整数, $0 \leqslant c_i \leqslant b_i$, 则半可加性导致

$$F(a_1, a_2, \cdots, a_d) \leqslant \left(\prod_{i=1}^{d} n_i\right) F(b_1, b_2, \cdots, b_d)$$

$$+ \left[a_1 a_2 \cdots a_d - \left(\prod_{i=1}^{d} n_i\right) F(b_1 b_2 \cdots b_d)\right] F(1, 1, \cdots, 1)$$

由此

$$\limsup_{n\to\infty} \frac{F(a_1, a_2, \cdots, a_d)}{a_1 a_2 \cdots a_d} \leqslant C + \varepsilon \tag{1-12}$$

由 ε 的任意性, (1-11) 连同 (1-12) 即对有限 C 证明了此引理, 对于 $C = -\infty$, 可以类似证明之.

定理 1.3 的证明　(a) 是性质 1.2 和引理 1.4 的推论.

(b) 因为 $H_V(\mu)$ 是 μ 的凹函数, 所以 $h(\mu)$ 也是 μ 的凹函数, 我们只需证 $h(\mu)$ 是 μ 的仿射函数. 设 μ_1 和 μ_2 是 $\mathcal{X}^{Z^d}$ 的平移不变分布 (随机场), $\mu_{1,V}$ 和 $\mu_{2,V}$ 分别是它们限制在 $\mathcal{X}^V$ 上的边际分布, 设 $0 < \alpha < 1$, 利用 $t\log t$ 的凸性和 $\log$ 的递增性, 我们有

$$H_V(\alpha\mu_{1,V} + (1-\alpha)\mu_{2,V})$$

$$= -\sum_{x^V} \left[\alpha\mu_{1,V}(x^V)\log\mu_{1,V}(x^V) + (1-\alpha)\mu_{2,V}(x^V)\log\mu_{2,V}(x^V)\right]$$

$$\overset{(i)}{\leqslant} -\sum_{x^V} \left[\alpha\mu_{1,V}(x^V) + (1-\alpha)\mu_{2,V}(x^V)\right]\log\left[\alpha\mu_{1,V}(x^V) + (1-\alpha)\mu_{2,V}(x^V)\right]$$

$$\overset{(ii)}{\leqslant} -\sum_{x^V} \left[\alpha\mu_{1,V}(x^V)\log(\alpha\mu_{1,V}(x^V)) + (1-\alpha)\mu_{2,V}(x^V)\log((1-\alpha)\mu_{2,V}(x^V))\right]$$

$$= -\sum_{x^V} \left[\alpha\mu_{1,V}(x^V)\log\mu_{1,V}(x^V) + (1-\alpha)\mu_{2,V}(x^V)\log\mu_{2,V}(x^V)\right]$$

$$-\alpha \log \alpha - (1-\alpha) \log(1-\alpha)$$

$$\overset{(iii)}{\leqslant} \alpha H_V(\mu_{1,V}) + (1-\alpha) H_V(\mu_{2,V}) + \log 2$$

其中不等式 (i) 成立是因为 $t \log t$ 的凸性, (ii) 成立是因为 $\log t$ 的增性, (iii) 成立是因为 $h(\alpha) = -\alpha \log \alpha - (1-\alpha) \log(1-\alpha) \leqslant \log 2$. 两边除以 $|V|$, 再令 $V \to Z^d$ 就得

$$h(\alpha \mu_{1,V} + (1-\alpha)\mu_{2,V}) = \alpha h(\mu_{1,V}) + (1-\alpha)h(\mu_{2,V}) \tag{1-13}$$

这就证明了 $h(\mu)$ 的仿射性.

熵率还有另一个表达式, 即可以表示为某个点上的随机变量在给定字典序的历史下的条件熵. 我们先介绍 Z^d 上的字典序, 对于 Z^d 上任两点 $i = (i_1, \cdots, i_d)$, $j = (j_1, \cdots, j_d)$, 记 $i \preceq j$, 如果存在某个 l, $i \leqslant l \leqslant d$, 使得 $i_l < j_l$, 而对 $1 \leqslant k \leqslant l$, 对应地有 $i_k = j_k$. 我们用以下记号表示在字典序下点 j 的历史:

$$V(j) = \{i \in Z^d : i \preceq j \text{ 或 } i = j\}$$

$$V^*(j) = V(j) \setminus \{j\}$$

又记

$$V - j = \{i - j : i \in V\}$$

表示集合 V 移位 j.

性质 1.5 设 $S = Z^d$ 上的随机场 $\mathbf{X} = \{X_i, i \in Z^d\}$ 服从 $\mathcal{X}^S$ 的概率分布 μ, 则

$$h(\mu) = \inf_V \frac{1}{|V|} H_V(\mu) = H(X_j \mid X^{V^*(j)}) \tag{1-14}$$

证明 我们可以假设 $j = 0 = (0, 0, \cdots, 0)$ 且 $H(X_0 \mid X^{V^*(0)}) < \infty$. 由定理 1.3, 我们只需证明以下不等式

$$\inf_V \frac{1}{|V|} H_V(\mu) \geqslant H(X_0 \mid X^{V^*(0)}) \geqslant h(\mu) \tag{1-15}$$

我们记 $\mu_{V(j)}$ 为 μ 在 $\mathcal{X}^{V(j)}$ 上的边际分布. 为证上式中的第一个不等式, 我们对任意 $W \subset V(0)$, 记 μ_W 为 $\mu_{V(0)}$ 在 $\mathcal{X}^W$ 上的边际分布, 利用 V 上的字典序, 易证

$$\frac{1}{|V|} H_V(\mu) \overset{(i)}{=} \frac{1}{|V|} \sum_{j \in V} H(X_j \mid X^{V^*(j) \cap V})$$

$$\overset{(ii)}{=} \frac{1}{|V|} \sum_{j \in V} H(X_0 \mid X^{V^*(0) \cap (V-j)})$$

$$\overset{\text{(ii)}}{\geqslant} H(X_0 \mid X^{V^*(0)})$$

其中 (i) 成立是因为熵的链法则, (ii) 成立是因为随机场的平移不变性, (iii) 成立是因为条件减少增加熵. 最后令 $V \to Z^d$ 就得第一个不等式. 下面证第二个不等式, 设 $h(\mu) > -\infty$, 连同性质 1.2 和定理 1.3 隐含了 $h_V(\mu) > -\infty$ 对所有 $V \subset S$ 成立, 取 $V, W \subset S$ 且 $W \subset V(0)$, 则

$$\frac{1}{|V|} H_V(\mu)$$

$$= \frac{1}{|V|} \sum_{i \in V} [H_{V \cap V(i)}(\mu) - H_{V \cap V^*(i)}(\mu)]$$

$$= \frac{1}{|V|} \sum_{i \in V} [H_{(V-i) \cap V(0)}(\mu) - H_{(V-i) \cap V^*(0)}(\mu)]$$

$$= \frac{1}{|V|} \sum_{i \in V} H(X_0 \mid X^{V^*(0) \cap (V-i)})$$

$$\leqslant \frac{1}{|V|} \sum_{i \in V, W \subset (V-i)} H(X_0 \mid X^{V^*(0) \cap (V-i)})$$

$$= |\{i \in V, W + i \subset V\}| H(X_0 \mid X^{V^*(0) \cap W})$$

令 $V \to \infty$, 就得 $h(\mu) \leqslant H(X_0 \mid X^{V^*(0) \cap W})$, 最后令 W 扩张到 $V(0)$, 就得 $h(\mu) \leqslant H(X_0 \mid X^{V^*(0)})$, 证明了第二个不等式.

作为上述定义之特例, 当 $d = 1$, 即 $S = Z$ 时, 就得对平稳随机过程有

$$h(\mu) = H(X_0 \mid \{X_j, j < 0\})$$

当 $d = 2$, 即 $S = Z^2$ 时, 对平稳随机场, 有

$$h(\mu) = H(X_{0,0} \mid X_{i,j}; (i < 0) \text{ 或 } (i = 0, j < 0))$$

如图 8.1.1(a) 所示.

D. Anastassiou[5] 给出熵率的另一种有趣的表达式, 为了描述一般情形, 考虑通过原点 $(0,0)$ 且与水平轴交角为 $\arctan \alpha$ 的直线 L_α (图 8.1.1(b)), 设 α 为两个不可约整数之商 M/N, 这样就得到熵率的另一种表示

$$h(\mu) = H(X_{M,N} \mid X_{i,j}; i, j \in \tilde{P})$$

其中 $\tilde{P}$ 表示直线 L_α 下面的半平面以及 L_α 上满足 $i \leqslant M$, $j \leqslant N$ 的半直线 (图 8.1.1(b) 中取 $M/N = 3/5$).

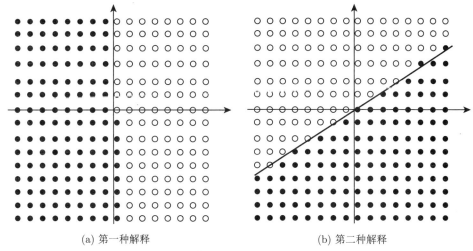

(a) 第一种解释   (b) 第二种解释

图 8.1.1 Z^2 上平稳随机场的熵率的解释

Föllmer[27] 用另一种方法给出了熵率的同一种表达式, 但是他的讨论同时给出 McMillan 定理的 d 维形式, 为了介绍他的结果, 我们需要一些新的概念. 将 $S = Z^d$ 分解成偶子格 S_E 和奇子格 S_O, 其中

$$S_E = \{t = (t_1, t_2, \cdots, t_d) \in S \mid t_1 + t_2 + \cdots + t_d = \text{偶数}\}$$

$$S_O = \{t = (t_1, t_2, \cdots, t_d) \in S \mid t_1 + t_2 + \cdots + t_d = \text{奇数}\}$$

对 $k = 1, 2, \cdots, \infty$, 设 T_k 表示 $S = Z^d$ 中所有这样的点的集合:

$$T_k = \{t = (t_1, t_2, \cdots, t_d) \in S : t_i = n_i k \text{ 对某个整数 } n_i \text{ 成立}\}$$

定义

$$T_k^* = \{s \in S \mid s \prec 0 \text{ 或 } s \text{ 不属于 } T_k\}$$

其中 $\prec$ 表示 S 上定义的字典序. 例如:

(a) $T_1 = S$, 且 T_1^* 就是 0 点在字典序下的历史 $T_1^* = \{s \in S \mid s \prec 0\}$.

(b) T_2 就是 $S = Z^d$ 中偶子格, 即 $T_2 = S_E$, 而 T_2^* 是 $S = Z^d$ 中零点 0 在字典序下的历史和未来中属于奇子格的点的集合 $T_2^* = \{s \in Z^d \mid \{s \prec 0\} \cup \{(0 \prec s) \cap S_O\}\}$.

(c) T_∞ 意味着它就是零点, 即 $T_\infty = \{0\}$, 因此 $T_\infty^* = S \setminus \{0\} = \bigcup_{k=1}^{\infty} T_k^*$.

回忆对 $a = (a_1, a_2, \cdots, a_d) \in S$, 记

$$V^{(a)} = \{t = (t_1, \cdots, t_d) \in S \mid 0 \leqslant t_i \leqslant a_i, i = 1, 2, \cdots, d\}, \quad V_k^{(a)} = V^{(a)} \cap T_k$$

$$V^{*(a)} = V^{(a)} \cap T_k^* = V^{(a)} \setminus V_k^{(a)}$$

我们记 $a \to \infty$ 意味着 $\min_{1 \leqslant i \leqslant d} a_i \to \infty$.

定理 1.6 (Föllmer[27])　设 μ 是定义于 $S = Z^d$ 上的平稳随机场, 则

(i)

$$h(\mu) = \lim_{a \to \infty} \frac{1}{|V^{(a)}|} H(\mu_{V^{(a)}}) \tag{1-16}$$

$$h_k^*(\mu) \stackrel{\triangle}{=} \lim_{a \to \infty} \frac{1}{|V^{*(a)}|} H(\mu_{V^{*(a)}}) \tag{1-17}$$

存在且满足

$$h(\mu) = \left(1 - \frac{1}{k^d}\right) h_k^*(\mu) + \frac{1}{k^d} H(\mu_0(\cdot \mid T_k^*)) \tag{1-18}$$

其中 $H(\mu_0(\cdot \mid T_k^*))$ 表示 $\mathcal{X}$ 上概率测度 $\mu_0(\cdot \mid T_k^*)(x)$ 的熵. 特别地对 $k = 1$, 我们得到

$$h(\mu) = E_\mu[H(\mu_0(\cdot \mid T_1^*))] \tag{1-19}$$

(ii) $\quad \lim_{a \to \infty} -\frac{1}{|V^{(a)}|} \log \mu(X^{V^{(a)}}) = E_\mu[H(\mu_0(\cdot \mid T_1^*)) \mid \mathcal{T}]$ 以 L_μ^1 收敛 $\tag{1-20}$

其中 $\mathcal{T}$ 是 Z^d 上所有平移不变集合生成的 σ-域, $E_\mu[\cdot \mid \mathcal{T}]$ 是关于 σ-域 $\mathcal{T}$ 的条件期望.

附注　(ii) 就是 McMillan 定理的 d-维形式.

在统计力学中, 还有另一种定义熵率的公式.

定义 1.7　对于定义在立方体 $V^{(n)}$ 上且具有以下形式的 Gibbs 分布

$$\mu^{V^{(n)}}(\omega) = \frac{1}{Z_n} \exp\{-U_n(\omega)\}$$

其熵定义为

$$H(\mu^{V^{(n)}}) = \log Z_n + E_\mu[U_n(\omega)]$$

对于平移不变随机场, 上式的平均值极限仍有意义, 且熵率可表示为

$$h(\mu) = \lim_{n \to \infty} \frac{1}{|V^{(n)}|} \{\log Z_n + E_\mu[U_n(\omega)]\}$$

对于一般的 Gibbs 分布很难得到 $\lim_{n \to \infty} \frac{1}{|V^{(n)}|} \log Z_n$ 的解析表达式, 因此随机场的熵率的计算是一个众所周知相当困难的问题, 在统计力学中只有 2 维 Ising 模型在没有外场的情形下有解析表达式, 最早是 Onsager[69] 解决的, 详见后面的章节.

8.2 Z^d 上随机场的相对熵率

本章将把随机过程的相对熵推广到随机场, 称之为特别相对熵 (specific relative entropy).

定义 2.1 设 μ 和 ν 是定义在 $S = Z^d$ 上的两个随机场, μ_V 和 ν_V 分别是 μ 和 ν 在 $V \subset S$ 上的边际分布, 定义 μ_V 和 ν_V 的相对熵为

$$H(\mu_V; \nu_V) = \begin{cases} \sum_{x^V} \mu_V(x^V) \log \dfrac{\mu_V(x^V)}{\nu_V(x^V)}, & \text{在 } \mathcal{X}^V \text{ 上 } \mu_V \ll \nu_V \\ \infty, & \text{其他} \end{cases}$$

$$= \begin{cases} E_\nu(f_V \log f_V), & \text{在 } \mathcal{X}^V \text{ 上 } \mu_V \ll \nu_V \\ \infty, & \text{其他} \end{cases} \tag{2-1}$$

其中 f_V 是 μ_V 相对于 ν_V 的任意 Radon-Nikodyn 导数, $E_\nu(\cdot)$ 是关于分布 ν 的数学期望. μ 关于 ν 的相对熵定义为

$$H(\mu; \nu) = \lim_{V \to S} H(\mu_V; \nu_V) \tag{2-2}$$

如果极限存在的话.

如果记

$$\phi(x) = 1 - x + x \log x$$

则 $H(\mu_V; \nu_V)$ 可以表示为

$$H(\mu_V; \nu_V) = E_\nu(\phi \circ f_V)$$

其中 $\mu_V = f_V \cdot \nu_V$ 对某个 $\mathcal{X}^V$ 是 $\mathcal{X}^V$-可测函数, 这个函数是非负且严格凸的. 并且, ϕ 仅在点 $x = 1$ 上达到其最小值 0. 易见

$$H(\mu_V; \nu_V) = E_\nu \left(\frac{\mu_V(x^V)}{\nu_V(x^V)} \right)$$

事实上

$$\text{右边} = E_\nu \left(1 - \frac{\mu_V(x^V)}{\nu_V(x^V)} + \frac{\mu_V(x^V)}{\nu_V(x^V)} \log \frac{\mu_V(x^V)}{\nu_V(x^V)} \right)$$

$$= 1 - \sum_{x^V} \mu_V(x^V) + \sum_{x^V} \mu_V(x^V) \log \frac{\mu_V(x^V)}{\nu_V(x^V)} = \text{左边}$$

性质 2.2　设 μ_V 和 ν_V 是定义在 $\mathcal{X}^V$ 上的两个概率分布, 则以下结论成立.

(a) $H(\mu_V; \nu_V) \geqslant 0$;

(b) $H(\mu_V; \nu_V) = 0$ 当且仅当 $\mu_V = \nu_V$;

(c) $H(\mu_V; \nu_V)$ 是 V 的增函数;

(d) $H(\mu_V; \nu_V)$ 是 $(\mu_V; \nu_V)$ 对的凸函数.

证明　(a) 和 (b) 是熵函数的性质, 此处略去证明.

(c) 设 $V \subset W$, 不失一般性, 我们设 μ_V 是 μ_W 的边际分布, 则有

$$
\begin{aligned}
H(\mu_W; \nu_W) &= \sum_{x^W} \mu_W(x^W) \log \frac{\mu_W(x^W)}{\nu_W(x^W)} \\
&= \sum_{x^V} \sum_{x^{W \setminus V}} \mu_V(x^V) \mu(x^{W \setminus V} \mid x^V) \log \frac{\mu_V(x^V) \mu(x^{W \setminus V} \mid x^V)}{\nu_V(x^V) \nu(x^{W \setminus V} \mid x^V)} \\
&= \sum_{x^V} \sum_{x^{W \setminus V}} \mu_V(x^V) \mu(x^{W \setminus V} \mid x^V) \log \frac{\mu_V(x^V)}{\nu_V(x^V)} \\
&\quad + \sum_{x^V} \sum_{x^{W \setminus V}} \mu_V(x^V) \mu(x^{W \setminus V} \mid x^V) \log \frac{\mu(x^{W \setminus V} \mid x^V)}{\nu(x^{W \setminus V} \mid x^V)} \\
&= H(\mu_V; \nu_V) + H(X^{W \setminus V} \mid X^V) \geqslant H(\mu_V; \nu_V)
\end{aligned}
$$

其中不等式成立是因为条件熵的非负性.

(d) 就是相对熵的性质, 此处略去证明.

性质 2.3　设 μ 和 ν 是定义在 $\mathcal{X}^S$ 上的两个平移不变随机场, $\{V^{(n)}\}$ 是 S 的一列增子集, 满足 $\bigcup_n V^{(n)} = S$, 则

$$
H(\mu; \nu) \stackrel{\triangle}{=} \lim_{n \to \infty} H(\mu_{V^{(n)}}; \nu_{V^{(n)}}) = \sup_n H(\mu_{V^{(n)}}; \nu_{V^{(n)}})
$$

证明　由性质 2.2(c) 可知

$$
H(\mu; \nu) \geqslant \sup_n H(\mu_{V^{(n)}}; \nu_{V^{(n)}}) = \lim_{n \to \infty} H(\mu_{V^{(n)}}; \nu_{V^{(n)}}) \stackrel{\triangle}{=} c
$$

所以只需证 $H(\mu; \nu) \leqslant c$, 若 $c = \infty$, 则结论显然成立, 所以我们可以设 $c < \infty$. 则在每个 $\mathcal{X}^V$ 上 μ 是 ν-连续的, 因此存在一族 $\mathcal{X}^V$-可测函数 (f_V), 使得在 $\mathcal{X}^V$ 上 $f_V \geqslant 0$, 且 $\mu_V = f_V \cdot \nu_V$, 且 (f_V) 关于 ν 为鞅, 我们将证明这个鞅以 $L^1(\nu)$-范数收敛到某个 $\mathcal{X}^S$-可测函数 $f \geqslant 0$.

首先注意到 (f_V) 是 ν-一致可积的, 这由下面的估计可得

$$
E_\nu(f_V 1_{\{f_V \geqslant r\}}) \leqslant \frac{1}{\log r} E_\nu(f_V \log(1_{\{f_V \geqslant r\}})) \leqslant \frac{c+1}{\log r}
$$

对所有 V 和 $r > 1$ 成立. 其中最后一个不等式成立是因为当 $x \geqslant 0$ 时 $x \log x \geqslant -1$.

其次我们证明 (f_V) 是 $L^1(\nu)$-Cauchy 集. 如若不然, 则存在一个 $\varepsilon > 0$ 和一列增整数 $(n_i)_{i \geqslant 1}$ 使得 $E_\nu(|f_{V^{(i+1)}} - f_{V^{(i)}}|) \geqslant \varepsilon$ 对 $i \geqslant 1$ 成立. 但这是不可能的, 因为 $(f_{V^{(i)}})$ 是一致可积鞅, 从而是 $L^1(\nu)$-收敛的. 因为 $L^1(\nu)$ 是完备的, 因此存在一个 $\mathcal{X}^S$-可测函数 $f \geqslant 0$, 使得 $\lim_{n \to \infty} E_\nu(|f_V - f|) = 0$. 在 $\mathcal{X}^S$ 上有 $\mu = \nu f$. 根据这个事实, 我们来证明 $H(\mu; \nu) \leqslant c$. 令 N 为任意正整数, 考虑函数 $g = \min\{N, f \log f\}$ 和 $g_V = \min\{N, f_V \log f_V\}$, 因为 f_V 以概率收敛到 f, g_V 以概率收敛到 g, 而 $-1 \leqslant g_V, g \leqslant N$, 这隐含了 $\lim_{n \to \infty} E_\nu(|g_V - g|) = 0$, 从而有

$$E_\nu(g) = \lim_{n \to \infty} E_\nu(g_V) \leqslant H(\mu_V; \nu_V) = c$$

令 $N \to \infty$, 就得到所要的不等式. 证毕.

Föllmer[27] 给出相对熵率的存在性证明.

定理 2.4 (Föllmer[27]) 设 μ 和 ν 是定义在 $\mathcal{X}^S$ 上的两个平稳随机场.

(1) 如果 ν 还是 r-阶马氏场, 则相对熵率

$$h(\mu; \nu) = \lim_{a \to \infty} \frac{1}{|V^{(a)}|} H(\mu_{V^{(a)}}; \nu_{V^{(a)}}) \tag{2-3}$$

$$h_k^*(\mu; \nu) = \lim_{a \to \infty} \frac{1}{|V^{*(a)}|} H(\mu_{V^{*(a)}}; \nu_{V^{*(a)}}) \tag{2-4}$$

存在并满足以下关系式

$$h(\mu; \nu) = \left(1 - \frac{1}{k^d}\right) h_k^*(\mu; \nu) + \frac{1}{k^d}[H(\mu_0(\cdot \mid T_k^*); \nu_0(\cdot \mid T_k^*))] \quad (k > r) \tag{2-5}$$

其中右边第二项中括号 [ ] 中是 $\mu_0(\cdot \mid T_k^*)(x)$ 关于 $\nu_0(\cdot \mid T_k^*)(x) = \nu_0(\cdot \mid N_r(0))(x)$ 的相对熵.

(2) 如果 ν 是 Gibbs 场, 则

$$\lim_{a \to \infty} \frac{1}{|V^{(a)}|}[H(\mu_{V^{(a)}}; \nu_{V^{(a)}}) - H(\mu_{V^{(a)}}; \pi_{V^{(a)}, \varphi(a)})] = 0 \tag{2-6}$$

对任何 $\varphi(a)$ 的选择成立.

(3) 如果 $h(\mu; \nu) = 0$, 则 μ 和 ν 有相同的局部特征.

定理 2.5 (Föllmer[27]) 设 μ 是定义在 $\mathcal{X}^S$ 上的平稳随机场, 对任意 $a \in S$, 选择一个 $\varphi(a) \in \mathcal{X}^{S-V^{(a)}}$, 则极限

$$e(\mathbf{x}) = \lim_{a \to \infty} \frac{1}{|V^{(a)}|} E_{V^{(a)}, \varphi(a)}(x^{V^{(a)}}) \tag{2-7}$$

在 μ-a.s. 收敛和 $L^p_\mu(p \geqslant 1)$-收敛意义下存在, 并且满足

$$e(\cdot) = E_\mu\left[\sum_{0\in A\in\mathcal{X}} \frac{U(A, x^A)}{|A|}\bigg|\mathcal{F}\right](\cdot) \quad \mu\text{-a.s.} \tag{2-8}$$

特别地 $e(\cdot)$ 不依赖于 $\varphi(a)$ 的选择.

定义 2.6 我们称 $h(\mu;\nu)$ 为特别熵, $e(\mathbf{x})$ 为组态 $\mathbf{x}$ 在 μ 下的特别能量, 称期望 $e(\mu) = E_\mu[e(\cdot)]$ 为 μ 的特别能量.

由相对熵的定义, 我们有以下等式

$$\frac{1}{|V|}H(\mu_V;\nu_V) = \frac{1}{|V|}\log Z_{V,\varphi} + \frac{1}{|V|}E_\mu[E_{V,\varphi}(\cdot)] - \frac{1}{|V|}H(\mu_V) \tag{2-9}$$

其中 $Z_{V,\varphi}$ 是第 2 章中定义的配分函数, 相对熵率 $h(\mu;\nu)$、特别能量 $e(\mu)$ 和 $h(\mu)$ 的存在性导致以下极限

$$p = \lim_{a\to\infty} \frac{1}{|V|}\log Z_{V,\varphi} \tag{2-10}$$

的存在性并不依赖于 $\varphi(a)$ 的选择. 则在 (2-9) 式中令 $V \to S$, 并取 $\nu \in G(U)$, 我们就得关系式

$$h(\mu;\nu) = p + e(\mu) - h(\mu) \tag{2-11}$$

称这个关系式为变差准则. 我们综合上述结果为以下定理.

定理 2.7 (Föllmer[27]) 设 μ 是定义在 $\mathcal{X}^S$ 上的平稳随机场, $\nu \in G_0(U)$, 则以下命题等价:

(1) $\mu \in G(U)$;

(2) $\lim_{a\to\infty} \frac{1}{|V_{(a)}|}H(\mu_{V^{(a)}}; \pi_{V(a),\varphi(a)}) = 0$ 对 $\varphi(a)$ 的任何选择成立;

(3) $h(\mu;\nu) = 0$;

(4) 特别自由能量 $f(\cdot)$ 在 μ 达到最小值.

特别熵的存在性隐含了 d 维 Gibbs 场的 Breiman 定理的成立, 事实上, 设 ν 是一个平稳 Gibbs 场, 因为

$$-\frac{1}{|V|}H(\mu_{V^{(a)}}; \pi_{V(a),\varphi(a)}) = \frac{1}{|V|}\log Z_{V^{(a)},\varphi(a)} + \frac{1}{|V^{(a)}|}E_{V^{(a)},\varphi(a)}(x^{V^{(a)}})$$

当 $a \to \infty$ 时以 ν-a.s. 收敛到 $p + e(x)$, 因为对任意 x

$$\lim_{a\to\infty} |\log \pi_{V(a),\varphi(a)}(x^{V^{(a)}}) - \log\nu(x^{V^{(a)}})| = 0$$

我们就得到极限

$$h(\nu) = \lim_{a \to \infty} \left[-\frac{1}{|V^{(a)}|} \log \nu_{V^{(a)}}(\mathbf{X}) \right]$$

ν-a.s. 存在, 且关系式 $h(\cdot) - p + e(\cdot)$ 在 ν-a.s. 意义下成立.

8.3 Z^d 上 Ising 模型的熵率

回忆 $S = Z^d$ 上定义的 Ising 模型, 它由以下 Gibbs 准则表示

$$\pi_{\mathbf{X}}(\mathbf{x}) = \frac{1}{Z} \exp\left\{ J \sum_{\langle i,j \rangle} x_i x_j + H \sum_{i \in S} x_i \right\} \tag{3-1}$$

其中每个 $x_i \in \{-1, +1\}$, 大括号中第一个和号对所有邻点对取之, 第二个和号对所有节点取之. 先考虑局限在 S 的有限子集 $V = V^{(n)}$ 上, 记 $n_b(x^V)$ 和 $n_s(x^V)$ 分别表示 V 中边的总数和点的总数, 如果相邻的两点 $\langle i,j \rangle$ 上满足 $x_i \cdot x_j = 1$, 则称连接这两点的边为偶边, 否则 $(x_i \cdot x_j = -1)$ 称为奇边, 记 $n_e(x^V)$ 和 $n_o(x^V)$ 分别表示 x^V 中偶边的总数和奇边的总数, $n_1(x^V)$ 和 $n_{-1}(x^V)$ 分别表示 x^V 中取值为 $+1$ 或 -1 的点的总数. 则将 (3-1) 限制在 V 上可重写为

$$\begin{aligned}
\pi_V(x^V) &= \frac{1}{Z} \exp\left\{ J \sum_{\langle i,j \rangle \|i-j\|=1} x_i x_j + H \sum_{i \in V} x_i \right\} \\
&= \frac{1}{Z} \exp\{ J[n_e(x^V) - n_o(x^V)] + H[n_1(x^V) - n_{-1}(x^V)] \} \\
&= \frac{1}{Z} \exp\{ J[n_b(x^V) - 2n_o(x^V)] + H[2n_1(x^V) - n_s(x^V)] \} \\
&\overset{(*)}{=} \frac{1}{\tilde{Z}} \exp\{ bn_o(x^V) + hn_1(x^V) \}
\end{aligned} \tag{3-2}$$

其中 $b = -2J, h = 2H$, $(*)$ 式成立是因为总边数 n_b 和总点数 n_s 是固定的, 我们把它们提取到规范化因子 Z 中去了, $\tilde{Z}$ 也称为配分函数, 它是 b, h 的函数, 因此有时也记为 $\tilde{Z}(b,h)$. 我们在第 2 章中已经讨论过, 当 $H = 0, b > b_c$ 时, 当 $V \to Z^d$ 时由 (3-1) 式定义的 Ising 模型在 Z^d 上的极限分布是不唯一的, 即存在相变, 它们的全体记为 $G_0(\pi)$, 问题是对于任意 $\mu \in G_0(\pi)$, 它们的熵率 $h(\mu)$ 相等吗? 我们有以下定理.

定理 3.1 对于由 (3-1) 式定义的 Z^d 上的 Ising 模型, 对于任意 $\mu \in G_0(\pi)$, 它们的熵率 $h(\mu)$ 都相等.

证明　由第 2 章讨论知在发生相变的情形, 存在两个平稳极端态 $\mu_+, \mu_- \in G_0(\pi)$, 使得对任意 $\mu \in G_0(\pi)$, 都有某个 $0 \leqslant \alpha \leqslant 1$, 使得 $\mu = \alpha\mu_+ + (1-\alpha)\mu_-$, 因此 μ 也是平稳的, 所以对任意 $\mu \in G_0(\pi)$, 其熵率 $h(\mu)$ 都存在, 根据熵率的仿射性可得

$$h(\mu) = \alpha h(\mu_+) + (1-\alpha)h(\mu_-)$$

因此只需证

$$h(\mu_+) = h(\mu_-)$$

定义一个映射 $f : \mathcal{X}^{Z^d} \to \mathcal{X}^{Z^d}$, $f(\mathbf{x}) = \tilde{\mathbf{x}}$, 其中

$$\tilde{x}_i = \begin{cases} 1, & x_i = -1 \\ -1, & x_i = 1 \end{cases}$$

关键在于证明

$$\mu_+(x^V) = \mu_-(\tilde{x}^V) \text{ 对所有 } v^{(n)} \text{ 成立}$$

先固定 n, 取 $m \gg n$, 记 $x^{V^{(n)}}$ 在 $V^{(m)}$ 外取 $+1(-1)$ 边界且无外场 $(H=0)$ 情形下的分布为 $\mu_+(x^{V^{(n)}})(\mu_-(x^{V^{(n)}}))$, 则

$$\begin{aligned}
\mu_+(x^{V^{(m)}}) &= Z^{-1}\exp\{-bn_0^+(x^{V^{(m)}})\} \\
&= Z^{-1}\exp\{-bn_0^-(\tilde{x}^{V^{(m)}})\} \\
&= \mu_-(\tilde{x}^{V^{(m)}})
\end{aligned}$$

其中 $n_0^+(x^{V^{(m)}})(n_0^-(\tilde{x}^{V^{(m)}}))$ 是 $x^{V^{(m)}}$ 在 $+1(-1)$ 边界下的奇边数, 然后定义极限

$$\begin{aligned}
\mu_+(x^{V^{(n)}}) &= \lim_{m \to \infty} \sum_{x^{V^{(m)} \setminus V^{(n)}}} \mu_+(x^{V^{(n)}} x^{V^{(m)} \setminus V^{(n)}}) \\
&= \lim_{m \to \infty} \sum_{\tilde{x}^{V^{(m)} \setminus V^{(n)}}} \mu_-(\tilde{x}^{V^{(n)}} \tilde{x}^{V^{(m)} \setminus V^{(n)}}) \\
&= \mu_-(\tilde{x}^{V^{(n)}})
\end{aligned}$$

由于映射 f 是 1-1 的, 从而有

$$H(\mu_{+,V^{(n)}}) = H(\mu_{-,V^{(n)}})$$

则

$$h(\mu_+) = \lim_{n \to \infty} \frac{1}{|V^{(n)}|} H(\mu_{+,V^{(n)}}) = \lim_{n \to \infty} \frac{1}{|V^{(n)}|} H(\mu_{-,V^{(n)}}) = h(\mu_-)$$

定理得证.

为了给出熵率的解析表达式, 我们回忆 (3-1) 式给出的 Ising 模型, 所有统计量都可以用配分函数 Z 表出, 且 Gibbs 分布是在场的平均能量固定之条件下的最大熵分布, 分布 π_V 的熵可以表示为

$$H(\pi_V) = \log Z + E(U) = \log Z - \frac{1}{Z}\left(b\frac{\partial Z}{\partial b} + h\frac{\partial Z}{\partial h}\right) \quad (3\text{-}3)$$

对 (b, h) 的某个取值范围, 上式在统计极限 $n \to \infty$ $(V^{(n)} \to Z^d)$ 下仍然成立, 这个极限就给出了 Ising 模型的熵率. 极限分布的配分函数 Z 的计算最早是由 Onsager[69] 在 1944 年解决的, 他用了一个非常复杂的代数方法, 现在有一些其他更简单的方法. 以下配分函数的表达式是 Feynman[26] 于 1962 年给出的, Anastassiou[5] 于 1979 年加以改进, 当 $h = 0$ (无外场情形) 时为

$$\log_2 Z = 1 + \frac{1}{2}\log_2 a + \frac{1}{2}\int_0^{2\pi}\int_0^{2\pi}\log_2\left[a + \frac{1}{a} - (\cos\xi + \cos\eta)\right]\frac{d\xi d\eta}{(2\pi)^2} \quad (3\text{-}4)$$

其中 $a = \sinh(b)$. 由此, 熵率可表示为 b 的函数

$$\begin{aligned}
h(b) = {}& 1 + \frac{1}{2}\int_0^{2\pi}\int_0^{2\pi}\log_2[a^2 + 1 - a(\cos\xi + \cos\eta)]\frac{d\xi d\eta}{(2\pi)^2} \\
& - \frac{1}{2}\frac{b\cosh(b)}{\ln 2}\int_0^{2\pi}\int_0^{2\pi}\frac{2a - (\cos\xi + \cos\eta)}{a^2 + (\cos\xi + \cos\eta)}\frac{d\xi d\eta}{(2\pi)^2}
\end{aligned} \quad (3\text{-}5)$$

由配分函数的表达式 (3-4) 出发, 可以计算 Ising 模型的其他信息量和统计量.

从上述讨论, 我们知道无论是熵率还是相对熵都无法区分 μ_+ 和 μ_- 以及 $G_0(\pi)$ 中的其他分布, 要区分它们, 需要更精细的信息量, 8.4 节要讨论的表面熵可以区分它们. 此外对于定义在 Z^d 上的非二元随机场, 对于 $G_0(\pi)$ 中的两个不同的分布 μ 和 ν, 它们可以有不同的熵率, 下面是一个例子.

假设我们已经在 $\mathcal{X}^{Z^2}$ 上定义了一族平稳的二元随机场 $G_0(U)$, 其中 $\mathcal{X} = \{-1, +1\}$, 记 $\mathcal{Y} = \{-1, 0, +1\}$, 我们从上面的随机场来构造 $\mathcal{Y}^{Z^2}$ 上的一个新随机场. 对于 $\mathbf{x} \in \mathcal{X}^{Z^2}$, 如果 $x_i = -1$, 将它等概率地分成 $y_i = -1$ 或 0; 如果 $x_i = 1$, 则保持不变, 即 $y_i = x_i = 1$, 对于每个有限子集 $V \subset Z^2$, 对每个点都独立地作上述变换, 事实上我们在 $\mathcal{X}^{Z^2}$ 到 $\mathcal{Y}^{Z^2}$ 上设置了一个转移概率

$$Q(y \mid x) = \begin{cases} 1, & y_i = x_i = 1 \\ 1/2, & x_i = -1 \text{ 且 } y_i = -1 \text{ 或 } 0 \\ 0, & \text{其他} \end{cases} \quad (3\text{-}6)$$

这样对于每个 $\mu \in G_0(U)$, 我们得到 $\mathcal{Y}^{Z^2}$ 上对应的一个新测度

$$\tilde{\mu}(dy) = \int Q(dy|x)\mu(dx) \tag{3-7}$$

特别地 $\tilde{\mu}_+(\tilde{\mu}_-)$ 对于 $G_0(U)$ 中的 $\mu_+(\mu_-)$, 这意味着对每个可测集 $\tilde{B} \in \mathcal{Y}^{Z^2}$, 概率

$$\tilde{\mu}_\pm(\tilde{B}) = \int Q(\tilde{B}|x)\mu_\pm(dx) \tag{3-8}$$

我们要证明

$$h(\tilde{\mu}_+) < h(\tilde{\mu}_-) \tag{3-9}$$

事实上 $\mu^{V^{(n)}}$ 和 $\tilde{\mu}^{V^{(n)}}$ 的熵有关系

$$H(\tilde{\mu}^{V^{(n)}}) = H(\mu^{V^{(n)}}) + (\log 2) \int \mu(dx^{V^{(n)}}) \sum_{i \in V^{(n)}} 1_{x_i = -1}$$

因此

$$h(\tilde{\mu}) = \lim_{n \to \infty} \frac{1}{|V^{(n)}|} H(\tilde{\mu}^{V^{(n)}}) = h(\mu) + (\log 2)\mu(x_0 = -1) \tag{3-10}$$

但是

$$\mu_+(x_0 = -1) < \frac{1}{3} < \frac{2}{3} < \mu_-(x_0 = -1) \tag{3-11}$$

所以

$$h(\tilde{\mu}_+) < h(\tilde{\mu}_-)$$

显然 $\tilde{\mu}_\pm \in G_0(\tilde{U})$ 对 $\mathcal{Y}^{Z^2}$ 上某个适当定义的势函数 $\tilde{U}$ 成立.

由这个事实引出另一个有趣的问题是 "在 $\tilde{\mu} \in G_0(\tilde{U})$ 中是否有一个达到最大熵?", 如果有, 它们必定构成 $G_0(\tilde{U})$ 的一个真子集, 由上述结果, 我们可以认定根据统计力学中的变差原理, 那些在 $G_0(U)$ 中有相同熵率的测度也有相同的特别能量 (specific energy), 不然的话, 熵率越大, 特别能量越小.

8.4 Z^d 上随机场的表面熵

定义 4.1   对有限立方体 $V \subset S = Z^d$, 定义 ∂V 为 V 的表面 (或称边界), 然后定义随机场 μ 的表面熵为

$$h^s(\mu) \stackrel{\triangle}{=} \lim_{V \to S} \frac{1}{|\partial V|} H(\mu_{\partial V})$$

如果极限存在的话, 其中 $\mu_{\partial V}$ 是 μ 在 ∂V 上的边际分布.

我们有以下定理.

定理 4.2 (Föllmer[27]) 对 Z^d 上平移不变随机场 μ, 表面熵存在, 且等于

$$h^s(\mu) = \frac{1}{d}\sum_{i=1}^{d} h(\mu^{(i)}) \tag{4-1}$$

其中 $\mu^{(i)}$ 是 μ 在第 i 个坐标超平面上的边际分布, $h(\mu^{(i)})$ 是该分布的熵率.

证明 见 Föllmer[27].

附注 易见如果 μ 是平移不变随机场, 则 $\mu^{(i)}$ 也是平稳的, 因此对应的熵率 $h(\mu^{(i)})$ 存在, 所以表达式 (4-1) 是有意义的, 表面熵的定义是合适的. 表面熵可以用于区分 $G_0(U)$ 中不同的测度, 即便 $\mu, \nu \in G_0(U)$, $h(\mu;\nu) = 0, h(\mu) = h(\nu)$, 它们可能有不同的表面熵. 这个事实在随机场的大偏差理论中有用.

第 9 章　格上随机场的率失真函数和临界失真

9.1　Gibbs 场的率失真函数

我们在前面章节已经介绍过率失真信源编码, 率失真函数的计算问题, 这是个困难的问题, 即便是马氏信源, 其率失真函数的解析表达式仍然未得到解决, 最好的结果是紧的下界, 当失真测度小于某个称为临界失真 d_c 时, 率失真函数有相当简单的表达式, 它的计算可以归结为熵率的计算. 后来有研究将其推广到格上随机场, Hajek 和 Berger[40] 证明了对定义在 Z^d 上的二进随机场的分解定理, 用这个定理证明了对一类有有限交互作用的 Ising 模型, $d_c > 0$, Newman[67] 随后发现了临界失真和配分函数零点分布的联系, 从而得到分解定理的一个新证明, 并对有紧邻交互作用的 Ising 模型, 得到 d_c 的一个改进的下界, Berger 和 Ye[13] 改进了 Newman 的方法, 对某些定义在平面格上的 Ising 模型得到 d_c 更好的下界, 该方法也适用于有多粒子交互作用的模型.

Newman 和 Baker[68] 继续研究这个问题, 发现 d_c 和经典的 Ising 模型配分函数多项式或称 Mayer 级数的收敛半径 R 有以下关系 $d_c = \dfrac{R}{1+R}$, 对 2 维情形, 可以利用 Padé 展开计算 R 的近似值. Ye 和 Berger[104] 基于幂级数和连续分式的关系给出 Mayer 级数的三对角矩阵表达式, 由此给出 Ising 模型临界失真估计的一个新形式, 数值计算结果与 Newman 和 Baker 的结果相吻合, 我们进而对一批 2、3 维格上的 Ising 模型计算了临界失真.

Bassalygo 和 Dobrushin[10] 沿着另一条路线研究了这个问题, 通过统计力学中 Cluster-展开的方法, 对定义在 Z^d 上一类 q 元随机场证明了正值的 d_c 的存在性, 并给出了一个下界. Ye 和 Berger[106] 进一步研究了 Potts 模型的临界失真的表达, 发现 q 元 Potts 模型的临界失真 d_c 和它的 Mayer 级数的收敛半径 R 有关系 $d_c = \dfrac{(q-1)R}{1+R}$, 对那些尚没有 Mayer 级数的 Potts 模型, 利用配分函数零点分布的 Ruelle[82] 定理导出 d_c 下界的一个统一形式.

本章首先给出一般随机场的率失真函数的定义, 然后重点讨论 Ising 和 Potts 模型的率失真函数, 将详细讨论临界失真的估计问题. 回顾前面章节给出的 Z^d 上随机场的基本定义, 并加入一些新的元素. 设 $\mathbf{X} = \{X_i, i \in S = Z^d\}$ 为一个随机场, 其中每个 X_i 取值于一个有限集合 $\mathcal{X} = \{0, 1, \cdots, q-1\}$, 随机场 $\mathbf{X}$ 也可以用

一个概率测度 $\mu_{\mathbf{X}}$ 来表示. 设 $V \subset S$ 是一个有限集, 我们定义 $\mathcal{X}^V$ 上具有自由边界的随机场为

$$\pi_V(x^V) = \frac{1}{Z_V} \exp \left\{ -\beta \sum_{A \subset V} U_A(x^A) \right\} \tag{1-1}$$

其中规范化因子

$$Z_V = \sum_{x^V} \exp \left\{ -\beta \sum_{A \subset V} U_A(x^A) \right\} \tag{1-2}$$

定义 1.1 (势函数)　一个势函数 $U(\cdot)$ 称为有限域一致有界的, 如果它满足

(1) $U_A = 0$, 如果 A 的直径 $\text{diam}A > b$ (这里我们把 Z^d 看作一个赋范空间, 其中点 $z = (z_1, \cdots, z_d) \in Z^d$ 的范数定义为 $\|z\| = \sum_{i=1}^d z_i$, $\text{diam}A \overset{\triangle}{=} \max\{\| x-y \|, x, y \in A\}$).

(2) $|U_A| \leqslant c$ 对所有 $A \subset S$ 成立. 其中 b, c 是两个固定的正常数.

定义 1.2 (失真测度)　设 $d(x, y)$ 是定义在 $\mathcal{X} \times \mathcal{X}$ 上的一个失真测度, 定义 x^V 和 y^V 的平均失真测度为

$$D(x^V, y^V) = \frac{1}{|V|} \sum_{i \in V} d(x_i, y_i) \tag{1-3}$$

则随机场 X^V 的单点率失真函数 (也称 ε-熵) 定义为

$$R_V(\varepsilon) = \inf \frac{1}{|V|} I(X^V; Y^V) \tag{1-4}$$

其中 $\inf$ 是对所有满足以下两条性质的随机场 $\mathbf{Y} = \{Y_i, i \in S = Z^d\}$ 取之, 它和 $\mathbf{X} = \{X_i, i \in S = Z^d\}$ 有联合分布 $p(x^V, y^V)$.

(a) $\sum_{y^V} p(x^V, y^V) = p(x^V)$; $\tag{1-5}$

(b) 平均失真 $\langle D(x^V, y^V) \rangle \overset{\triangle}{=} \sum_{x^V} \sum_{y^V} p(x^V, y^V) D(x^V, y^V) \leqslant \varepsilon$. $\tag{1-6}$

则随机场 $\mathbf{X} = \{X_i, i \in S = Z^d\}$ 的单点率失真函数定义为

$$\bar{R}(\varepsilon) = \lim_{V \to S} R_V(\varepsilon) \tag{1-7}$$

如果该极限存在的话.

在本章中我们假设失真测度为汉明距离, 这隐含着平均失真就是误差概率. 已经证明了对平稳随机场, 这个极限是存在的, 因此定义是有意义的, 但是它的计算却是一个众所周知的困难问题. 然而已经知道的事实是, 对于较小的 ε, 对应的 $\bar{R}(\varepsilon)$ 是相对容易计算的, 下面的定义最初是 Berger 给出的猜想, 后来被 Bassalygo 和 Dobrushin[10] 证明了.

定理 1.3　设 X^V 是定义 1.1 中的具有一致有界势定义的 Gibbs 随机场, 则存在正数 β_1 和 d_1, 使得对所有 $|\beta| \leqslant \beta_1$ 的 β, 有 $d_c(\beta) \geqslant d_1$; 进而对所有 $\varepsilon < d_c$ 单点率失真函数有以下简单的形式

$$R(\varepsilon) = h(\pi_V) - \Phi(\varepsilon) \tag{1-8}$$

其中 $h(\pi_V) = \dfrac{1}{|V|} H(X^V)$ 是 X^V 的平均熵,

$$\Phi(\varepsilon) = -\varepsilon \ln \varepsilon - (1 - \varepsilon) \ln(1 - \varepsilon) + \varepsilon \ln(q - 1) \tag{1-9}$$

我们称 $d_c(\beta)$ 为临界失真, 虽然他们没有给出临界失真下界 d_1 的准确表达式, 对于 Ising 模型和更一般的 Potts 模型, 可以给出 d_c 的更深刻的结果和更简单的表达式, 在后面的章节中我们将给出它的数值近似计算结果.

9.2　Ising 模型的率失真函数和临界失真

1. Ising 模型的分解

考虑一个二元随机场 $\mathbf{X} = \{X_i, i \in V\}$ 称它为自旋 Spin-1/2 Ising 模型, 其中 V 可以是 $S = Z^k$ 的子集或 Z^k 本身. 每个 X_i 取值 0 和 1, 或者 ± 1. 在本节中我们设它们取值 ± 1, 所有结果对 $\{0, 1\}$ 取值的情形也成立, 因为 $\{0, 1\}$ 取值和 ± 1 取值的随机场之间存在一个 1-1 对应的同构变换, 至于究竟取哪两个值取决于数学处理上的方便性. 我们称数集 $D = (D_i, i \in V)$ 是从随机场 $\mathbf{X}$ 中可抽取的, 如果存在一个 ± 1 取值的随机场 $\mathbf{W} = \{W_i, i \in V\}$, 使得

$$X_i = W_i \cdot U_i, \quad i \in V \tag{2-1}$$

其中

(1) $\mathbf{U} = \{U_i, i \in V\}$ 是一族相互独立的随机变量, 且 $\mathbf{U}$ 和 $\mathbf{W}$ 互相独立.

(2) $P(U_i = -1) = D_i = 1 - P(U_i = +1)$, $D_i \in [0, 1/2]$, $i \in V$.

对于满足 $(D_i \equiv d)$ 是从 $\mathbf{X}$ 中可抽取的 $d \in [0, 1/2]$ 的上确界, 记为 d_c, 称之为临界失真, 在信息论中特别感兴趣的是 $V = Z^k$ 的情形. 设离散取值的 n-维随

机向量 $\mathbf{X}$ 服从分布 $\Pi_\mathbf{X}$, 对于 $\varepsilon = (\varepsilon_1, \varepsilon_2, \cdots, \varepsilon_n)$, 定义

$$R_\mathbf{X}(\varepsilon) = \inf I(\mathbf{X}; \mathbf{W})$$

其中 inf 是对所有和 $\mathbf{X}$ 有联合分布的 $\mathbf{W}$ 满足

$$P(X_i \neq W_i) \leqslant \varepsilon_i, \quad 1 \leqslant i \leqslant n$$

进而定义单点的 ε-熵 (或率失真函数) 为

$$\bar{R}_\mathbf{X}(\varepsilon) = \inf \frac{1}{n} I(\mathbf{X}; \mathbf{W})$$

其中 inf 是对所有满足以下性质的 $\mathbf{W}$ 取之

$$\frac{1}{n} \sum_{i=1}^n P(X_i \neq W_i) \leqslant \varepsilon$$

定理 2.1 (Hajek 和 Berger[40]) (a) 如果 $\mathbf{D} = (D_1, D_2, \cdots, D_n)$ 是从 $\Pi_\mathbf{X}$ 中可抽取的, 则

$$R_\mathbf{X}(\mathbf{D}) = H(\mathbf{X}) - \sum_{i=1}^n h(D_i)$$

其中 $H(\mathbf{X})$ 表示 $\mathbf{X}$ 的熵.

(b) 如果 $\mathbf{d} = (d, d, \cdots, d)$ 是从 $\Pi_\mathbf{X}$ 中可抽取的, 则

$$\bar{R}_\mathbf{X}(d) = \frac{1}{n} H(\mathbf{X}) - h(d)$$

其中 $h(d) = -d \log d - (1-d) \log(1-d)$ 表示二进熵函数.

如果把 n-维向量换成随机场 $\mathbf{X} = \{X_i, i \in Z^k\}$ 在 $T^{(n)} = \{i = (i_1, i_2, \cdots, i_k) \in Z^k, -n \leqslant i_j \leqslant n, 1 \leqslant j \leqslant k\}$ 上的边际场 $X^{T^{(n)}} = \{X_i, i \in T^{(n)}\}$, 则上述命题仍成立, 令 $n \to \infty$, 即 $T^{(n)} \to Z^k$, 我们有以下结论: 对定义在 Z^k 上的任意平稳随机场 $\mathbf{X} = \{X_i, i \in Z^k\}$, 如果 $(D_i \equiv d, i \in Z^k)$ 是从 $\Pi_\mathbf{X}$ 中可抽取的, 则

$$\bar{R}_\mathbf{X}(d) = H_0(\mathbf{X}) - h(d)$$

其中 $H_0(\mathbf{X})$ 是随机场的熵率. 我们定义临界失真为

$$d_c = \sup\{d : \bar{R}_\mathbf{X}(d) = H_0(\mathbf{X}) - h(d)\}$$

$$= \sup\{d \in [0, 1/2] : (D_i \equiv d, i \in Z^k) \text{是从 } \Pi_\mathbf{X} \text{ 中可抽取的}\} \qquad (2\text{-}2)$$

由此, 对于 $d \leqslant d_c$, 计算率失真函数就变成计算熵率即可. 但是迄今为止, d_c 的确切值仍然未知, 在以下的章节中我们将给出 d_c 的紧的下界, 并计算它的近似值.

2. Mayer 级数

Newman 和 Baker[68] 发现了 d_c 和 Z^k 上 Ising 模型的 Mayer 级数收敛半径的关系, 为说明这一点, 我们设 V 是有限集 (设 $\|V\|=n$), 定义在 V 上的取值于 $\{+1,-1\}^n$ 的随机场 X^V 满足 Gibbs 分布:

$$\pi_X(\mathbf{x}) = \frac{1}{Z}\exp\left\{\sum_{\langle i,j\rangle} J_{ij}x_i x_j + \sum_i H_i x_i\right\} \tag{2-3}$$

其中第一个和号对所有邻点对取之, 第二个和号对所有单点取之, 绝对温度参数隐含在系数 J_{ij} 和 H_i 中了. 如果 (D_i) 是从 X^V 中可抽取的, 则

$$\pi_X(\mathbf{x}) = \sum_{\mathbf{w}\in\{0,1\}^n} T_D(\mathbf{x},\mathbf{w})P_W(\mathbf{w}) \text{ 对所有 } \mathbf{x}\in\{0,1\}^n \text{ 成立} \tag{2-4}$$

其中

$$T_D(\mathbf{x},\mathbf{w}) = \prod_{i=1}^n t_{D_i}(x_i,w_i)$$

$t_{D_i}(x_i,w_i)$ 是以下矩阵中的对应元素

$$t_{D_i} = \begin{pmatrix} t_{D_i}(0,0) & t_{D_i}(0,1) \\ t_{D_i}(1,0) & t_{D_i}(1,1) \end{pmatrix}$$
$$= \begin{pmatrix} 1-D_i & D_i \\ D_i & 1-D_i \end{pmatrix}$$

(2-4) 可以等价地表示成以下矩阵形式

$$\Pi_{\mathbf{x}} = T_D P_W \quad \text{或} \quad P_W = T_D^{-1}\Pi_{\mathbf{x}} \tag{2-5}$$

其中 T_D 是 2×2 矩阵 $t_{D_1},t_{D_2},\cdots,t_{D_n}$ 的 Kronecker 乘积, 而 T_D^{-1} 是 2×2 矩阵 $t_{D_1}^{-1},t_{D_2}^{-1},\cdots,t_{D_n}^{-1}$ 的 Kronecker 乘积, 由第二个矩阵形式我们可以将 $P(\mathbf{W}=\mathbf{w})$ 表示为

$$P(\mathbf{W}=\mathbf{w}) = \text{const.}\left\langle \prod_i y_i^{(1-X_i)/2}\right\rangle \tag{2-6}$$

其中 $y_i = -\dfrac{D_i}{1-D_i}$, $\langle\cdot\rangle$ 表示对分布 $\Pi_{\mathbf{x}}$ 取期望. 如果我们定义一个关于复变向量 $\mathbf{z}=(z_j,j\in V)$ 的多项式

$$Q_{\mathbf{X}}(\mathbf{z}) = \left\langle \prod_i z_i^{(1-X_i)/2}\right\rangle \tag{2-7}$$

其中每个 $z_i = z$, 则

$$P(\mathbf{W} = \mathbf{w}) = \mathrm{const.} Q_{\mathbf{wX}}(y)$$

其中 $y_i = -\dfrac{D_i}{1 - D_i}$, $D_i \equiv d$, $Q_{\mathbf{wX}}(z)$ 是在 (2-7) 中将 $w_i X_i$ 代替 X_i 得到的.

$$Q_{\mathbf{wX}}(z) = \sum_{\mathbf{x}} \pi_{\mathbf{X}}(\mathbf{x}) \prod_i z_i^{(1 - w_i X_i)/2} \tag{2-8}$$

因为对所有概率 $\pi_{\mathbf{X}}(\mathbf{x}) > 0$, 每个 $(1 - w_i X_i)/2 = 0$ 或 1, 所以显然对所有 $z > 0$ 有 $Q_{\mathbf{wX}}(z) > 0$, 特别地

$$Q_{\mathbf{wX}}(0) = P(\mathbf{X} = \mathbf{w}) > 0$$

从而只有当 z 取负值时才会有

$$Q_{\mathbf{wX}}(z) = 0$$

定义

$$\lambda_{\mathbf{w}} = \min\{|\lambda|, \text{使得 } \lambda < 0, Q_{\mathbf{wX}}(\lambda) = 0\} \tag{2-9}$$

如果 $Q_{\mathbf{wX}}(z)$ 在 $(-\infty, 0]$ 上恒不为 0, 则定义 $\lambda_{\mathbf{w}} = +\infty$. 设 $\bar{\lambda} = \min_{\mathbf{w}} \lambda_{\mathbf{w}}$, [68] 中证明了

$$\frac{d_c}{1 - d_c} = \bar{\lambda}$$

或等价地

$$d_c = \frac{\bar{\lambda}}{1 + \bar{\lambda}} \tag{2-10}$$

而 $\bar{\lambda}$ 又和多项式 (2-8) 的收敛半径 R 有关系, 定义

$$R_{\mathbf{w}} = \min\{|z| : z \in C, \text{且} Q_{\mathbf{wX}}(z) = 0\}$$

Newman 和 Baker 在文献 [68] 的定理 2—定理 4 证明了, 如果对所有 $J_{ij} \leqslant 0, H_i \leqslant 0$, 则

$$\bar{\lambda} = \lambda_1 = R_1 = \min_{\mathbf{w}} R_{\mathbf{w}}$$

其中 $\mathbf{1} = (1, 1, \cdots, 1)$. 因此可得

$$d_c = \frac{R}{1 + R} \tag{2-11}$$

其中 $R = R_1$. 易见 $R_{\mathbf{w}}$ 也是 $\log(Q_{\mathbf{wX}}(z)/Q_{\mathbf{wX}}(0))$ 的收敛半径.

当把有限 V 扩展到 Z^k 时, 设 $\mathbf{X}$ 是形如 (2-3) 式的 Gibbs 分布, $V^{(n)}$ 是一列有限柱集并趋于 Z^k, 有 (2-3) 形式分布的有自由边界的随机场列 $\{X^{V^{(n)}}, n = 1, 2, \cdots\}$ 收敛到 $\mathbf{X}$, 我们简记 $X^{(n)} = X^{V^{(n)}}$, 即 $X^{(n)} \to \mathbf{X}$, 这意味着在任何有限子集 $\tilde{V}$ 上的边际分布收敛, 以下

$$P(X_i^{(n)} = x_i, i \in \tilde{V}) \to P(X_i = x_i, i \in \tilde{V}) \tag{2-12}$$

当 $\mathbf{X}$ 有形如 (2-3) 分布时, 对每个 $\mathbf{w}$ 有 $Q_{\mathbf{wX}}(0) = P(\mathbf{X} = \mathbf{w}) > 0$, 因此 $R_{\mathbf{w}}$ 也是 $\log Q_{\mathbf{wX}}(z)$ 的收敛半径.

记 $R^{(n)}$ 为 $\log Q_{X^{(n)}}(z)$ 的 Taylor 级数的收敛半径, 如果对所有 $K_{ij} \leqslant 0, H_i \leqslant 0$, [68] 中定理 5 证明了 $R^{(n)}$ 关于 n 是递增的,

$$R = \lim_{n \to \infty} R^{(n)}, \quad d_c = \frac{R}{1+R} \tag{2-13}$$

如果 $R > 0$, 它就等于以下 Taylor 级数的收敛半径

$$\ln \Lambda(z) \overset{\triangle}{=} \lim_{n \to \infty} \ln \Lambda_n(z) = \lim_{n \to \infty} \frac{1}{|V^{(n)}|} \ln \frac{Q_{X^{(n)}}(z)}{Q_{X^{(n)}}(0)} \tag{2-14}$$

对于定义在 Z^k 上有绝对温度参数 T 的标准 Ising 铁磁体 $\mathbf{X}^F$ 和反铁磁体 $\mathbf{X}^A$, 当外场为 0 且有自由边界或周期性边界时, 临界失真为

$$d_c^F(T) = d_c^A(T) = \frac{R^A(T)}{1+R^A(T)} \tag{2-15}$$

其中 $R^A(T)$ 是反铁磁体的收敛半径, 为什么铁磁体也有相同的收敛半径呢? 因为我们可以通过一个规范变换, 将每个点上变量的取值翻转即可, 从而 d_c 并不改变, 这种变换对于偶格成立, 以 Z^k 为例, 可以把它分解成两个子格使得相邻的点属于不同的子格, 具有这种性质的格还有 2 维蜂窝格 (honeycomb lattice, 简记为 h.c.lattice), 3 维体心立方格 (body-centered cubic lattice, 简记为 b.c.c.lattice), 而对某些 2、3 维具有基本三角结构的格就不存在这种变换.

3. Padé 逼近

对于 $k > 1$ 的格 Z^k, R 的解析形式仍然未知, 可以如 Newman 和 Baker 在文献 [68] 中所用 Padé 逼近法或 Gordon 在文献 [36] 中用 Levin 逼近法来计算其近似值, 定义一个幂级数 $f(z) = \sum_{j=0}^{\infty} f_j z^j$ 的 Padé 逼近为

$$Q_M(z)f(z) - P_L(z) = O(z^{L+M+1}) \quad \text{当 } z \to 0 \text{ 时成立} \tag{2-16}$$

其中 $Q_M(z)$ 和 $P_L(z)$ 分别是 M 次和 L 次多项式, 它们由幂级数 $f(z)$ 中幂次小于 $L+M$ 的系数 $(f_j, j \leqslant L+M)$ 决定, 且 $Q_M(0) = 0$, 可以通过解 (2-16) 的线

性方程组得到. 我们记 (L, M) 阶的 Padé 逼近为 $[L/M]$, $f(z)$ 的 (L, M) 阶 Padé 逼近定义为有理函数

$$[L/M] = \frac{P_L(z)}{Q_M(z)} \tag{2-17}$$

通常最好的 (L, M) 阶的 Padé 逼近是对角形 $[N/N]$, 或近似对角形 $[(N \pm 1)/N]$. Newman 和 Baker[68] 给出了 Padé 逼近的一些算例 (表 9.2.1). Mayer 级数在统计学中有广泛应用, 但它收敛得相当慢, 还有其他缺点, 在所有这些情形 Mayer 级数在负实数轴上有零点, 在后面的章节我们将给出改进的计算 d_c 的算法, 可以避免上述零点的问题.

表 **9.2.1**　对应连续分式的前几项乘积-差分表

	1	2	3	4	5	6
1	1	μ_0	μ_1	$\mu_0\mu_2 - \mu_1^2$	$\mu_0(\mu_1\mu_3 - \mu_2^2)$	$\mu_0^2\mu_1\mu_2\mu_4 - \mu_0\mu_1^3\mu_4 - \mu_0\mu_1\mu_2^3 - \mu_0^2\mu_1\mu_3^3 + 2\mu_0\mu_1^2\mu_2\mu_3$
2	0	$-\mu_1$	$-\mu_2$	$\mu_1\mu_2 - \mu_0\mu_3$	$\mu_0(\mu_2\mu_3 - \mu_1\mu_4)$	
3	0	μ_2	μ_3	$\mu_0\mu_4 - \mu_1\mu_3$		
4	0	$-\mu_3$	$-\mu_4$			
5	0	μ_4				
6	0					

4. Mayer 级数的矩阵表示

在本节中我们介绍一个改进的排斥系统的计算方法, 即从原始的幂级数展开出发, 构造一个在每步逼近时都更快速收敛的逼近级数. 对于下面一类正负符号相间、振幅迅速加大的幂级数

$$T(z) \sim \mu_0 z - \mu_1 z^2 + \mu_2 z^3 - \cdots \tag{2-18}$$

其中 $\mu_1 \neq 0$, 其他所有 $\mu_n > 0$. 该级数可以表示为等价的连续分式:

$$C(z) = \cfrac{\alpha_1}{\cfrac{1}{z} + \cfrac{\alpha_2}{1 + \cfrac{\alpha_3}{\cfrac{1}{z} + \cfrac{\alpha_4}{1 + \cdots}}}} \tag{2-19}$$

该无穷分式的系数 $\{\alpha_s\}$ 完全由系数集 $\{\mu_s\}$ 所决定, 我们列出前几个的关系式

$$\alpha_1 = \mu_0$$

$$\alpha_2 = \frac{\mu_1}{\mu_0}$$

$$\alpha_3 = \frac{\mu_0\mu_2 - \mu_1^2}{\mu_0\mu_1}$$

$$\alpha_4 = \frac{\mu_0(\mu_1\mu_3 - \mu_2^2)}{\mu_1(\mu_0\mu_2 - \mu_1^2)}$$

$$\alpha_5 = \frac{\mu_0^2\mu_1\mu_2\mu_4 - \mu_0\mu_1^3\mu_4 - \mu_0\mu_1\mu_2^3 - \mu_0^2\mu_1\mu_3^2 + 2\mu_0\mu_1^2\mu_2\mu_3}{\mu_0(\mu_1\mu_3 - \mu_2^2)(\mu_0\mu_2 - \mu_1^2)} \tag{2-20}$$

显然, 在实际应用中这种直接匹配的方法不太适合高阶的级数, 当然我们可以写出用集 $\{\mu_s\}$ 表示系数 $\{\alpha_s\}$ 的解析表达式, 但因其中包含了高阶矩阵而显得复杂而不实用. 另一个计算系数 $\{\alpha_s\}$ 的递归方法称为"乘积-差分"法, 表 9.2.1 就是摘录自文献 [36] 的利用 $\mu_1 - \mu_4$ 计算出的各项. 表 9.2.1 的第 1 列设置为初始值 0, 除了对应 $P_{1,1}$ 项的为 1, 然后按照以下递归法则逐项计算

$$P_{i,j} = P_{1,j-1} \cdot P_{i+1,j-2} - P_{1,j-2} \cdot P_{i+1,j-1} \tag{2-21}$$

对每一列从上往下计算之, 最后得到一个形如三角形的计算表格, 由此进而可计算

$$\alpha_n = \frac{P_{1,n+1}}{P_{1,n} \cdot P_{1,n-1}} \tag{2-22}$$

一个形如 (2-19) 式的无限连续分式可以用一列有限连续分式逼近, 定义如下一列截断的有限连续分式 $C_n(z)$, 只需令

$$\alpha_{N+1} = \alpha_{N+2} = \cdots = 0$$

然后定义

$$C(z) = \lim_{n\to\infty} C_n(z) \tag{2-23}$$

在实际计算时, 偶数子列 $C_{2n}(z)$ 和奇数子列 $C_{2n-1}(z)$ 起重要作用, 我们来详细讨论. 首先, 偶数子列 $C_{2n}(z)$, 文献 [36] 证明了以下连续分式 $A^e(z)$ 的第 n 阶逼近恰好等于 $C_{2n}(z)$.

$$A^e(z) = \cfrac{\alpha_1}{\frac{1}{z} + \alpha_2 - \cfrac{\alpha_2\alpha_3}{\frac{1}{z} + \alpha_3 + \alpha_4 - \cfrac{\alpha_4\alpha_5}{\frac{1}{z} + \alpha_5 + \alpha_6 - \cdots}}} \tag{2-24}$$

亦即

$$A_n^e(z) = C_{2n}(z) \tag{2-25}$$

Gordon[36] 还给出了 $A_n^e(z)$ 的完全等价但更实用的表达式

$$A_n^e(z) = y_1 \tag{2-26}$$

其中 y_1 是以下关于 $y_1, y_2, \cdots, y_n$ 的线性方程组解的第一个分量

$$(z^{-1} + \alpha_2)y_1 - (\alpha_2\alpha_3)^{1/2}y_2 + 0y_3 + 0y_4 + \cdots = \alpha_1$$

$$-(\alpha_2\alpha_3)^{1/2}y_1 + (z^{-1} + \alpha_3 + \alpha_4)y_2 - (\alpha_4\alpha_5)^{1/2}y_3 + 0y_4 + \cdots = 0$$

$$0y_1 - (\alpha_4\alpha_5)^{1/2}y_2 + (z^{-1} + \alpha_5 + \alpha_6)y_3 - (\alpha_6\alpha_7)^{1/2}y_4 + 0y_5 + \cdots = 0$$

$$\cdots\cdots$$

$$\cdots + 0y_{n-2} - (\alpha_{2n-2}\alpha_{2n-1})^{1/2}y_{n-1} + (z^{-1} + \alpha_{2n-1} + \alpha_{2n})y_n = 0 \tag{2-27}$$

上式可以表示成矩阵形式

$$(z^{-1}\mathbb{I} + \mathbb{M}) \cdot \mathbf{y} = \alpha_1\mathbf{e}_1 \tag{2-28}$$

其中 $\mathbb{I}$ 是 $n \times n$ 单位阵, $\mathbf{e}_1 = (1, 0, \cdots, 0)^{\mathrm{T}}$ 是 n 阶单位向量, $\mathbb{M}$ 是 $n \times n$ 对称三角矩阵

$$\mathbb{M} = \begin{pmatrix} \alpha_2 & -(\alpha_2\alpha_3)^{1/2} & 0 & 0 & 0 & \cdots & \cdots \\ -(\alpha_2\alpha_3)^{1/2} & (\alpha_3 + \alpha_4) & -(\alpha_4\alpha_5)^{1/2} & 0 & 0 & \cdots & \cdots \\ 0 & -(\alpha_4\alpha_5)^{1/2} & (\alpha_5 + \alpha_6) & -(\alpha_6\alpha_7)^{1/2} & 0 & \cdots & \cdots \\ \cdots & \cdots & \cdots & \cdots & \cdots & \cdots & \cdots \\ \cdots & \cdots & \cdots & \cdots & \cdots & -(\alpha_{2n-2}\alpha_{2n-1})^{1/2} & \alpha_{2n-1}+\alpha_{2n} \end{pmatrix} \tag{2-29}$$

这个线性方程组的形式解为

$$\mathbf{y} = \alpha_1(z^{-1}\mathbb{I} + \mathbb{M})^{-1}\mathbf{e}_1 \tag{2-30}$$

因此得

$$A_n^e(z) = y_1 = \alpha_1[z^{-1}\mathbb{I} + \mathbb{M}^{-1}\mathbf{e}_1]_{11} \tag{2-31}$$

第 n 次截断项 $c_{2n-1}(z)$ 对应同样的 $n \times n$ 矩阵, 只是其中第 $\mathbb{M}_{n,n}$ 项用以下有限连续分式代替

$$\cfrac{M_{n-1,n}^2}{M_{n-1,n-1} - \cfrac{M_{n-2,n-1}^2}{M_{n-2,n-2} - \cfrac{M_{n-3,n-2}^2}{M_{n-3,n-3} - \cdots}}} \tag{2-32}$$

已经证明对于高阶排斥系统, 矩阵 $\mathbb{M}$ 的对角线元素收敛到常数, 如果我们用 B 和 A 分别表示对角线和次对角线元素的极限值, 则 (2-18) 式收敛半径 R 可表示成

$$R = \frac{1}{2A + B} \tag{2-33}$$

另外 Groeneveld[38] 给出一个只用到最初几个系数的简单的上下界

$$\frac{\mu_0}{2\mu_1 e} < R < \frac{\mu_0}{2\mu_1} \tag{2-34}$$

这是只依赖于 μ_0, μ_1 的最好的界. Ree[79] 加入了 μ_2, 得到改进的界.

5. 估计 Ising 模型临界失真上的应用

本节将应用上节讨论的方法给出一类特殊 Ising 模型的临界失真的估计. 考虑定义在格上的有以下 Gibbs 分布的 Ising 模型

$$\pi_{\mathbf{X}}(\mathbf{x}) = \frac{1}{Z} \exp\left\{ \sum_{\{i,j\}} Jx_i x_j + \sum_i H x_i \right\} \tag{2-35}$$

结果对于铁磁体 ($J > 0$) 和反铁磁体 ($J < 0$) 都成立, 这些结果利用了统计力学意义下压力 (pressure) 展开 (忽略了常数因子) 的级数展开

$$\ln \Lambda^A(z) = \sum_{n=1}^{\infty} L_s(u) z^s \tag{2-36}$$

其中 $u = e^{-4J}$, 每一个 $L_s(u)$ 都是 u 的有限多项式, 这些多项式都有解析表达式. 现在我们给出以下计算临界失真 d_c 的新程序.

第一步: 计算 $L_i, i = 1, 2, \cdots, 15$.

第二步: 计算 $P_{i,j}$. 令

$$P_{1,1} = 1$$
$$P_{i,1} = 0, \quad i = 2, \cdots, 15$$
$$P_{i,2} = L_i, \quad i = 2, \cdots, 15$$

$$P_{i,j} = P_{1,j-1} \cdot P_{i+1,j-2} - P_{1,j-2} \cdot P_{i+1,j-1}; \quad j = 3, \cdots, 15, \ i = 1, \cdots, 16 - j \tag{2-37}$$

第三步: 计算

$$\alpha_n = \frac{P_{1,n+1}}{P_{1,n} \cdot P_{1,n-1}} \tag{2-38}$$

第四步: 计算

$$B_n = M_{n,n}$$

$$A_n = |M_{n,n-1}| \tag{2-39}$$

然后计算

$$R_n = \frac{1}{2A_n + B_n} \tag{2-40}$$

第五步: 计算

$$d_n = \frac{R_n}{1 + R_n} = \frac{1}{2A_n + B_n + 1} \tag{2-41}$$

这列 d_n 逼近临界失真 d_c. 因此计算出越多的 L_n 项, 逼近的值越精确. 下面我们就用这方法来计算不同格上定义的 Ising 模型的临界失真. 假设这些 Ising 模型都有形如 (2-3) 式的 Gibbs 分布.

(i) 2 维矩形格 (2-dimensional rectangle lattice, 简记 Z^2), 注意这个格的每一个节点有 4 个邻点 (图 1.1.4), 计算结果对铁磁体 ($J > 0$) 和反铁磁体 ($J < 0$) 都成立, [88, 89] 精确计算到第 $s = 15$ 阶, 这里给出前 6 项

$$L_1 = u^2$$

$$L_2 = 2y^3 - (5/2)u^4$$

$$L_3 = 6u^4 - 15u^5 + (31/3)u^6$$

$$L_4 = u^4 + 18u^5 - 85u^6 + 118u^7 - 52\frac{1}{4}u^8$$

$$L_5 = 8u^5 + 43u^6 - 400u^7 + 926u^8 - 872u^9 + 295\frac{1}{15}u^{10}$$

$$L_6 = 2y^5 + 40u^6 + 30u^7 - 1651u^8 + 5992\frac{2}{3}u^9 - 9144u^{10}$$
$$+ 6250u^{11} - 1789\frac{5}{6}u^{12} \tag{2-42}$$

表 9.2.2 中用 d_7 作为 d_c 的估计值. 这些值与 Newman 和 Baker[68] 用 Padé 逼近得到的估计值一致.

(ii) 2 维蜂窝格 (h.c. lattice, 见图 1.1.5): 注意这个格的每一个节点有 3 个邻点, [88, 89] 给出定义在这个格图上的 Ising 模型的 Mayer 级数展开到 21 阶的精确表达式, 如前 5 项为

$$L_1 = y^3$$

$$L_2 = \frac{3}{2}y^4 - 2y^6$$

$$L_3 = 3y^5 - 9y^7 + 6\frac{1}{3}y^9$$

$$L_4 = 7y^6 - 33\frac{3}{4}y^8 + 51y^10 - 24\frac{1}{2}y^{12}$$

$$L_5 = 18y^7 - 121y^9 + 288y^{11} - 291y^{13} + 106\frac{1}{5}y^{15} \tag{2-43}$$

注意这些级数表示成 y 而非 u 的幂级数, 其中 $u = y^2$, 因此对于每个给定的 u, $y = \sqrt{u} = \mathrm{e}^{-2K}(K < 0)$, 由此来计算 R_n 进而 d_c, 表 9.2.2 给出 d_{10} 作为 d_c 的估计.

(iii) 2 维平面三角格 (2-dimensional plane triangle lattice, 简记为 p.t. lattice, 见图 1.1.6): 在这个格图上, 每个节点有 6 个邻点, Ising 模型的 Mayer 级数展开到第 10 阶有精确表达式 (见 [79, 91]), 下面给出前 4 项

$$L_1 = u^3$$

$$L_2 = 3u^5 - 3\frac{1}{2}u^6$$

$$L_3 = 2u^6 + 9u^7 - 30u^8 + 19\frac{1}{3}u^9$$

$$L_4 = 3u^7 + 12u^8 + 5u^9 - 178\frac{1}{2}u^{10} + 288u^{11} - 129\frac{3}{4}u^{12} \tag{2-44}$$

注意用该方法对这个模型的临界失真 d_c 的估计只适用于反铁磁体 ($J < 0$) 情形, 表 9.2.2 中列出了用 d_5 作为 d_c 的估计值. 文献 [13, 40, 67] 给出了对铁磁体和反铁磁体模型都适用的 d_c 的下界, 其中 [13] 给出了最好的下界

$$d_c \geqslant \frac{1}{2}\left\{1 - \tanh\left[\frac{3}{2}\mathrm{arccosh}b^*\right]\right\} \tag{2-45}$$

其中

$$b^* = \frac{1}{2}(3e^{4J-1}) \quad (J > 0)$$

(iv) 3 维正立方格 (3-dimensional square cubic lattice, 简记为 s.c. lattice, 或简记为 Z^3, 见图 1.1.4): 注意到这个格上的每个节点有 6 个邻点, 和平面三角格有相同的邻点数, 但是由于维数的不同, 它们的表现也有不同. 该格上定义的 Ising 模型的 Mayer 级数展开到 $s = 13$ 阶有精确表达式 (见 [79, 88, 90]), 下面给出前 5 项

$$L_1 = u^3$$

$$L_2 = 3u^5 - 3\frac{1}{2}u^6$$

$$L_3 = 15u^7 - 36u^8 + 21\frac{1}{3}u^9$$

$$L_4 = 3u^8 + 83u^9 - 328\frac{1}{2}u^{10} + 405u^{11} - 162\frac{3}{4}u^{12}$$

$$L_5 = 48u^{10} + 426u^{11} - 2804u^{12} + 5532u^{13} - 4608u^{14} + 1406\frac{1}{5}u^{15} \qquad (2\text{-}46)$$

注意用该方法对这个模型的临界失真 d_c 的估计同时适用于铁磁体 ($J > 0$) 和反铁磁体 ($J < 0$) 情形, 表 9.2.2 中列出了用 d_6 作为 d_c 的估计值.

表 9.2.2 不同格上 Ising 模型的 d_c 比较表

u	Z(2)	h.c.(3)	Z^2(4)	p.t.(AF)(6)	Z^3(6)	b.c.c.(8)	f.c.c.(AF)(9)
1	0.5	0.5	0.5	0.5	0.5	0.5	0.5
1.001	0.4842	0.4779	0.4737	0.4682	0.4679	0.4619	0.4523
1.005	0.4647	0.4507	0.4415	0.4284	0.4248	0.4114	0.3935
1.010	0.4502	0.4316	0.4175	0.3990	0.3942	0.3770	0.3484
1.015	0.4393	0.4159	0.3995	0.3759	0.3703	0.3495	0.3159
1.02	0.4300	0.4033	0.3846	0.3568	0.3512	0.3273	0.2901
1.04	0.4019	0.3649	0.3393	0.3024	0.2958	0.2636	0.2183
1.06	0.3810	0.3374	0.3069	0.2644	0.2564	0.2209	0.1719
1.08	0.3639	0.3149	0.2811	0.2347	0.2262	0.1819	0.1388
1.1	0.3492	0.2957	0.2599	0.2105	0.2019	0.1636	0.1141
1.2	0.2959	0.2293	0.1870	0.1338	0.1259	0.0090	0.0390
1.3	0.2598	0.1875	0.1438	0.0927	0.0860	0.0552	0.0255
1.4	0.2327	0.1580	0.1150	0.0676	0.0620	0.0363	0.0142
1.5	0.2113	0.1358	0.0946	0.0512	0.0464	0.0251	0.0085
1.6	0.1938	0.1185	0.0792	0.0398	0.0358	0.0180	0.0053
1.7	0.1792	0.1048	0.0673	0.0318	0.0283	0.0132	0.0034
1.8	0.1667	0.0935	0.0580	0.0255	0.0227	0.0100	0.0023
1.9	0.1559	0.0843	0.0506	0.0210	0.0186	0.0077	0.0016
2.0	0.1464	0.0764	0.0444	0.0174	0.0154	0.0061	0.0011
3.0	0.0918	0.0369	0.0170	0.0042	0.0038	0.0010	8.019×10^{-5}
4.0	0.0670	0.0226	0.0090	0.0017	0.0015	2.796×10^{-4}	1.308×10^{-5}
5.0	0.0528	0.0157	0.0055	8.400×10^{-4}	7.104×10^{-4}	1.090×10^{-4}	3.269×10^{-6}
10.0	0.0257	0.0052	0.0013	9.734×10^{-5}	8.137×10^{-5}	6.219×10^{-6}	4.682×10^{-8}
20.0	0.0127	0.0018	3.088×10^{-4}	1.175×10^{-6}	9.766×10^{-6}	3.727×10^{-7}	7.032×10^{-10}

(v) 3 维体心格 (3-dimensional body-centered cubic lattice, 简记为 b.c.c. lattice, 见图 9.2.1(a)): 注意到这个格上的每个节点有 8 个邻点, 该格上定义的 Ising 模型的 Mayer 级数展开到 $s = 11$ 阶有精确表达式 (见 [79, 88, 89]), 下面给出前 5 项

$$L_1 = u^4$$

$$L_2 = 4u^7 - 4\frac{1}{2}u^8$$

$$L_3 = 15u^7 - 36u^8 + 21\frac{1}{3}u^9$$

$$L_4 = 3u^8 + 83u^9 - 328\frac{1}{2}u^{10} + 405u^{11} - 162\frac{3}{4}u^{12}$$

$$L_5 = 48u^{10} + 426u^{11} - 2804u^{12} + 5532u^{13} - 4608u^{14} + 1406\frac{1}{5}u^{15} \qquad (2\text{-}47)$$

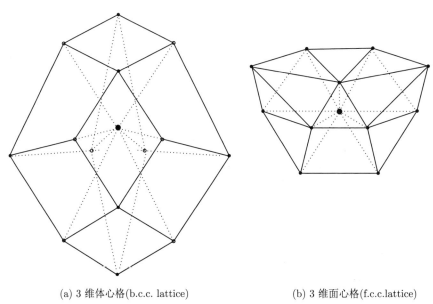

(a) 3 维体心格(b.c.c. lattice)　　　　　　　(b) 3 维面心格(f.c.c.lattice)

图 9.2.1　3 维体心格和面心格图

注意用该方法对这个模型的临界失真 d_c 的估计同时适用于铁磁体 ($J > 0$) 和反铁磁体 ($J < 0$) 情形, 表 9.2.2 中列出了用 d_6 作为 d_c 的估计值.

(vi) 3 维面心格 (3-dimensional face-centered lattice, 简记为 f.c.c.lattice, 见图 9.2.1(b)): 注意这个格上每个节点有 9 个邻点, 该格上定义的 Ising 模型的 Mayer 级数展开到 $s = 8$ 阶有精确表达式 (见 [79, 88, 89]), 下面给出前 4 项

$$L_1 = u^6$$

$$L_2 = 6u^{11} - 6\frac{1}{2}u^{12}$$

$$L_3 = 8u^{15} + 42u^{16} - 120u^{17} + 70\frac{1}{3}u^{18}$$

$$L_4 = 2u^{18} + 24u^{19} + 123u^{20} + 126u^{21} - 1653u^{22} + 2322u^{23} - 944\frac{1}{4}u^{24} \qquad (2\text{-}48)$$

注意用该方法对这个模型的临界失真 d_c 的估计只适用于反铁磁体 ($J < 0$) 情形, 表 9.2.2 中列出了用 d_4 作为 d_c 的估计值.

在本节中计算的 $Z^k, k = 1, 2, 3$ 和其他 2、3 维-格上 Ising 模型的临界失真 d_c 的估计值见表 9.2.2. 我们发现了一些有趣的规律, 对于给定的 u 值, 随着邻点数的增加, d_c 在减少, 而当邻点数相同时, d_c 随维数增加而减少, 如 2 维平面三角格和 3 维正立方格上每个节点都有 6 个邻点, 但 3 维比 2 维的 d_c 值要小.

综上所述, 给出了估计临界失真 d_c 的一个新方法, 相比于传统地利用 Padé 逼近和 Levin 逼近的方法, 我们的方法有以下几个优点:

(1) 它没有极点结构 (pole structure) 引发的问题.

(2) 逼近序列收敛得很快.

(3) 它比 Padé 逼近和 Levin 逼近的方法更容易应用.

9.3 Potts 模型的率失真函数和临界失真

1. Potts 模型的分解

本节我们讨论 Potts 模型的临界失真的计算问题. Potts 模型是将二元 Ising 模型推广到 q $(q > 2)$ 元情形. 考虑定义在 $S = Z^k (k \geqslant 1)$ 上的随机场 $\mathbf{X} = \{X_i, X_i \in \mathbf{X}_i; i \in S\}$, 或等价地, 定义在组态空间 $(\mathbf{X}^S, \mathcal{B}(\mathbf{X}^S))$ 上的概率分布 μ, 我们设 $\mathbf{X}_i \equiv \mathbf{X} = \{0, 1, \cdots, q-1\} (q \geqslant 2)$, 则 Potts 模型可以用以下的 Gibbs 分布来表示.

$$\pi_{\mathbf{X}}(\mathbf{x}) = \frac{1}{Z} \exp \left\{ \sum_{\langle i,j \rangle : \|i-j\|=1} J \tilde{\delta}(x_i, x_j) + \sum_i H \tilde{\delta}(x_i, 0) \right\} \tag{3-1}$$

其中第一个和号是对所有邻点对取之, 第二个和号是对所有节点取之, 其中

$$\tilde{\delta}(x_i, x_j) = 1 - \delta(x_i, x_j) = \begin{cases} 1, & x_i = x_j \\ 0, & x_i \neq x_j \end{cases}$$

J 和 H 中还隐含着绝对温度, Z 是使上式称为概率分布的规范化因子. 在统计物理学的意义下 J 代表邻点粒子间交互作用的强度, H 表示外场强度. Ising 模型是 Potts 模型当 $q = 2$ 时的特例.

在汉明距离下单点的率失真函数的定义同 9.1 节中的定义. $H = 0$ 表示没有外场的情况. Potts 模型满足本章定理 1.3 的条件, 因此该定理的结论仍成立. 我们定义临界失真为

$$d_c = \sup\{d : \bar{R}_{\mathbf{X}}(d) = H_\infty(\mathbf{X}) - \Phi(d)\} \tag{3-2}$$

可见当 $d \leqslant d_c$ 时, 率失真函数的计算归结为熵率的计算.

(3-2) 成立等价于前面章节提及的随机场的可分解性. 和取值为 $\{+1, -1\}$ 的 Ising 模型分解为两个随机场的乘积不同, 这里的分解是在模 q 加法意义下的分解. 考虑把 $\pi_{\mathbf{X}}$ 看作是定义在 $\mathbf{X}^V (V \subset S$ 且是有限集) 上的概率分布, 如果 $\mathbf{X}^V$ 可以作以下分解

$$\mathbf{X}^V = Y^V \oplus U^V \quad \text{在逐点模 } q \text{ 加法意义下} \tag{3-3}$$

其中 Y^V 和 U^V 是互相独立的 q 值随机场, 且所有 $\{U_j, j \in V\}$ 互相独立且服从相同分布

$$P(U_j = k) = \begin{cases} 1 - \varepsilon, & k = 0 \\ \dfrac{\varepsilon}{q-1}, & k \neq 0 \end{cases}$$

则我们有以下定理.

定理 3.1　如果 (3-3) 分解对所有 V 成立, 则率失真函数可表示为

$$\bar{R}_{\mathbf{X}}(d) = H_\infty(\mathbf{X}) - \Phi(d) \tag{3-4}$$

可分解性隐含了以下的表达式

$$\pi_{\mathbf{X}}(\mathbf{x}) = \sum_{\mathbf{y}} T_\varepsilon(\mathbf{x}, \mathbf{y}) \pi_{\mathbf{Y}}(\mathbf{y}) \tag{3-5}$$

(3-5) 也可以表示成矩阵形式

$$\Pi_{\mathbf{X}} = T_\varepsilon \cdot \Pi_{\mathbf{Y}} \quad \text{或} \quad \Pi_{\mathbf{Y}} = T_\varepsilon^{-1} \Pi_{\mathbf{X}} \tag{3-6}$$

其中 $\Pi_{\mathbf{X}}$ 和 $\Pi_{\mathbf{Y}}$ 分别是分布 $\Pi_{\mathbf{X}}$ 和 $\Pi_{\mathbf{Y}}$ 的概率向量, $T_\varepsilon(T_\varepsilon^{-1})$ 是 $|V|$ 个 $q \times q$ 维矩阵 $T_{\varepsilon_i}(T_{\varepsilon_i}^{-1}), i = 1, 2, \cdots, |V|$ 的 Kronecker 乘积, 且所有 $T_{\varepsilon_i} = T_\varepsilon = Q_H(T_{\varepsilon_i}^{-1} = T_\varepsilon^{-1} = Q_H^{-1})$

$$T_\varepsilon(\mathbf{x}, \mathbf{y}) = \prod_{i=1}^{|V|} t_{\varepsilon_i}(x_i, y_i) \tag{3-7}$$

$t_{\varepsilon_i}(x_i, y_i)$ 是以下矩阵 t_{ε_i} 中的对应元素, 所以 $t_{\varepsilon_i} = t_\varepsilon = Q_H$ (从而 $t_{\varepsilon_i}^{-1} = t_\varepsilon^{-1} = Q_H^{-1}$),

$$Q_H = \begin{pmatrix} 1 - \varepsilon & \dfrac{\varepsilon}{q-1} & \cdots & \dfrac{\varepsilon}{q-1} \\ \dfrac{\varepsilon}{q-1} & 1 - \varepsilon & \cdots & \dfrac{\varepsilon}{q-1} \\ \vdots & \vdots & & \vdots \\ \dfrac{\varepsilon}{q-1} & \dfrac{\varepsilon}{q-1} & \cdots & 1 - \varepsilon \end{pmatrix}$$

令 $\beta = \dfrac{\varepsilon}{q-1}, \alpha = -\dfrac{\beta}{1-\beta}$, 则

$$Q_H^{-1} = \text{const.} \cdot \begin{pmatrix} 1 & \alpha & \cdots & \alpha \\ \alpha & 1 & \cdots & \alpha \\ \vdots & \vdots & & \vdots \\ \alpha & \alpha & \cdots & 1 \end{pmatrix}$$

其中 $\text{const.} = \dfrac{1-\beta}{1-\varepsilon-\beta}$.

我们有以下引理.

引理 3.2 如果 $0 \leqslant \varepsilon \leqslant \dfrac{q-1}{q}$, (3-5) 或 (3-6) 式表示的 $\pi_{\mathbf{X}}$ 分解成立的充要条件是 $T_\varepsilon^{-1}\Pi_{\mathbf{X}}$ 中元素都是非负的.

证明 类似 [40] 中引理 1 的证明, 此略.

注意到第二个矩阵形式可知 (3-6) 可以等价地表示为以下形式

$$\pi_{\mathbf{Y}}(\mathbf{y}) = \text{const.} \sum_{\mathbf{x}} \left[\prod_{i \in V} \alpha^{\delta(x_i, y_i)} \right] \pi_{\mathbf{X}}(\mathbf{x}) = \text{const.} \cdot \left\langle \prod_i \alpha^{\delta(x_i, y_i)} \right\rangle_{\pi_{\mathbf{x}}} \tag{3-8}$$

其中 $\langle \cdot \rangle_{\pi_{\mathbf{x}}}$ 表示对分布 $\pi_{\mathbf{x}}$ 取期望. 如果我们定义一个关于复变量 z 的多项式

$$Q_{\mathbf{X},\mathbf{y}}(z) = \left\langle \prod_i z_i^{\delta(x_i, y_i)} \right\rangle \tag{3-9}$$

其中每个 $z_i = z$, 则除去一个常数因子外

$$Q_{\mathbf{X},\mathbf{y}}(z) = Q_{\mathbf{X},\mathbf{y}}(\alpha)$$

因为对于 Gibbs 分布所有概率 $\pi_{\mathbf{X},\mathbf{y}}(0) = P_r(\mathbf{X} = \mathbf{y}) > 0$, 所以对所有 $z > 0$ 有 $Q_{\mathbf{X},\mathbf{y}}(z) > 0$, 从而只当 z 取负值时才会有

$$Q_{\mathbf{X},\mathbf{y}}(z) = 0 \tag{3-10}$$

定义

$$\lambda_{\mathbf{y}} = \min\{|\lambda|, \lambda < 0, \text{使得} \quad Q_{\mathbf{X},\mathbf{y}}(\lambda) = 0\} \tag{3-11}$$

如果 $Q_{\mathbf{X},\mathbf{y}}(z)$ 在 $(-\infty, 0]$ 上恒不为 0, 则定义 $\lambda_{\mathbf{y}} = +\infty$.

定义 $\bar{\lambda} = \min_{\mathbf{y}} \lambda_{\mathbf{y}}$, 则有以下引理.

引理 3.3 我们有 $\dfrac{\beta_c}{1-\beta_c} = \bar{\lambda}$, 其中 $\beta_c = \dfrac{d_c}{q-1}$.

证明　略.

推论 3.4

$$d_c = (q-1)\frac{\bar{\lambda}}{1+\bar{\lambda}} \tag{3-12}$$

而 $\bar{\lambda}$ 又和多项式 (3-9) 的收敛半径 R 有关系, 定义

$$R_{\mathbf{y}} = \min\{|z| : z \in C, \text{且} Q_{\mathbf{X},\mathbf{y}}(z) = 0\}$$

对一些特殊的模型 (即某些 q 值、某些特定的格图, 以及 J 和 H 的某些特定值), 我们可以找到达到这个最小值的组态 $\tilde{\mathbf{y}}$, 即

$$R_{\tilde{\mathbf{y}}} = \min_{\mathbf{y}} R_{\mathbf{y}}$$

那么

$$\bar{\lambda} = R_{\tilde{\mathbf{y}}}$$

进而有

$$d_c = (q-1)\frac{R_{\tilde{\mathbf{y}}}}{1+R_{\tilde{\mathbf{y}}}} \tag{3-13}$$

易见 $R_{\mathbf{y}}$ 也是 $\log(Q_{\mathbf{X},\mathbf{y}}(z)/Q_{\mathbf{X},\mathbf{y}}(0))$ 的收敛半径, 或是 $\log Q_{\mathbf{X},\mathbf{y}}(z)$ 的收敛半径. 设 $V^{(n)}$ 为趋于 S 的任一列扩张上升的有限子集, 使得定义于其上的一列随机场 $\{X_i^{V^{(n)}} : i \in V^{(n)}\}$ 以分布收敛到 $\mathbf{X}$,

$$P(X_i^{V^{(n)}} = x_i : i \in \tilde{V}) \xrightarrow{n\to\infty} P(X_i = x_i : i \in \tilde{V})$$

对任何 $\tilde{V} \in S$ 成立.

设 R^V 为 $\log Q_{X^V,\tilde{\mathbf{y}}}(z)$ 的 Taylor 级数的收敛半径, 对 q, J, H 的某些特定值和某些特定的格图, 极限 $R = \lim_{V\to S} R^V$ 存在 [68,104]. 我们有以下定理.

定理 3.5　对于 (3-1) 式定义的 Potts 模型, 当 $H = 0$ 时, 如果 R 存在, 则

$$d_c = (q-1)\frac{R}{1+R} \tag{3-14}$$

证明　略.

如果 $R > 0$, 它等于 Taylor 级数的收敛半径, 这个 Taylor 级数由下式给出通常称为 Mayer 级数, 它由下式给出

$$\log M(z) = \lim_{V\to S} \log M^V(z) = \lim_{V\to S} \log\left\{\frac{Q_{X^V,\tilde{\mathbf{y}}}(z)}{Q_{X^V,\tilde{\mathbf{y}}}(0)}\right\} \tag{3-15}$$

附注 上述讨论的关键是临界失真 d_c 和 Mayer 级数收敛半径的关系, 不幸的是只有少数几个 Potts 模型的 Mayer 级数是已经知道的, 并且对应的收敛半径 R 也没有解析表达式, 在前面章节的讨论中我们已经了解对于 $q = 2$ 时的 Ising 模型的结果, 而对于 Mayer 级数未知的其他 Potts 模型 (例如, $k = 2, q > 9$), 我们可以利用 (3-14) 式导出 d_c 的下界, 当然这也不容易, 因为 Mayer 级数是个高阶多项式, 幸运的是, Ruelle 定理可以简化此问题的解决, 我们在下节中讨论.

2. Potts 模型临界失真的下界

对于那些未知 Mayer 级数的 Potts 模型的临界失真 d_c, 可以利用文献 [13, 67] 中的方法通过估计多项式 (3-15) 的非零区域的半径来计算 d_c 的下界, 统计力学中著名的李-杨定理的一个推论即 Ruelle 定理是估计这个收敛半径的有效工具, 它告诉我们对应随机场基本结构的多项式的零点给出配分函数零点的信息, 最小零点位置即收敛半径. 回忆方程 (3-9) 和 (3-10), 右边就可以理解为全局配分函数 (global partition function), 我们的问题就等价于寻找 (3-10) 式右边多项式的非零区域, 为此, 对给定的 $A \subset V$, 记

$$x_j = \begin{cases} 1, & j \in A \\ 0, & 其他 \end{cases}$$

Gibbs 分布在组态 A (即对事件 $X^V = x^V$) 上的边际分布为

$$\pi_X(x^V) = \frac{1}{Z^*} e^{-\beta U(A)}$$

其中 $U(A)$ 是 A 对应的能量, 规范化因子

$$Z^* = \sum_{A \subset V} e^{-\beta U(A)}$$

也称为配分函数, 而定义全局配分函数为变量是多维向量 $\mathbf{z}$ 的一个函数

$$Z(\mathbf{z}) = \sum_{A \subset V} e^{-\beta U(A)} z^{|A|} \tag{3-16}$$

为了确定 $Z(\mathbf{z})$ 的零点, 我们可以将该多项式 $Z(\mathbf{z})$ 看作 $|V|$ 个变量 $z_1, z_2, \cdots, z_{|V|}$ 的多元多项式

$$Z(\mathbf{z}) = P(z_1, z_2, \cdots, z_{|V|}) \quad 所有 z_i = z$$

其中

$$P(z_1, z_2, \cdots, z_{|V|}) = \sum_{A \subset V} e^{-\beta U(A)} \prod_{j \in A} z_j = \text{const.} E\left(\prod_{j \in A} z_j^{x_j}\right) \tag{3-17}$$

我们回顾一下 Ruelle 定理 [82].

定理 3.6　设 Λ', Λ'' 是 S 的有限子集, P', P'' 分别是变量为 z'_j, z''_j 的复系数多项式

$$P' = \sum_{B \subset \Lambda'} c'_B \prod_{j \in B} z'_j, \quad P'' = \sum_{B \subset \Lambda''} c''_B \prod_{j \in B} z''_j$$

设有复平面上的含原点的闭集 $M'_j \ (0 \in M'_j)$ 满足如果对所有的 $j \in \Lambda'$, 有 $z'_j \in M'_j$, 则 $P' \neq 0$. 类似地对 P'' 有同样的假设, 定义

$$P(\mathbf{z}) = \sum_{B \subset \Lambda' \cup \Lambda''} c'_{B \cap \Lambda'} c''_{B \cap \Lambda''} \prod_{j \in B} z_j$$

那么 $P \neq 0$ 当以下条件满足时成立:

$$z_j \in \begin{cases} M'_j, & j \in \Lambda' \setminus \Lambda'' \\ M''_j, & j \in \Lambda'' \setminus \Lambda' \\ -M'_j M''_j, & j \in \Lambda' \cap \Lambda'' \end{cases}$$

其中

$$-M'_j M''_j = \{-z'_j z''_j : z'_j \in M'_j, z''_j \in M''_j\}$$

证明　见 Ruelle[82].

利用上述定理来寻找多项式 $P(\mathbf{z})$ 的非零区域, 我们用邻点对作为基本结构来构造格图, 因为字母表 $\mathcal{X}$ 中的所有字母处于同等的地位, 所以我们只需处理以下两种情况就够了.

情况 1　$y = (y_1, y_2) = (0, 0)$, 或任何其他的数对 (a, a),

$$K_2(z_1, z_2) = 1 \cdot (e^J + z_2 + \cdots + z_2) + z_1(1 + e^J z_2 + z_2 + \cdots + z_2)$$

$$+ \cdots + z_1(1 + z_2 + \cdots + z_2 + e^J z_2)$$

$$= e^J + (q-1)(z_1 + z_2) + (q-1)(q-2+e^J)z_1 z_2$$

由于 z_1 和 z_2 的对称性, 我们可以设 $z_1 = z_2 = z$, 就得

$$Q_2(z) \stackrel{\triangle}{=} K_2(z, z) = e^J + 2(q-1)z + (q-1)(q-2+e^J)z^2 \tag{3-18}$$

该式作为 z 的二次三项式等于 0 的根为

$$z = \frac{-2(q-1) \pm \sqrt{\Delta_1}}{2(q-1)(q-2+e^J)}$$

其中

$$\Delta_1 = 4(q-1)^2 - 4e^J(q-1)(q-2+e^J) = 4(q-1)(q-1+e^J)(1-e^J)$$

$$= \begin{cases} > 0, & J < 0 \\ = 0, & J = 0 \\ < 0, & J > 0 \end{cases}$$

所以当 $J < 0$ 时, 如果

$$|z| < \frac{-2(q-1) - \sqrt{\Delta_1}}{2(q-1)(q-2+e^J)} \triangleq b_1 \qquad (3\text{-}19)$$

$$Q_2(z) \neq 0$$

当 $J > 0$ 时, 如果

$$|z| < \frac{[4(q-1)^2 + 4(q-1)(q-1+e^J)(e^J-1)]^{1/2}}{2(q-1)(q-2+e^J)} = \sqrt{\frac{e^J}{(q-1)(q-2+e^J)}} \triangleq b_2$$

$$(3\text{-}20)$$

$$Q_2(z) \neq 0$$

情况 2　$y = (y_1, y_2) = (0, 1)$, 或任何其他的数对 $(a,b), a \neq b$, 则类似地计算可得

$$K_2(z_1, z_2) = 1 + (q-2+e^J)(z_1+z_2) + [(q-1)+(q-2)^2+(q-2)+e^J]z_1z_2$$

令 $z_1 = z_2 = z$ 得

$$Q_2(z) = K_2(z,z) = 1 + 2(q-2+e^J)z + [(q-1)+(q-2)^2+(q-2)+e^J]z^2$$

该式作为 z 的二次三项式为 0 的两个根为

$$z = \frac{-2(q-2+e^J) \pm \sqrt{\Delta_2}}{2[(q-2)(q-1+e^J)+1]}$$

其中

$$\Delta_2 = 4(q-2+e^J)^2 - 4(q-2)(q-1+e^J) - 4 = 4(e^J-1)(q-1+e^J)$$

$$= \begin{cases} > 0, & J > 0 \\ = 0, & J = 0 \\ < 0, & J < 0 \end{cases}$$

$$Q_2(z) \neq 0$$

当 $J > 0$ 时, 如果

$$|z| < \frac{2(q-2+e^J) - \sqrt{\Delta_2}}{2[(q-2)(q-1+e^J)+1]} \triangleq \tilde{b}_1 \tag{3-21}$$

就有

$$Q_2(z) \neq 0$$

而当 $J < 0$ 时, 如果

$$|z| < \frac{[4(q-2+e^J)^2 + 4(e^J+q-1)(1-e^J)]^{1/2}}{2[(q-2)(q-1+e^J)+1]}$$

$$= \frac{1}{\sqrt{(q-2)(q-1+e^J)+1}} \triangleq \tilde{b}_2 \tag{3-22}$$

就有

$$Q_2(z) \neq 0$$

引理 3.7
$$b_1 \leqslant \tilde{b}_2, \quad \tilde{b}_1 \leqslant b_2 \tag{3-23}$$

证明　比较不等式两边, 通过简单的代数运算即可证明, 此略.

重复利用 Ruelle 定理, 注意到 Λ' 和 Λ'' 的邻点结构, 并应用上述引理, 我们可以得出以下结论: 对定义在 $V \subset S$ 上的 Potts 模型, 用 N 表示所讨论的格图上每个节点的邻点数, 如对 $Z^2, N = 4$; 对 $Z^3, N = 6$ 等, 只要最多重复使用 N 次 Ruelle 定理就可以覆盖整个格图, 结论是: 当

$$|z| < \begin{cases} b_1^N, & J < 0 \\ \tilde{b}_1^N, & J > 0 \end{cases} \tag{3-24}$$

时有

$$Q_{\mathbf{x},\mathbf{y}}(z) \neq 0$$

将 $z = \dfrac{\varepsilon/(q-1)}{1-\varepsilon/(q-1)}$ 代入上式, 就得到 d_c 的下界

$$d_c \geqslant \begin{cases} \dfrac{(q-1)b_1^N}{1+b_1^N}, & J < 0 \\[3mm] \dfrac{(q-1)\tilde{b}_1^N}{1+\tilde{b}_1^N}, & J > 0 \end{cases} \tag{3-25}$$

这个下界不依赖于 V 和 $\mathbf{y}$, 因此它对定义于 S 上的 Potts 模型也成立, 我们将上述讨论归结为以下定理.

定理 3.8 对于由 (3-1) 式定义的格图 S 上的 Potts 模型, 当外场为 0 (即 $H = 0$) 时, 每个节点的邻点数为 N, 则 (3-24) 式给出了临界失真 d_c 的下界.

附注 当 $q = 2$ 时, 即对 Ising 模型, 当 N 为偶数时, b_1^N, $\tilde{b}_1^N$ 有统一的形式

$$|z| < (e^{|J|} - \sqrt{e^{2|J|} - 1})^N = \exp\{-N\operatorname{arccosh}(e^{|J|})\}$$

将 $z = \dfrac{\varepsilon}{1 - \varepsilon}$ 代入, 得到 d_c 的下界

$$d_c \geqslant \frac{1}{2}\left\{1 - \tanh\left[\frac{N}{2}\operatorname{arccosh}(e^{|J|})\right]\right\}$$

这就是 Newman 在文献 [67] 中给出的 Ising 模型的下界, 特别地对定义在 Z 上的 Ising 模型, 这就是 Gray 在文献 [37] 中给出的临界失真, 因此我们的结果是他们结果的推广.

9.4 其他类似 Ising 模型的临界失真

以上方法也可应用于其他高阶马氏场和类似 Ising 模型的临界失真的估计, 如 9.2 节所示, $\{+1, -1\}$ 取值的 Ising 模型和 $\{0, 1\}$ 取值的模型可以通过一个简单变换互相转换, 9.3 节中讨论的方法也适用于后者, 本节就只讨论后者.

考虑定义在 Z^2 上只有对角交互作用的所谓 $\sqrt{2}$-马氏场, 它满足以下分布

$$P(\mathbf{X} = \mathbf{x}) = \frac{1}{Z}\exp\left\{H\sum_j x_j + J\sum_{\|i-j\|=\sqrt{2}}(x_i \oplus x_j)\right\} \tag{4-1}$$

其中 x_i 取值于 $\{0, 1\}$, $\oplus$ 表示模 2 加法, 假设 X^V 可以分解为

$$X^V = Y^V \oplus W^V \quad \text{在分量模 2 加法意义下} \tag{4-2}$$

满足

(a) $Y^V, W_1, W_2, \cdots, W_{|V|}$ 互相独立;

(b) $P(W_i = 1) = D_i = 1 - P(W_i = 0)$ 对所有 $i \in V$ 成立.

那么如前讨论 (我们省略了详细推导过程) 可得

$$P_Y(\mathbf{Y}) = \text{const.}\sum_{\mathbf{w}}\exp\left\{2J\sum_{(i,j):\|i-j\|=\sqrt{2}}\right\}\prod_j(e^{2H}Z_j)^{w_j} = \text{const.}Z_{\mathbf{x}\oplus\mathbf{y}}^V \tag{4-3}$$

其中 $Z_j = -D_j/(1 - D_j)$. 显然 (4-3) 式成立的充要条件是对任意 $\mathbf{y} \in \{0,1\}^V$ 有

$$Z_{\mathbf{x} \oplus \mathbf{y}}^V \neq 0$$

当 $|Z_j| < D_j/(1 - D_j)$ 对所有 $j \in V$ 成立.

利用 Ruelle 定理可知, 可分解性问题等价于求 (4-3) 中所有 $z_j = z$ 时的多项式的非零区域, 这个随机场的邻点结构如图 9.4.1 所示. 有两种方法来重构这个格图, 第一种是利用图 9.4.1 的形式, 但在应用 Ruelle 定理是不能用相距为 1 的邻点结构, 而是用相距 $\sqrt{2}$ 的点对作为基本结构. 第二种方法如图 9.4.1 所示, 直接画出对角的相邻结构, 这时格图可以分解为两个独立的边长为 $\sqrt{2}$ 的矩形格上的 Ising 模型, 一个用实线表示, 另一个用虚线表示, 而这两个 Ising 模型是相同的, 对角邻点交互作用强度为 J, 外场为 H. 这时构成格图的最基本单位是边长为 $\sqrt{2}$ 的矩形, 对应这个矩形的基本多项式为

$$K_4(z_1, z_2, z_3, z_4)$$
$$= 1 + e^{4J}e^{2H}(z_1 + z_2 + z_3 + z_4) + e^{4J}e^{4H}(z_1z_2 + z_2z_3 + z_3z_4 + z_4z_1)$$
$$+ e^{8J}e^{4H}(z_1z_3 + z_2z_4) + e^{4J}e^{6H}(z_1z_2z_3 + z_2z_3z_4 + z_3z_4z_1) + e^{8H}(z_1z_2z_3z_4)$$

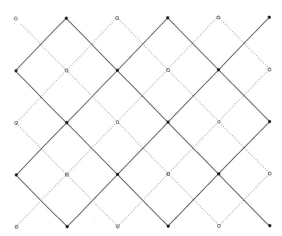

图 9.4.1 Z^2 上有对角交互作用 Ising 模型的分解图, 实线和虚线表示两个独立的矩形格

令 $z_1 = z_2 = z_3 = z_4 = z$, $u = e^{2H}z$, $a = e^{2J}$ 得

$$K_4(z, z, z, z) \overset{\triangle}{=} Q(z)$$
$$= 1 + 4a^2u + (4a^2 + 2a^4)u^2 + 4a^2u^3 + u^4$$
$$= [u^2 + (2 - \sqrt{2}a^2 + \sqrt{2})u + 1] \cdot [u^2 + (2 + \sqrt{2}a^2 - \sqrt{2})u + 1]$$

该方程作为 u (或 z) 为未知数的 4 阶方程最多有 4 个解, 记 r_0 是 z 的绝对值最小的解, 可以证明, 当 $|z_j| < \exp\{-2H - \log m\}$ 时 $K_4 \neq 0$, 其中

$$m^{-1} = r_0 = \frac{1}{2}\left\{[(2+\sqrt{2})a^2 - \sqrt{2}] - \sqrt{[(2+\sqrt{2})a^2 - \sqrt{2}]^2 - 4}\right\} \quad (4\text{-}4)$$

定理 4.1 对于由 (4-1) 式给出的定义在 Z^2 上的 Ising 模型, 配分函数在以下复值多维方体 (polydisk) 上不为零

$$\{\mathbf{z} = (z_j, j \in V) : |z_j| < \exp[-2H - 2\log m]\}$$

其中 m 由 (4-4) 式给出.

证明 将有 1 个公共顶点的矩形看作 Λ' 和 Λ'', 重复应用 Ruelle 定理即可.

定理 4.2 对于由 (4-1) 式给出的定义在 Z^2 上的仅有对角交互作用的 $\sqrt{2}$-马氏场 Ising 模型, 其临界失真 d_c 满足

$$d_c \geqslant \frac{1}{2}\{1 - \tanh[H + 2\log m]\}$$

其中 m 由 (4-4) 式给出.

证明 令所有 $z_j = z = -\dfrac{D}{1-D}$, 然后利用定理 4.1 及 d_c 的定义即得证.

下面来讨论定义在 Kagome 格、三角格和 Union Jack 格 (图 9.4.2 (a), (c), (e)) 上的 Ising 系统, 先讨论只有邻点交互作用的取值 $\{0,1\}$ 的情形, 我们仍然用以下分布的形式

$$P(\mathbf{X} = \mathbf{x}) = \text{const.} \exp\left\{2\sum_j \tilde{H}x_j + 2\sum_{\text{相邻} i,j} \tilde{J}(i,j)(x_i \oplus x_j)\right\} \quad (4\text{-}5)$$

其中当 i,j 相邻时 $\tilde{J}(i,j) \neq 0$, 由此可以得配分函数

$$Z_{\mathbf{X}\oplus\mathbf{y}} = \text{const.} \sum_{\mathbf{w}} \exp\left\{2\sum_{\text{相邻} i,j} J(i,j)(w_i \oplus w_j)\right\}\prod_j (e^{2H(j)}z_j)^{w_j} \quad (4\text{-}6)$$

其中

$$w_j = x_j \oplus y_j$$
$$H(j) = (1 - 2y_j)\tilde{H}(j) = \pm\tilde{H}(j)$$
$$J(i,j) = (1 - 2y_i)(1 - 2y_j)\tilde{J}(i,j) = \pm\tilde{J}(i,j)$$

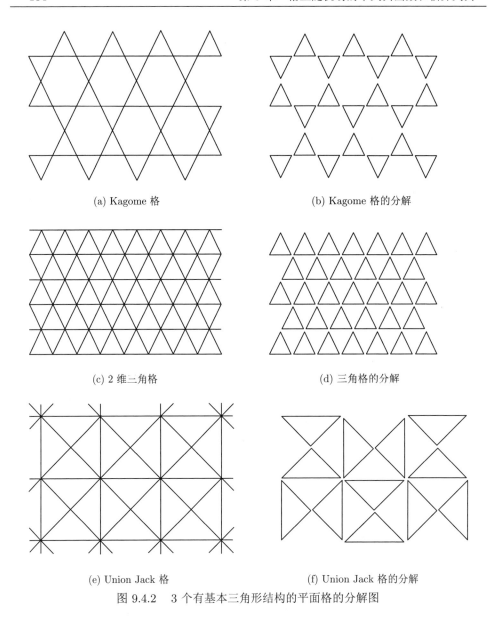

(a) Kagome 格　　　　　　　　　　　　(b) Kagome 格的分解

(c) 2 维二角格　　　　　　　　　　　(d) 三角格的分解

(e) Union Jack 格　　　　　　　　　(f) Union Jack 格的分解

图 9.4.2　3 个有基本三角形结构的平面格的分解图

利用 Ruelle 定理要确定多元多项式 (4-6) 的非零区域, 可以通过基本结构三角形对应的 3-元多项式的非零区域表示出

$$K_3(z_1, z_2, z_3) = 1 + e^{4J}e^{2H}(z_1 + z_2 + z_3)$$
$$+ e^{4J}e^{4H}(z_1z_2 + z_2z_3 + z_3z_1) + e^{6H}z_1z_2z_3$$

令 $z_1 = z_2 = z_3 = z$, 记 $Q_3(z) \overset{\triangle}{=} K(z, z, z)$, $u = e^{2H} z$ 就得

$$Q_3(u/e^{2H}) = K_3(u/e^{2H}, u/e^{2H}, u/e^{2H})$$

$$= 1 + 3e^{4J}u + 3e^{4J}u^2 + u^3 = (u+1)\{u^2 + (3e^{4J} - 1)u + 1\}$$

可以证明, 当

$$|z| < e^{-2H}(b - \sqrt{b^2 - 1}) = \exp\{-2H - \text{arccosh}b\} \tag{4-7}$$

时 $Q_3(z) \neq 0$, 其中 $b = \dfrac{1}{2}(3e^{4J} - 1)$.

定理 4.3 配分函数 (4-6) 在以下复柱体中不为零,

$$\{\mathbf{z} : |z_j| < \exp[-2H^* - N\text{arccosh}b^*]\}$$

其中 $H^* = \max_j\{|H(j)|\}, b^* = \max_{(i,j)}\{2^{-1}(3e^{4|J(i,j)|} - 1)\}$, 且 $N = 2, 3, 4$ 分别对应 Kagome 格、三角格和 Union Jack 格.

证明 应用定理 3.6 和 (4-7) 式即可, 此略.

定理 4.4 对于 (4-5) 式给出的 Gibbs 分布

$$d_c \geqslant \frac{1}{2}\{1 - \tanh[H^* + 2^{-1}N\text{arccosh}b^*]\} \tag{4-8}$$

其中 H^*, b^*, N 如定理 4.3 中所定义.

如果如同 Newman 所做将邻点作为基本结构来构造格图, 我们可以得到的下界是

$$d_c \geqslant \frac{1}{2}\{1 - \tanh[H^* + 2^{-1}N\text{arccosh}(e^{2J})]\} \tag{4-9}$$

其中

$$H^* = \max_j\{|H(j)|\}, \quad J = \max\{|J(i,j)|\}$$

$N = 4, 6, 8$ 分别对应 Kagome 格、三角格和 Union Jack 格.

特例 在没有外场 (即 $H^* = 0$) 时, 设 $|J(i,j)| = r > 0$, (4-8) 式变为

$$d_c \geqslant \frac{1}{2}\{1 - \tanh[2^{-1}M\text{arccosh}b]\} \overset{\triangle}{=} g_M(r)$$

其中 $b = 2^{-1}(3e^{4r} - 1)$, $M = 2, 3, 4$ 分别对应 Kagome 格、三角格和 Union Jack 格. 类似地 (4-9) 变为

$$d_c \geqslant \frac{1}{2}\{1 - \tanh[2^{-1}N\mathrm{arccosh}(e^{2J})]\} \triangleq f_N(r)$$

其中 $N = 4, 6, 8$ 分别对应 Kagome 格、三角格和 Union Jack 格. 比较这两个结果, 下面引理说明我们的结果好于 Newman 的结果, 即用矩形做基本结构得到的 d_c 的下界更好 (图 9.4.3).

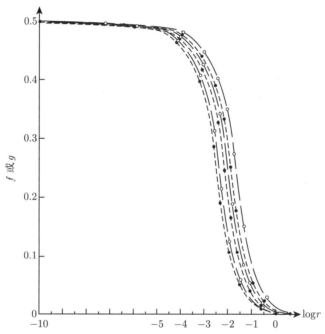

图 9.4.3　三种格上有邻点对交互作用的 Ising 模型 d_c 下界的比较

图 9.4.3 中曲线由上到下依次代表 $g_2(r), f_4(r), g_3(r), f_6(r), g_4(r), f_8(r)$, $\lim\limits_{r\to 0} f_{2N}(r) = \lim\limits_{r\to 0} g_N(r) = 0.5, N = 2, 3, 4$.

引理 4.5

$$g_N(r) \geqslant f_{2N}(r), \quad \text{对于 } N = 2, 3, 4 \text{ 成立}$$

证明　只需证下式的非负性

$$l(x) \triangleq 2\mathrm{arccosh}(x) - \mathrm{arccosh}(b)$$

$$= 2\mathrm{arccosh}(x) - \mathrm{arccosh}\left[\frac{3x^2 - 1}{2}\right], \quad x = e^{2r}$$

首先易验证 $l(1) = 0$, $l'(x) \geqslant 0 (x > 1)$, 所以对所有 $x \geqslant 1$ 有 $l(x) \geqslant 0$.

现在我们来讨论定义在 Kagome 格、三角格和 Union Jack 格上只有构成基本三角形的三点交互作用的二元随机场, 同时允许外场的存在, 为了方便应用 Ruelle 定理, 我们只讨论有某种对称性的模型. 设每个基本三角形上的能量为

$$H(x_1, x_2, x_3) = 2\tilde{J}(1,2,3)(x_1 \oplus x_2 \oplus x_3) + 2\sum_{j=1}^{3} \tilde{H}(j) x_j$$

其中第一项表示三点交互作用强度, 第二项表示外场强度. 定义在整个格图上的随机场服从分布

$$P(\mathbf{X} = \mathbf{x}) = \text{const.} \exp\left\{ 2\sum_j \tilde{H}(j) x_j + \sum_{i,j,k} 2\tilde{J}(i,j,k)(x_i \oplus x_j \oplus x_k) \right\} \quad (4\text{-}10)$$

其中 $\tilde{J}(i,j,k) \neq 0$ 当且仅当 i,j,k 是一个基本三角形的三个顶点. 则

$$Z_{\mathbf{X} \oplus \mathbf{y}}(\mathbf{z}) = \text{const.} \sum_{\mathbf{z}} \exp\left\{ 2\sum_{i,j,k} 2\tilde{J}(i,j,k)(w_i \oplus w_j \oplus w_k) \right\} \prod_j (e^{2H(j)} z_j^{w_j})$$

$$(4\text{-}11)$$

其中

$$J(i,j,k) = (1 - 2y_i)(1 - 2y_j)(1 - 2y_k)\tilde{J}(i,j,k) = \pm\tilde{J}(i,j,k)$$

$$H(j) = (1 - 2y_j)\tilde{H}(j) = \pm\tilde{H}(j)$$

应用定理 3.6, 为计算多元配分多项式的非零区域, 可以先计算以下三元多项式的非零区域

$$\tilde{K}_3(z_1, z_2, z_3) = 1 + e^{2J}e^{2H}(z_1 + z_2 + z_3) + e^{4H}(z_1 z_2 + z_2 z_3 + z_3 z_1) + e^{2J}e^{6H}z_1 z_2 z_3$$

记 $\tilde{Q}_3(z) = \tilde{K}_3(z, z, z)$, 则

$$\tilde{Q}_3(e^{-2H}u) = 1 + 3a^2 u + 3u^2 + a^2 u^3$$

其中 $a = e^J$, 可以证明当 $|z| < \exp\{-2|H| - \ln m\}$ 时

$$\tilde{Q}_3(z) \neq 0$$

其中

$$m^{-1} = \min\{|\alpha - \beta - e^{-2|J|}|, |\omega\alpha - \omega^2\beta - e^{-2|J|}|, |\omega^2\alpha - \omega\beta - e^{-2|J|}|\}$$

$$= |\alpha - \beta - e^{-2|J|}|$$

$$\alpha = [(1 - e^{-4J})(1 + e^{2J})]^{1/3}, \quad \beta = [(1 - e^{-4J})(1 - e^{2J})]^{1/3}$$

$$\omega = \frac{1}{2}(1 + i\sqrt{3}), \quad \omega^2 = \frac{1}{2}(-1 - i\sqrt{3}), \quad i^2 = -1$$

显然 m 依赖于 i, j, k.

定理 4.6　在下述多维复柱体中 (4-11) 式不为 0.

$$\{\mathbf{z} : |z_j| < \exp[-2H^* - N\ln m^*]\}$$

其中 $H^* = \max_j\{|H(j)|\}, m^* = \max_{(i,j,k)}\{m(i,j,k)\}, N = 2, 6, 8$ 分别对应 Kagome 格、三角格和 Union Jack 格.

证明　类似定理 4.4 的证明, 但是需要指出的是用基本三角形来构造所要的格图比以邻点对作为基本结构来构造要复杂得多, 除了 Kagome 格之外, 对应三角格, 每个节点要重复 6 次, 而对于 Union Jack 格每个节点要重复 8 次 (图 9.4.4).

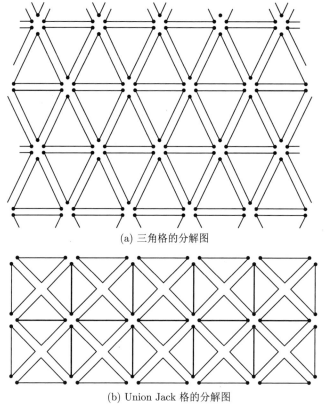

(a) 三角格的分解图

(b) Union Jack 格的分解图

图 9.4.4　三角格和 Union Jack 格的基于基本三角形的分解图

定理 4.7 对于 (4-10) 给出的 Gibbs 分布, 其临界失真有下界

$$d^c \geqslant \frac{1}{2}\{1 - \tanh[H^* + 2^{-1}N\ln m^*]\} \tag{4-12}$$

其中 H^*, m^*, N 的取值同定理 4.6.

特例 在无外场 (即 $H^* = 0$) 情形, 设所有 $\tilde{V}(i,j,k) = r > 0$, 则 (4-12) 变为

$$d^c \geqslant \frac{1}{2}\{1 - \tanh[2^{-1}N\ln m^*] = (m^{*N}+1)^{-1} \overset{\triangle}{=} h_N(r)\} \tag{4-13}$$

其中 $m^* = |\alpha - \beta - e^{-2r}|$, $\alpha = \sqrt[3]{(1-e^{-4r})(1+e^{-2r})}$, $\beta = \sqrt[3]{(1-e^{-4r})(1-e^{-2r})}$, $N = 2, 6, 8$ 分别对应 Kagome 格、三角格和 Union Jack 格. 图 9.4.5 显示了对于三个格图的下界的比较, $h_2(r) \geqslant h_6(r) \geqslant h_8(r)$, 也可以从数学上严格证明之, 我们把它留给读者.

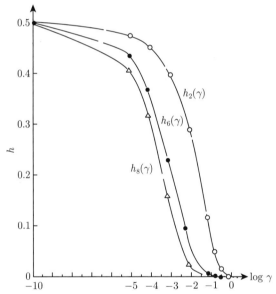

图 9.4.5 Kagome 格、三角格和 Union Jack 格上有三点交互作用的 Ising
模型 d_c 下界的比较

第 10 章 网络上的博弈论

10.1 博弈论的基本概念

博弈论又被称为对策论, 既是现代数学的一个新分支, 也是运筹学的一个重要学科. 博弈论思想古已有之, 中国古代的《孙子兵法》等著作就不仅是一部军事著作, 而且算是最早的一部博弈论著作. Game 的本意是游戏, 因此 Game Theory 直译应是 "游戏理论", 事实上博弈论最初主要研究象棋、桥牌、赌博中的胜负问题. 近代博弈论的理论化始于策梅洛 (Zermelo)、博雷尔 (Borel) 及冯·诺伊曼[94]. 1928 年, 冯·诺伊曼证明了博弈论的基本原理, 宣告了博弈论的诞生. 1944 年, 冯·诺伊曼和摩根斯坦共著的《博弈论与经济行为》[95] 将二人博弈推广到 n 人博弈结构, 并将博弈论系统地应用于经济领域, 奠定了这一学科的基础和理论体系. 20 世纪 50 年代初期, 纳什的博士学位论文 (由 4 篇短论文组成[63-66]) 利用不动点定理证明了均衡点的存在, 现在称之为纳什均衡. 经过数十年的发展, 今天博弈论已发展成一门较完善的学科[29], 并在生物学、经济学、计算机科学、社会学、军事学、国际关系、政治学等很多学科有着广泛的应用[118,120]. 1994 年诺贝尔经济学奖授予加利福尼亚大学伯克利分校的约翰·海萨尼 (J. Harsanyi)、普林斯顿大学约翰·纳什 (J. Nash) 和德国波恩大学的赖因哈德·泽尔滕 (Reinhard Selten) 3 位博弈论专家, 至今共有 7 届的诺贝尔经济学奖与博弈论的研究有关.

在回顾了博弈论的发展简史后, 我们先介绍博弈的基本要素, 从最简单的两人博弈、多人博弈到网络博弈, 从静态博弈到重复博弈、动态演化博弈 (超级博弈), 重点讨论与随机场有关的定义在规则网络上的动态演化博弈和它的极限性质, 最后给出两个数值模拟的实例.

在一个博弈中我们要处理许多涉及参与者交互作用的概念, 构成博弈的基本要素有以下几点:

(1) 玩家 (player), 也称局中人, 指在一场博弈中的有决策权的参与者. 只有两个玩家的博弈现象称为 "两人博弈", 如两人弈棋. 而多于两个玩家的博弈称为 "多人博弈", 如四人打桥牌. 玩家可以是个人, 也可以是公司甚至国家.

(2) 行动 (action), 每个玩家根据自己的意愿可能采取的若干行动方案, 或决策方案.

(3) 信息结构 (information structure), 玩家所掌握的关于博弈的知识和历史, 并据此作出自己的决策.

(4) 纯策略 (pure strategy), 指在一局博弈中, 玩家根据自己掌握的信息可以选择的行动方案, 如果在一个博弈中玩家都总共有有限个策略, 则称为 "有限博弈", 否则称为 "无限博弈".

(5) 混合策略 (mixed strategy), 指在玩家的纯策略集上的一个概率分布, 即玩家在他的策略集中以某种概率随机地选择纯策略.

(6) 行为策略 (behavioral strategy), 玩家基于所掌握的信息随机选择策略的规则, 通常与混合策略相关.

(7) 回报 (payoff), 也称收益、效用等, 是度量博弈可能结果的量化指标, 指玩家在一局博弈结束时的收益或得失, 不仅与该玩家自身所选择的策略有关, 而且与全体玩家所取的策略有关. 所以, 每个玩家的 "回报" 是全体玩家所取定的策略的函数, 通常称为回报函数.

(8) 均衡 (equibrium), 意即相关量处于稳定值. 博弈论中的纳什均衡, 它是一稳定的博弈结果. 博弈主要可以分为合作博弈和非合作博弈. 取决于相互发生作用的玩家之间有没有一个具有约束力的协议, 如果有, 就是合作博弈, 如果没有, 就是非合作博弈.

(9) 重复博弈 (repeated game), 根据博弈是一次性还是重复多次, 博弈论分为静态博弈、动态博弈两类. 静态博弈是指玩家只做一次就结束的博弈; 动态博弈是指玩家重复多次乃至无穷多次重复进行同一类型的博弈, 其中改变策略的顺序可以同步、异步、分组异步等, 如 "囚徒困境" 就是同时决策的, 属于静态博弈; 而棋牌类游戏等决策或行动有先后次序的, 属于动态博弈.

(10) 完全信息和完美信息 (complete and perfect information), 一个博弈的信息结构表示每个玩家在博弈开始并要选择策略时所了解的信息.

完全信息或不完全信息 (complete or incomplete information), 按照玩家开始博弈时所掌握的信息程度, 如果他知道对手是谁、他们可能采取的策略集、每个玩家的信息集, 以及可能的结果, 则称这样的信息结构是完全的, 否则是不完全的.

完美或不完美信息 (perfect orimperfect information), 指玩家做出一个特定策略时所掌握的信息, 如果每个信息集只包含一个点, 则称为完美的, 否则就是不完美的. 比如, 同步更新策略的博弈是完全但不完美的信息.

我们用更形式化的语言来定义一个博弈.

定义 1.1 (玩家和纯策略) 玩家: 设 $M = \{1, 2, \cdots, m\}$ 为参与博弈的玩家的集合, 玩家 j 的一个纯策略 γ_j 是玩家 j 所掌握的信息集到可能采取的行动的一个映射, 当玩家是有限个时, 所有玩家采取的策略表示为向量 $\gamma = (\gamma_1, \gamma_2, \cdots, \gamma_m)$, 当玩家是可列无穷多个时, 可表示为 $\gamma = (\gamma_j, j \in V)(V$ 是可列无穷集合).

定义 1.2 (混合策略)   设玩家 j 有 p_j 个纯策略 $\gamma_{jk}, k = 1, \cdots, p_j$, 他以概率 x_{jk} 采取策略 $\gamma_{jk}, k = 1, \cdots, p_j$, 他的策略选择是以下可选概率测度之一

$$\mathcal{X}_j = \left\{ \mathbf{x}_j = (x_{jk})_{k=1,1,\cdots,p_j} \Big| x_{jk} \geqslant 0, \ \sum_k^{p_j} x_{jk} = 1 \right\} \tag{1-1}$$

其中 $\mathcal{X}_j$ 是 $\mathbf{R}^p$ 中的紧凸集.

定义 1.3 (行为策略)   玩家 j 的一个行为策略是一个映射, 即从他做决策时所掌握的信息空间到可选的概率集的一个映射.

混合策略和行为策略相似之处是它们都是概率分布, 对于混合策略, 玩家在所有可能的策略中随机选择一个, 类似轮盘赌. 而行为策略是基于玩家所掌握的信息基础上的条件概率分布.

定义 1.4 (回报)   当每个玩家都选择好策略, 即策略向量 γ 确定之后, 博弈就开始实施, 就如由自动机控制那样. 对于 $j, j \in M$ 的结果可以表示为策略向量 γ 的期望收益, 如果记 Γ_j 为玩家 j 的策略集, 那么一个博弈就可以表示为以下的回报映射

$$V_j : \Gamma_1 \times \cdots \times \Gamma_j \times \cdots \times \Gamma_M \to R, \ j \in M \tag{1-2}$$

即对每个 $j \in M$, 给定一个 $\gamma \in \Gamma_1 \times \cdots \times \Gamma_j \times \cdots \times \Gamma_M$, 都对应唯一一个回报 $V_j(\gamma)$, 我们称这样的博弈是正则的或是以策略定义的.

博弈论主要研究公式化了的激励机制、具有斗争或竞争性质现象的数学理论和方法. 以下我们讨论几个简单的博弈例子, 从两人零和博弈 (两策略或多策略)、非零和博弈到多人重复博弈.

例 1.5 (两人两策略博弈)   假设有两个玩家甲和乙参与的两人博弈, 每个人只能采取两种策略 $\{A, B\}$, 回报函数是对称的, 即可表示为

$$Q = \begin{pmatrix} Q(A,A) & Q(A,B) \\ Q(B,A) & Q(B,B) \end{pmatrix} = \begin{pmatrix} (a,a) & (b,c) \\ (c,b) & (d,d) \end{pmatrix} \tag{1-3}$$

意为甲取策略 A、乙取策略 A 时, 两人得到的回报都是 a. 甲取策略 B、乙取策略 B 时, 两人得到的回报都是 b. 一人取策略 A, 另一人取策略 B 时, 取策略 A 者回报为 b, 取策略 B 者回报为 c.

例 1.6 (零和博弈: 石头-剪刀-布)   石头-剪刀-布 (rock-paper-scissors) 是日常生活中常玩的一个游戏, 三种策略分别为石头 (rock(R))、剪刀 (paper(P)) 和布 (scissors(S)), 甲乙双方在石头、剪刀和布的三个手势中选择一个, 按照石头赢剪刀、剪刀赢布、布赢石头的规则, 赢方可得 1 元, 输方赔付 1 元, 如两人的手势相同, 则成平手, 均得 0 元. 这是一个典型的零和博弈 (zero-sum game), 它的回报可表示为表 10.1.1.

表 10.1.1 石头-剪刀-布博弈回报矩阵

		乙方		
		石头	剪刀	布
甲方	石头	0, 0	1, −1	−1, 1
	剪刀	−1, 1	0,0	1, −1
	布	1,−1	−1,1	0,0

也可表示成以下矩阵形式

$$Q = \begin{pmatrix} Q(R,R) & Q(R,P) & Q(R,S) \\ Q(P,R) & Q(P,P) & Q(P,S) \\ Q(S,R) & Q(S,P) & Q(S,S) \end{pmatrix} = \begin{pmatrix} (0,0) & (1,-1) & (-1,1) \\ (-1,1) & (0,0) & (1,-1) \\ (1,-1) & (-1,1) & (0,0) \end{pmatrix}$$

$$(1\text{-}4)$$

在后文讨论的超级博弈中我们会以这个博弈作为基本博弈, 模拟网络上的超级博弈, 得到一些有趣的结果.

例 1.7 非零和博弈——囚徒困境 (Prisoner's Dilemma).

假设有两个嫌疑犯甲和同伙乙, 被警方抓住后, 检方对两人分别审讯, 并各自提供一次选择机会, 如果某一方选择坦白, 而另一方选择沉默不坦白, 则坦白者可获轻判, 获刑 1 年, 不坦白者被重判, 获刑 4 年. 如果两人都坦白, 因坦白可略减刑, 都获刑 3 年. 如两人都不坦白, 因证据不足, 只能轻判, 都获刑 2 年. 有时也把坦白看作背叛行为, 而都不坦白看作双方的合作行为, 这个博弈的回报可以用表 10.1.2 表示. 在实际生活中, 人们从囚徒困境中引申出无数变种, 用以解释一些社会和经济现象.

表 10.1.2 囚徒困境博弈回报矩阵

		乙方	
		不坦白 (合作)	坦白 (背叛)
甲方	不坦白 (合作)	−2, −2	−4, −1
	坦白 (背叛)	−1, −4	−3, −3

也可表示为以下矩阵形式

$$Q = \begin{pmatrix} Q(\text{合作, 合作}) & Q(\text{合作, 背叛}) \\ Q(\text{背叛, 合作}) & Q(\text{背叛, 背叛}) \end{pmatrix} = \begin{pmatrix} (-2,-2) & (-4,-1) \\ (-1,-4) & (-3,-3) \end{pmatrix} \quad (1\text{-}5)$$

对于囚徒困境的一般回报矩阵为

$$Q = \begin{pmatrix} Q(\text{合作, 合作}) & Q(\text{合作, 背叛}) \\ Q(\text{背叛, 合作}) & Q(\text{背叛, 背叛}) \end{pmatrix} = \begin{pmatrix} (R,R) & (S,T) \\ (T,S) & (P,P) \end{pmatrix} \quad (1\text{-}6)$$

其中 T(Temptation)= 背叛诱惑, R(Reward)= 合作报酬, P(Punishment)= 背叛惩罚, S(Suckers)= 受骗支付, 以个人所得回报考虑通常应满足 $T > R > P > S$, 若以博弈双方的总回报考虑应满足 $2R > T + S$ 或 $2R > 2P$. 在后文中我们也会以这个博弈作为基本博弈, 模拟网络上的超级博弈, 得到有意义的结果.

10.2　网络上的超级博弈——动态演化博弈

本节讨论网络上重复无穷多次的动态演化博弈, 称之为超级博弈, 假设玩家位于一个图的节点集上, 为方便计, 我们主要讨论一类定义在有一定拓扑结构的规则网络上的超级博弈, 如 k-维整数格 $Z^k(k = 1, 2)$ (图 10.2.1) 的节点集或它们的有限子集上, 对 1 维有限子集, 将首尾相连就成闭环 (图 10.2.1(b)). 它们有比较简单且规则的邻点结构, 我们还假设所有玩家都是理性的, 其参与博弈的目的均为自身利益的最大化, 参与局部或全局的博弈. 他只和他的近邻玩家进行重复博弈, 比如 Z 或闭环中的玩家只和他左右两个相邻的玩家进行博弈, Z^2 上的玩家只和他上下左右 4 个相邻的玩家进行博弈, 在每一轮的博弈中, 他们依据事先规定的法则同步或异步更新他们的策略, 初始时刻所有玩家都独立随机地选择策略, 在每一阶段博弈结束时, 每个玩家计算他和近邻玩家博弈的回报, 根据这阶段博弈中近邻玩家所取的策略和回报的信息, 以最大化自己回报的目标来决定下一阶段博弈要采取的策略, 这样不断重复进行博弈, 我们关心的问题是这种重复博

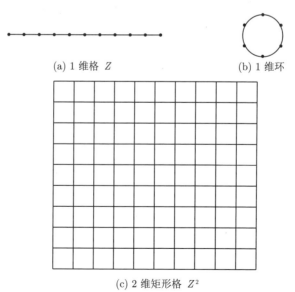

(a) 1 维格 Z　　　　　　　　　　　　　　(b) 1 维环

(c) 2 维矩形格 Z^2

图 10.2.1　几个 1 维和 2 维格图

弈能否在有限时间或时间趋于无穷时达到某种均衡. 本节从简单的网络博弈案例开始, 然后进入网络动态演化博弈的一般讨论, 最后一节给出几个数值模拟案例.

我们假设所有玩家都是有限理性的, 意思是:

(a) 假设当轮到某个玩家选择策略时, 他掌握了与他交易的其他玩家所采取的所有历史策略的信息, Kalai 和 Lahrer[45,46] 等研究了有限个玩家的超级博弈, 利用贝叶斯方法选择最佳策略, 最终达到纳什均衡 (Nash equilibria) 的可能性, 本章并不延续他们的讨论. 此外相关的工作还有细胞自动机 (cellular automata) (参见文献 [53, 57]) 和最优响应策略修正过程 (best-response strategy revision process) 等.

(b) 每个玩家选择策略时只知道他的邻居们在前一轮博弈中采取的策略信息, 与他们在当前或未来博弈中采取的策略无关.

(c) 玩家是采取策略 A 还是 B, 取决于比较采取这两个策略与近邻玩家博弈得到的回报的大小, 从中选择回报大者.

我们首先给出三个例子, 第一个例子是在闭环上有限多个玩家参与的重复博弈, 在有限步达到均衡; 第二个例子是在 2 维格 Z^2 上模拟族群演化的超级博弈; 第三个例子是模拟自然界中 3 种物体相互制约下的生存演化博弈. 然后讨论的是有无穷多个玩家参与并重复无穷多次的动态演化博弈模型. 给出网络上一类演化动态博弈 (也称超级博弈) 的一般数学框架和相关的基本概念, 将动态博弈的策略演化过程看作一个随机过程, 其在每个时刻的状态即为该时刻所有玩家采用的策略集, 随机过程的转移概率是全体玩家从当前状态更新为下一时刻策略的条件概率, 当时间趋于无穷时, 我们关心的是这个随机过程是否存在极限测度, 如存在, 有什么形式, 是否唯一, 如不唯一, 则称存在相变, 进而找出出现相变的条件, 以及所有极限测度的结构.

先讨论一类特殊的超级博弈, 假设玩家位于 1 维闭环上的基于 2 人 2 策略的超级博弈, 并计算出它的不变测度. 然后讨论玩家位于平面整数格 Z^2 的顶点集上, 每个玩家只和他近邻的 4 个玩家进行 4 个 2 人 2 策略博弈, 即在每个阶段博弈结束时玩家根据他所采取的策略以及 4 个邻居采取的策略来计算这阶段博弈的回报, 所有玩家按照预先规定的顺序更新策略, 这样重复地进行博弈, 当回报函数是对称、转移概率是 Gibbs 形式时, 我们证明了极限遍历测度的存在性. 对于一类特殊的类似 Ising 模型的动态演化博弈, 讨论了可能出现的相变现象. 在本小节里还讨论了基本博弈是处于同一基本矩形的 4 人博弈, 以每个玩家所处顶点为公共顶点有 4 个矩形, 每个玩家同时进行 4 个 4 人博弈, 讨论了极限测度的存在唯一性问题. 最后还讨论了定义在三角格上, 基本博弈是 2 人博弈和 3 人博弈时的超级博弈.

最后一节给出 2 个基本博弈都是 2 人博弈的超级博弈的数值模拟的例子, 第一个例子中基本的 2 人博弈为经典的石头-剪刀-布游戏; 第二个例子中基本的 2

人博弈是另一个经典的囚徒困境博弈.

1. 一类超级博弈的基本框架

本节讨论的超级博弈有以下基本要素:

玩家   设参与博弈的玩家位于一个图 $G = (V, E)$ 的顶点集上, 其中 V 是图的顶点集, 可以是有限集, 也可以是无穷集, 每个顶点上有且只有 1 个玩家; E 是所有边的集合, 在本章中设 V 是格图, 如 $Z^k, k = 1, 2, 3$ 或它的有限子集, 还设所有玩家都是理性的同类人.

邻域   对每个格模型, 都有一个特定的邻域结构 $N = \{N_i; \ i \in V\}$, N 实际是 V 的一个子集族, 满足

(1) 对所有 $i \in V$ 来说, i 不属于 N_i;

(2) $i \in N_j$ 当且仅当 $j \in N_i$, 对所有 $i, j \in V$ 成立,

称 N_i 是 i 邻域. 定义集合 $W_i = N_i \cup \{i\}$. V 的一个单纯形或是一个单点集, 或者是 V 的这样的子集 C, 它的顶点都互为邻点.

为方便起见, 我们假设邻域结构是平移不变的, 例如对于 Z^d, $i \in N_j$ 当且仅当 $i + k \in N_{j+k}$. 因为 $N_i = (i - j) + N_j$ 对任意 $i, j \in Z^d$ 成立, 所以从 $N_i - i + N_0$ 可知 N_0 已经包含了邻域的所有信息, 对 $V \subset Z$, 通常取 $N_0 = \{-s, -s+1, \cdots, -1+1, \cdots, s\}$, 对某个 $s > 0$. 对于 $V \subset Z^2$, N_0 有以下两种常用的结构.

(i) $N_0^N = \{(1, 0), (-1, 0), (0, 1), (0, -1)\}$.

(ii) $N_0^M = N_0^N \cup \{(1, 1), (1, -1), (-1, 1), (-1, -1)\}$ 称为 Moore-Neumann 邻域.

阶段博弈 (stage game)   在我们讨论的这一类超级博弈里, 是在离散时间点 $t \in Z$ 上进行重复阶段博弈, 在每个离散时间点每个玩家同时和他的近邻玩家做一个有限策略 n 人的博弈, 通常使用混合策略, 在每个阶段结束时每个玩家得到他的对手们在刚结束的那阶段博弈中实际使用的纯策略的信息, 然后根据这些信息以及损益为下一阶段博弈更新自己的策略. 玩家按照事先约定的次序更新策略, 可以是同步, 也可以随机地决定顺序, 或按固定的次序更新, 这样重复地进行, 称这样重复序列博弈为超级博弈或动态演化博弈.

策略和回报 (strategy and payoff)   设 $\mathcal{A}_i$ 为玩家 i 可能采用的纯策略集合, 又设对所有 $i \in V$, 它们的策略集合都相同, 即 $\mathcal{A}_i = \mathcal{A}$. 在一个 n 人博弈中, 如果 $x_1 \in \mathcal{A}$, 它的对手们采用策略 $(x_2, \cdots, x_n) \in \mathcal{A}^{n-1}$ 是它的回报函数为 $Q_1(x_1, \cdots, x_n)$, $x_1, \cdots, x_n \in \mathcal{A}$, 并设对于 $(x_2, \cdots, x_n)$ 的任何置换, $Q(x_1, \cdots, x_n)$ 均不变.

策略更新的顺序 (ordering of strategy changes)   在每阶段博弈结束后, 玩

家按照事先约定的全局更新规则更新策略, 称全局更新规则为同步的 (synchronous), 如果全体玩家同时更新策略; 称为序贯的 (sequential), 如果按固定的顺序一个接一个地更新; 称为分组序贯的 (group-sequential), 如果玩家分成若干组, 不同组按照一定次序更新, 轮到某组时, 该组的玩家同时进行更新; 称为异步的 (asynchronous), 如果按照随机选择的顺序依次更新之, 序贯和异步规则只适用于有限个玩家的场合 (即 V 有限时), 这样重复地进行下去, 称这样重复博弈为超级博弈或动态演化博弈.

　　下面先来看一个简单的重复博弈的例子.

　　例 2.1　设有 5 个玩家处于一个闭环上 (图 10.2.2), 每个节点上只有一个玩家.

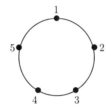

图 10.2.2　5 个玩家环形结构图

　　他同时和相邻的两个玩家做两个 2 人 2 策略 ($\{A, B\}$) 博弈, 博弈的回报矩阵见表 10.2.1.

表 **10.2.1**　2 人博弈回报矩阵

		乙方	乙方
		A	B
甲方	A	50, 50	49, 0
甲方	B	0, 49	60, 60

　　博弈开始时, 所有玩家随机地从两个策略中选择 1 个, 5 个玩家作为总体共有 32 种可能的选择, 实际上可归纳为 8 种: 无 A、一个 A、相邻 2 个 A、不相邻 2 个 A、连续 3 个 A、非 3 连 A、4 个 A、5 个 A. 记时刻 t 玩家 i 采取策略 A 或 B 所得回报分别为 U_A 和 U_B, 他的两个相邻玩家中取策略 A 的个数为 $x_i(t)$, 只有 3 种可能, $x_i(t) = 0, 1, 2$, 我们可以计算玩家 i 采取策略 A 或 B 得到的回报:

$$U_A = x_i(t) \cdot 50 + [2 - x_i(t)] \cdot 49$$

$$U_B = x_i(t) \cdot 0 + [2 - x_i(t)] \cdot 60$$

易算得, 当 $x_i(t) > 22/61$ 时有 $U_A > U_B$, 即在 t 时刻, 当 2 个邻居中只要有 1 个取策略 A, 则在 $t+1$ 时刻, 玩家 i 取策略 A 收益更大, 这样重复博弈能趋于均衡吗? 我们来分析之.

情形一　初始状态为 $1A$ 时, 演化过程为图 10.2.3.

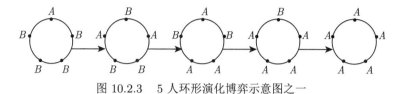

图 10.2.3　5 人环形演化博弈示意图之一

情形二　初始状态为 2 连 A 时, 演化过程为图 10.2.4.

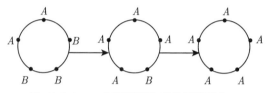

图 10.2.4　5 人环形演化博弈示意图之二

情形三　初始状态为 2 个不相连 A 时, 类似从情形一的第二步开始, 此略.

情形四　初始状态为 3 连 A 时, 演化过程为图 10.2.5.

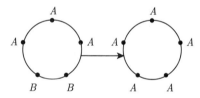

图 10.2.5　5 人环形演化博弈示意图之三

情形五　初始状态为 3 个但不全连 A 时, 类似从情形一的第三步开始, 此略.

情形六　初始状态为 4 个 A 时, 易见最终趋于 5 个 A.

情形七　初始状态为 5 个 A 时, 已处于平衡态.

情形八　初始状态为 5 个 B 时, 也是平衡态.

综上所述, 32 种初始情形下, 只有 1 种情形稳定于 $5B$, 其余 31 种情形最后都趋于 $5A$, 此时 A 为“演化稳定策略”, 虽然从全局来看, 5 个玩家的总回报少于全 B 策略的情形.

2. 策略演化过程 (strategy evolution process, SEP)

可以将一个超级博弈的演化过程看作一个随机过程, 称之为策略演化过程, 它是一个马尔可夫链, 记这个马氏链在 t 时刻的状态为 $\mathbf{X}_t = \{X_{t,i}; i \in V\}$. 它取值于 $\Omega_t = \Omega = \mathcal{A}^V$, 称之为 SEP 在时刻 t 的组态空间 (configuration space), 或构

形空间. $\mathbf{x}_t = \{x_{t,i}; i \in V\}$ 是 $\mathbf{X}_t$ 的一个样本, 等价地可以用 $\mathcal{A}^V$ 上的概率分布 μ_t 表示 SEP 在时刻 t 的状态, 玩家 i 在时刻 t 以局部转移概率 $p_i(x_{t,i}|\mathbf{x}_{t-1})$ 随机地选择新策略

$$p_i(x_{t,i}|\mathbf{x}_{t-1}) = p_i(x_{t,i}|x_{t-1,j}; j \in W_i) \tag{2-1}$$

注意

$$\sum_{x_{t,i} \in A} p_i(x_{t,i}|x_{t-1,j}; j \in W_i) = 1, \ \text{对所有} \ i \in V \tag{2-2}$$

记 $P(\mathbf{y}|\mathbf{x})$ 为从 $\mathbf{x}$ 到 $\mathbf{y}$ 的全局一步转移概率, 根据不同的更新准则, 它们的定义有所不同.

(1) 同步: SEP 的全局转移概率为

$$P(\mathbf{x}_t|\mathbf{x}_{t-1}) = \prod_{i \in V} p_i(x_{t,i}|x_{t-1,j}; \ j \in W_i) \tag{2-3}$$

(2) 分组序贯: 在本节我们讨论两种不同的分组序贯准则, 其一对 Z^k 模型称为奇偶序贯准则 (even-odd group sequential), 我们将格 Z^k 分成等价的两个子格 V^E 和 V^O, 使得不同子格的顶点互为对方子格的邻点, 子格 $i \in V^E$ 中的玩家在偶数时刻以概率 (2-1) 更新策略, 那么全局转移概率为

$$P(\mathbf{x}_t|\mathbf{x}_{t-1}) = \begin{cases} \prod_{i \in V^E} p_i(x_{t,i}|x_{t-1,j}; j \in W_i), \ x_{t,i} = x_{t-1,i}, & \text{对任意} \ i \in V^O \\ 0, & \text{其他} \end{cases} \tag{2-4}$$

子格 $i \in V^O$ 中的玩家在奇数时刻以概率 (2-1) 更新策略, 其全局转移概率只需将上式中 V^E 改成 V^O 即可.

我们将在稍后讨论定义在平面三角格上的超级博弈时, 讨论 3-步分组更新准则.

(3) 异步 (asynchronous): 此时设 V 是有限的, 设 $\|V\| = M$, 记组态 $\mathbf{x}(i, y)$, 它和组态 $\mathbf{x}$ 只在局中人 i 所取得策略 $y \in A$ 处不同.

$$\begin{aligned} P(\mathbf{x}|\mathbf{y}) &= P(\mathbf{X}_t = \mathbf{x}|\mathbf{X}_{t-1} = \mathbf{y}) \\ &= \begin{cases} \dfrac{1}{M} \sum_{i \in V} P_i(X_{t,i} = x_i|\mathbf{X}_{t-1} = \mathbf{x}), & \text{如果} \ \mathbf{y} = \mathbf{x} \\ \dfrac{1}{M} P_i(X_{t,i} = x_i|\mathbf{X}_{t-1} = \mathbf{x}(i, y)), & \text{如果} \ \mathbf{y} = \mathbf{x}(i, y) \neq \mathbf{x} \\ 0, & \text{其他} \end{cases} \end{aligned} \tag{2-5}$$

3. 子类 (subclasses)

我们讨论的超级博弈范围相当广泛, 它们可以分成若干子类, 见表 10.2.2.

表 10.2.2 超级博弈更新模式

策略更新模式	参与基本博弈的人数		
	2	4	4 人分成 2 对
同步	是	是	是
异步	是	是	是
分组序贯	是	是	是

以上每格还可根据回报函数是否齐次、是否对称进一步细分.

4. 不变测度 (invariant measures)、遍历性 (ergodicity) 和可逆性 (reversibility)

我们感兴趣的是局部转移概率满足什么条件时, SEP 的不变测度的存在性、唯一性、遍历性和可逆性. 对于 (2-1) 给出的转移概率下, 在不同的局部转移法则下, SEP 的不变测度有何不同. 在确定的条件下, 不变测度存在但不唯一, 这种现象称为相变. 我们对反问题也感兴趣, 即对 $\mathcal{A}^V$ 上给定的分布 π 要寻找这样的 SEP, 使得 π 是它的不变测度, 特别地当 π 是 Gibbs 分布时.

这些问题的答案随模型和更新准则的不同而不同, 对于有限 V 或无穷 V 的答案也不同, 将在下节详细讨论.

全局转移概率 (2-3)、(2-4) 或 (2-5) 定义了组态空间 $\mathcal{A}^V$ 上的离散马氏链, 给定 $t-1$ 时刻组态 $\mathbf{x}_{t-1}$ (2-3)、(2-4) 或 (2-5) 上的概率测度 ρ_{t-1}, $\rho_t = \rho_{t-1}P$ 定义了 $\mathbf{x}_t$ 上的概率分布.

$$\rho_t(d\mathbf{x}_t) = \int \rho_{t-1}(d\mathbf{x}_{t-1})P(d\mathbf{x}_t|\mathbf{x}_{t-1})$$

称 ν 是平稳的或不变测度, 如果 $\nu = \nu P$ 成立. 以下结果是众所周知的.

引理 2.2 对于演化过程, 所有不变测度构成一个凸集.

证明 证明见 [46].

对于给定更新准则的 SEP, 称它为遍历的, 如果马氏链是正则的, 即存在唯一的一个不变测度, 它以概率 1 描述了 SEP 依时间 $t \to \infty$ 时的极限性态. 称 SEP 为 Gibbs, 如果它的不变测度对应 $\mathcal{A}^V$ 上的一个马尔可夫随机场 (Markov random field, MRF), 即

$$\lim_{t \to \infty} P_r(\mathbf{X}_t = \mathbf{x}) = \pi(\mathbf{x}) = \frac{1}{\Lambda}\exp[-U(\mathbf{x})] \tag{2-6}$$

满足 $\pi(\mathbf{x}) > 0$ 对所有 $\mathbf{x} \in \Omega$ 成立, 其中 Λ 是使其成为概率分布的规范化常数, 且

$$U(\mathbf{x}) = \sum_C v_C(\mathbf{x})$$

其中和号是对 V 中所有单纯形取之, 称 $v_C(\cdot)$ 为势函数.

称 SEP 为可逆的 (reversible), 如果对应的马氏链是可逆的, 众所周知可逆性等价于详细平衡条件 (detailed balance condition).

$$\pi(\mathbf{y})P(\mathbf{x}|\mathbf{y}) = \pi(\mathbf{x})P(\mathbf{y}|\mathbf{x}) \tag{2-7}$$

任何可逆测度是不变测度, 因为 (2-7) 隐含了

$$\pi(\mathbf{x}) = \sum_{\mathbf{y}} \pi(\mathbf{y})P(\mathbf{x}|\mathbf{y}) \tag{2-8}$$

定理 2.3 称一个 SEP 是 Gibbs 当且仅当它是可逆的.
证明 见 [48].

10.3　某些特殊的超级博弈模型

本节我们将对某些特殊模型详细讨论上述问题, 根据参与基本博弈的人数讨论之.

1. 两人博弈

假设参与超级博弈的玩家位于图 V 上, V 可以是 $Z^k, k = 1, 2, 3$ 或它的有限子集, 并设邻域结构是紧邻型的, 即 $N_0 = \{\mathbf{j} = (j_1, \cdots, j_d); |\mathbf{j}| = \sum_{k=1}^d j_k^2 = 1\}$. 每个玩家同步地和他的每个邻居进行 2 人 q 种策略的博弈 (Z^2 情形见图 10.3.1). 定义玩家 i 和玩家 j 博弈时的支付矩阵为 $\mathbf{Q}_{ij} = \{Q_{ij}(x, y); x, y \in \mathcal{A}\}$, 称 $\mathbf{Q}_{ij}$ 为对称的如果 $Q_{ij}(x, y) = Q_{ji}(y, x)$ 对所有 $x, y \in \mathcal{A}$ 成立.

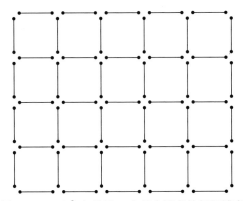

图 10.3.1　Z^2 上基于 2 人基本博弈的超级博弈

如果所有相邻的玩家参与的两人博弈有相同的回报函数, 称超级博弈是齐次的, 否则称为非齐次的.

在一轮博弈中玩家 i 如果采取策略 y, 他的邻居 j 采取策略 x, 则局中人 i 收到的回报为 $Q_{ij}(y,x)$, 他采取策略 y 的总收益是他和几位邻居同步进行的博弈收益的总和, 当进入下一轮博弈时玩家 i 根据事先约定的顺序将策略 y 更新为 z 的概率为

$$p_i(z|\mathbf{x}(i,y)) = \frac{1}{\lambda} \exp\left\{ \beta \frac{1}{\|N_i\|} \sum_{j\in N_i} [Q_{ij}(z,x_j) - Q_{ij}(y,x_j)] \right\}$$

$$= \frac{1}{\lambda'} \exp\left\{ \beta \frac{1}{\|N_i\|} \sum_{j\in N_i} Q_{ij}(z,x_j) \right\} \tag{3-1}$$

其中

$$\lambda = \sum_{z\in A} \exp\left\{ \beta \frac{1}{\|N_i\|} \sum_{j\in N_i} [Q_{ij}(z,x_j) - Q_{ij}(y,x_j)] \right\}$$

$$\lambda' = \sum_{z\in A} \exp\left\{ \beta \frac{1}{\|N_i\|} \sum_{j\in N_i} Q_{ij}(z,x_j) \right\}$$

$\|N\|$ 是集合 V 中的节点数. 注意 λ 和 λ' 都依赖 $x^{N_i} = \{x_j : j \in N_i\}$. 我们可将它们表示为 $\lambda(x^{N_i})$ 和 $\lambda'(x^{N_i})$. 粗略地说玩家 i 将策略从 y 变为 z 的概率正比于采取这两种策略的回报之差, 我们来讨论三种情形.

有对称回报函数的齐次博弈

这是所有两人博弈的回报函数都为 Q, 它是对称的, 则局部转移概率为

$$p_i(z|\mathbf{x}(i,y)) = \frac{1}{\lambda} \exp\left\{ \beta \frac{1}{\|N_i\|} \sum_{j\in N_i} [Q_i(z,x_j) - Q_i(y,x_j)] \right\}$$

$$= \frac{1}{\lambda'} \exp\left\{ \beta \frac{1}{\|N_i\|} \sum_{j\in N_i} Q_i(z,x_j) \right\} \tag{3-2}$$

为讨论不同的全局更新准则, 设 $V_n = \{\mathbf{j} = (j_1,\cdots,j_d) \in Z^d; |j_k| \leqslant n, 1 \leqslant k \leqslant d\}$, 并设 V 是一个有限柱集合, $\|V\| = M$.

定理 3.1　考虑玩家位于格 V 上的超级博弈, 假设两人博弈的回报函数是对称的, 当 SEP 的局部转移概率由 (3-2) 给出, 全局异步转移概率由 (2-5) 式给出, 奇-偶序贯转移概率由 (2-4) 给出时, 则 SEP 在 A^V 有可逆不变测度

$$\pi(\mathbf{x}) = \frac{1}{\Lambda} \exp \left\{ \beta \frac{1}{\|N_0\|} \sum_{\langle i,j \rangle} Q(x_i, x_j) \right\} \tag{3-3}$$

其中和号对所有邻点对取之,

$$\Lambda = \sum_{\mathbf{x}} \exp \left\{ \beta \frac{1}{\|N_0\|} \sum_{\langle i,j \rangle} Q(x_i, x_j) \right\}$$

证明 在异步更新时, 只需对 $\mathbf{y} = \mathbf{x}(i, y)$ 验证 (2-7), 在奇-偶序贯更新时只需对 $\mathbf{x}$ 验证之. (以下表达式中 $\langle j, k \rangle$ 表示这两个节点 j 和 k 相邻.)

(1) 异步更新.

$$\pi(\mathbf{x}) P(\mathbf{x}(i, y)|\mathbf{x})$$

$$= \frac{1}{\Lambda} \exp \left\{ \frac{\beta}{\|N_0\|} \left[\sum_{\langle j,k \rangle, j,k \neq i} Q(x_j, x_k) + \sum_{j \in N_i} Q(x_i, x_j) \right] \right\}$$

$$\cdot \frac{1}{M \lambda'(x^{N_i})} \exp \left\{ \frac{\beta}{\|N_0\|} \sum_{j \in N_i} Q(y, x_j) \right\}$$

$$= \frac{1}{\Lambda} \exp \left\{ \frac{\beta}{\|N_0\|} \left[\sum_{\langle j,k \rangle, j,k \neq i} Q(x_j, x_k) + \sum_{j \in N_i} Q(y, x_j) \right] \right\}$$

$$\cdot \frac{1}{M \lambda'(x^{N_i})} \exp \left\{ \frac{\beta}{\|N_0\|} \sum_{j \in N_i} Q(x_i, x_j) \right\}$$

$$= \pi(\mathbf{x}(i, y)) P(\mathbf{x}|\mathbf{x}(i, y))$$

(2) 奇-偶序贯更新.

对于偶子格分量为 $y_j, j \in V^E$, 记 $\mathbf{x}(E, y^E)$; 对于奇子格分量为 $x_i, i \in V^O$, 记 $\mathbf{x}(O, y^O)$. 要证明 (2-7) 对 $\mathbf{y} = \mathbf{x}(E, y^E)$ 成立, 或 $\mathbf{x}(O, y^O)$ 成立, 事实上

$$\pi(\mathbf{x}) P(\mathbf{x}(E, y^E)|\mathbf{x})$$

$$= \frac{1}{\Lambda} \exp \left\{ \frac{\beta}{\|N_0\|} \sum_{\langle j,k \rangle} Q(x_j, x_k) \right\} \prod_{i \in V^E} \frac{1}{\lambda'(x^{N_i})} \exp \left\{ \frac{\beta}{\|N_0\|} \sum_{j \in N_i} Q(y, x_j) \right\}$$

$$= \frac{1}{\Lambda} \exp \left\{ \frac{\beta}{\|N_0\|} \sum_{\langle i,j \rangle, i \in V^E, j \in V^O} Q(y_i, x_j) \right\} \prod_{i \in V^E} \frac{1}{\lambda'(x^{N_i})} \exp \left\{ \frac{\beta}{\|N_0\|} \sum_{j \in N_i} Q(x_i, x_j) \right\}$$

$$= \pi(\mathbf{x}(E, y^E)) P(\mathbf{x}|\mathbf{x}(E, y^E))$$

(3) 同步更新.

对局部转移概率 (3-2), 全局转移概率为 (2-3), (3-3) 式的上述分布 $\pi(\cdot)$ 不再是 SEP 的不变测度.

在异步或奇-偶序贯更新准则下, k 维策略场的时间演化过程相当于 $(k+1)$ 维均衡统计模型 (ESM), 附加的 1 维是离散时间 [29,48]. 事实上可以将 $\underline{\mathbf{x}} = \{\mathbf{x}_t\}_{t \in Z}$ 看作空间-时间格 Z^{k+1} 上的随机场.

易见如果转移概率 $p_i(x_{t,i} \mid \mathbf{x}_{t-1})$ 是严格正的, 则 μ_ν 是 $A^{Z^{d+1}}$ 上的一个 Gibbs 测度. 当 V 是无穷集时有多种方法来定义它的有限子集上的边际 Gibbs 态, 然后利用热力学极限得到在无穷格上依时间演化的空间-时间测度 $\mu_\nu^{[48]}$. 根据 ESM 理论, 可能在 $A^{Z^{d+1}}$ 上存在多于 1 个的 Gibbs 测度, 或说依时间演化时可能有多于 1 个的平稳分布, 即相变发生.

有非对称回报的齐次超级博弈　考虑有非对称回报的齐次超级博弈, 它的局部转移概率如 (3-2) 给出, 一般地说, 不变测度可能不存在, 但对一些特殊的回报函数, 不变测度存在.

例 3.2（一个有非对称回报的特例）　设回报矩阵 Q_{ij} 可以表示为两部分 $Q_{ij}(x_i, x_j) = Q(x_i, x_j) = (Q_i(x_i, x_j), Q_j(x_i, x_j))$ 使得

$$Q_i(x_i, x_j) = Q(x_i, x_j) + g(x_i) \tag{3-4}$$

其中 $Q(x_i, x_j)$ 是对称的, $g(\cdot)$ 仅是 x_i 的函数, 那么我们有如下结论.

定理 3.3　考虑玩家位于格 V 上的一个超级博弈, 其中基本的 2 人博弈的回报矩阵如 (3-4) 式给出, SEP 的局部转移概率如 (3-2) 所示, 异步全局转移概率如 (2-5) 所示, 奇-偶序贯全局转移概率如 (2-4) 所示, 则它的定义域 A^V 上的不变可逆测度存在如下式:

$$\pi(\mathbf{x}) = \frac{1}{\Lambda} \exp\left\{ \beta \frac{1}{\|N_0\|} \left[\sum_{\langle i,j \rangle} Q(x_i, x_j) + 4 \sum_{i \in V} g(x_i) \right] \right\} \tag{3-5}$$

其中第一个和号对所有邻点对取之, 第二个和号对所有单个节点取之.

对于同步更新准则的全局转移概率如 (2-3) 所示, 如果我们寻找形如 Gibbs 态的不变测度 (2-6), 则详细平衡条件变成

$$\frac{P(\mathbf{x}|\mathbf{y})}{P(\mathbf{y}|\mathbf{x})} = \prod_{i \in I} \frac{p_i(x_i|\mathbf{y})}{p_i(y_i|\mathbf{x})} = \exp\{U(\mathbf{y}) - U(\mathbf{x})\} \tag{3-6}$$

对任意两个组态 $\mathbf{x}$ 和 $\mathbf{y}$ 成立, 一般说来这个条件难以验证, 但对 1 维 2 策略情形是可以验证的.

例 3.4 (基于有对称回报的 2 人 2 策略博弈的 1 维超级博弈) 考虑定义在 1 维整数格 Z 或有限闭环上的超级博弈, 其基本 2 人 2 策略博弈的 2×2 对称回报矩阵为

$$Q = \begin{pmatrix} Q(+1,+1) & Q(+1,-1) \\ Q(-1,+1) & Q(-1,-1) \end{pmatrix} = \begin{pmatrix} (a,a) & (b,c) \\ (c,b) & (d,d) \end{pmatrix} \tag{3-7}$$

SEP 的局部转移概率为

$$e \stackrel{\triangle}{=} p(+1|+1,+1) = \frac{e^{\beta a}}{e^{\beta a} + e^{\beta c}}$$

$$1 - e \stackrel{\triangle}{=} p(-1|+1,+1) = \frac{e^{\beta c}}{e^{\beta a} + e^{\beta c}}$$

$$f \stackrel{\triangle}{=} p(+1|-1,-1) = \frac{e^{\beta b}}{e^{\beta b} + e^{\beta d}}$$

$$1 - f \stackrel{\triangle}{=} p(-1|-1,-1) = \frac{e^{\beta d}}{e^{\beta b} + e^{\beta d}}$$

$$g \stackrel{\triangle}{=} p(+1|-1,+1) = \frac{e^{\frac{\beta}{2}(a+b)}}{e^{\frac{\beta}{2}(a+b)} + e^{\frac{\beta}{2}(c+d)}}$$

$$1 - g \stackrel{\triangle}{=} p(-1|-1,+1) = \frac{e^{\frac{\beta}{2}(c+d)}}{e^{\frac{\beta}{2}(a+b)} + e^{\frac{\beta}{2}(c+d)}}$$

可以得到以指数函数形式标出的局部转移概率为

$$P(x_{i,t+1} = s_3 | x_{i-1,t} = s_1, x_{i+1,t} = s_2)$$

$$= \frac{1}{\lambda} \exp\{K_1(s_1 + s_2) + K_3 s_3 + J_{12} s_1 s_2 + J_{13}(s_1 s_3 + s_2 s_3) + H s_1 s_2 s_3\} \tag{3-8}$$

其中

$$\lambda^{-6} = e(1-e)f(1-f)g^2(1-g)^2$$

$$e^{8H} = \frac{ef(1-g)^2}{(1-e)(1-f)g^2}$$

$$e^{8K_1} = \frac{e(1-e)}{f(1-f)}$$

$$e^{8K_3} = \frac{efg}{(1-e)(1-f)(1-g)^2} \tag{3-9}$$

$$e^{8J_{13}} = \frac{e(1-f)}{(1-e)f}$$

$$e^{8J_{12}} = \frac{ef(1-e)(1-f)}{g^2(1-g)^2}$$

注意到 $\dfrac{ef(1-g)^2}{(1-e)(1-f)g^2} = 1$, 因此 $H = 0$. 其他参数为

$$K_1 = \frac{1}{8}\left[2\beta(a-b+c-d)\log\frac{e^{\beta b}+e^{\beta d}}{e^{\beta a}+e^{\beta c}}\right]$$

$$K_3 = \frac{1}{4}(a-c+b-d)$$

$$J_{12} = \frac{1}{8}\log\frac{(e^{\frac{\beta}{2}(a+b)}+e^{\frac{\beta}{2}(c+d)})^4}{(e^{\beta a}+e^{\beta c})^2(e^{\beta b}+e^{\beta d})^2}$$

$$J_{13} = \frac{1}{4}(a-c-b+d) \tag{3-10}$$

定理 3.5　对以上定义的 1 维齐次超级博弈,

(i) 在异步或奇-偶序贯更新准则下, SEP 的不变测度有以下形式

$$\pi(\mathbf{x}) = \frac{1}{\Lambda}\exp\left\{K_3\sum_i x_i + J_{13}\sum_i x_i x_{i+1}\right\} \tag{3-11}$$

(ii) 在同步更新准则下, 不变测度始终存在且有形式

$$\pi(\mathbf{x}) = \frac{1}{\Lambda}\exp\left\{(2K_1-K_3)\sum_{i\in V} x_i + J_{12}\sum_{i\in V} x_i x_{i+2}\right\} \tag{3-12}$$

其中包含了单点和两点交互作用, 但是其两点的交互作用并不是常见的邻点间的交互作用, 而是中间隔了一点的次邻点间的交互作用.

　　例 3.6 (简化的两策略博弈)　考虑定义在 Z^k, $k = 1, 2$ 的超级博弈, 其基本的 2 人 2 策略博弈是一个简化的博弈, 假设参与博弈的 2 个玩家, 每人只有两种策略可选, 记策略集为 $\{-1, +1\}$, 回报函数用以下 2×2 矩阵表示

$$Q = \begin{pmatrix} Q(+1,+1) & Q(+1,-1) \\ Q(-1,+1) & Q(-1,-1) \end{pmatrix} = \begin{pmatrix} a & b \\ b & d \end{pmatrix} \tag{3-13}$$

可以看到这个回报函数更为简单, 直观地讲, 这个回报函数说明两点同性或异性的交互作用的不同, 或者把 $Q(x,y)$ 表示成以下函数形式

$$Q_i(x,y) = Q(x,y) = Jxy + K(x+y) + L, \quad i \in I \tag{3-14}$$

其中 J, K 和 L 可以由 a, b 和 d 表出, 反之亦然.

$$Q(+1,+1) = a = J + 2K + L$$

$$Q(+1,-1) = Q(-1,+1) = b = -J + L$$

$$Q(-1,-1) = d = J - 2K + L$$

或者

$$J = \frac{1}{4}(a - 2b + d)$$

$$K = \frac{1}{4}(a - d)$$

$$L = \frac{1}{4}(a + 2b + d)$$

(1) 异步情形.

极限不变测度可表示为

$$\pi(\mathbf{x}) = \frac{1}{\Lambda} \exp\left\{\beta\frac{1}{\|N_0\|}\sum_{\langle i,j\rangle} Q(x_i, x_j)\right\}$$

$$= \frac{1}{\Lambda} \exp\left\{\beta\frac{1}{\|N_0\|}\sum_{\langle i,j\rangle}[Jx_ix_j + K(x_i + x_j) + L]\right\}$$

$$= \frac{1}{\Lambda'} \exp\left\{\tilde{J}\sum_{\langle i,j\rangle} x_ix_j + \tilde{K}\sum_{i\in V} x_i\right\} \tag{3-15}$$

其中 $\tilde{J} = \frac{\beta J}{\|N_0\|}$ 和 $\tilde{K} = \frac{4\beta K}{\|N_0\|}$. 这是我们熟知的 Ising 模型, $\tilde{J}$ 表示局部交互作用强度, $\tilde{K}$ 表示全局或外场作用强度, 注意到回报函数 $\mathbf{Q}$ 包含了局部和全局强度的信息, 这并不奇怪, 因为博弈是齐次的, 所有局部 2 人博弈都有相同的回报函数.

(2) 奇-偶序贯情形.

不变测度和 (3-20) 相同. 在前面章节中我们已经知道这个模型当 V 是无穷时可能发生相变, 为说明这一点, 先在有限柱集 V_n 考虑依奇-偶序贯准则的 SEP, 记 $\pi_n(\cdot)$ 为对应的不变测度, 然后令 $n \longrightarrow \infty$, V_n 扩张为整个 Z^k. 那么我们知道在 $k = 1$ (即定义在 Z 上) 时, $\{\pi_n\}$ 收敛到唯一的不变测度, 无相变发生. 而当 $k = 2$ (即定义在 Z^2 上) 有可能发生相变.

特别地, 当 $\tilde{K} \neq 0$ 时, 只有唯一的一个不变测度. 当 $\tilde{K} = 0$ 时 (即 $a = d$) 存在一个临界值 $\tilde{J}_c > 0$, 使得当 $0 \leqslant \tilde{J} \leqslant \tilde{J}_c$ 时, 无相变发生, 但是当 $\tilde{J} > \tilde{J}_c$ 时, 就发生相变, 即存在无穷多个极限不变测度, 这个临界值 $\tilde{J}_c = 0.44$ (见 [3,18]). 注意 $a = d$ 意味着 $Q(+1, +1) = Q(-1, -1)$, $J = \frac{1}{2}(a - b)$, 这表明, 当两个玩家采取相同策略时, 他们的回报相同, 且只要 a 充分大, 就可能发生相变, 直观地说, 收益取决于他们同性还是异性, 只要相同, 无论是采取策略 $+1$ 还是 -1, 都可以取得相同的回报, 因此全 $+1$ 或全 -1 状态都可能是不变的极限状态, 这是两个纳什均衡态. 而随机地在这两种策略中选择混合策略也将是极限态.

用数学的语言来说, 即存在两个极端测度 π^+ 和 π^-, 它们都是不变测度, 而其他不变测度 π, 都可以表示成它们的凸组合, 即

$$\pi = p\pi^+ + (1 - p)\pi^-$$

其中 $0 \leqslant p \leqslant 1$ (见 [27, 33]). π^+ 和 π^- 在单点集上的边际分布满足

$$\pi^+(+1) = \pi^-(-1) > 2/3$$

(见 [27, 33]). 这意味着在测度 $\pi^+(\pi^-)$ 下, 所有玩家更偏向采取策略 $+1(-1)$.

当网格维数 $k \geqslant 3$, 相变的情形更加复杂且至今未完全搞清楚.

(3) 同步情形.

这时要找到不变测度是个困难的任务.

有对称回报函数的非齐次超级博弈　记玩家 i 和 j 的两人博弈的回报函数为 $Q_{ij}(x, y)$, 显然它依赖于 i 和 j, 但假设它们都是对称的, 即 $Q_{ij}(x, y) = Q_{ji}(y, x)$, 则我们有类似的结果, 即在异步和奇-偶序贯更新准则下, 当局部转移概率为 (3-1) 时, 不变测度存在如下式所示.

$$\pi(\mathbf{x}) = \frac{1}{\Lambda} \exp \left\{ \frac{\beta}{\|N_0\|} \sum_{\langle i, j \rangle} Q_{ij}(x_i, x_j) \right\}$$

2. 4 人成组博弈

现在回到 Z^2 情形, 假设玩家位于基本矩形 $\square = \{(i_1, i_2), (i_1, i_2 + 1), (i_1 + 1, i_2 + 1), (i_1 + 1, i_2)\}$ 的 4 个顶点上, 组成一个小组共同参与一个 4 人成组博弈, 记 4 个顶点 i, j, k 和 l 按顺时针方向组成的矩形为 $\square(i, j, k, l)$, 用 $\mathfrak{G}$ 表示 Z^2 上所有基本矩形的全体, S_i 表示包含顶点 i 的 4 个基本矩形之集合 (图 10.3.2).

每个玩家同时参与 4 个他的不同邻居组成的 4 人成组博弈 (图 10.3.2). 假设回报函数 $\mathbf{Q} = \{Q(x, y, z, u); x, y, z, u \in \mathcal{A}\}$ 是对称的, SEP 的局部转移概率为

$$p_i(z|\mathbf{x}(i,y)) = \frac{1}{\lambda} \exp\left\{ \frac{\beta}{4} \sum_{\square(i,j,k,l)\in S_i} [Q_i(z,x_j,x_k,x_l) - Q_i(y,x_j,x_k,x_l)] \right\}$$

$$= \frac{1}{\lambda'} \exp\left\{ \frac{\beta}{4} \sum_{\square(i,j,k,l)\in S_i} Q_i(z,x_j,x_k,x_l) \right\} \qquad (3\text{-}16)$$

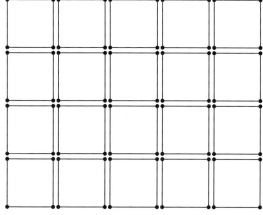

图 10.3.2 基于 4 人成组博弈的超级博弈

其中

$$\lambda = \sum_{z\in A} \exp\left\{ \frac{\beta}{4} \sum_{\square(i,j,k,l)\in S} [Q_i(z,x_j,x_k,x_l) - Q_i(y,x_j,x_k,x_l)] \right\}$$

$$\lambda' = \sum_{z\in A} \exp\left\{ \frac{\beta}{4} \sum_{\square(i,j,k,l)\in S_i} Q_i(z,x_j,x_k,x_l) \right\}$$

我们只讨论齐次超级博弈, 在异步全局更新准则下, 局部转移概率由 (3-16) 给出, 则不变测度为

$$\pi(\mathbf{x}) = \frac{1}{\Lambda} \exp\left\{ \frac{\beta}{4} \sum_{\square(i,j,k,l)\in S} Q(x_i,x_j,x_k,x_l) \right\} \qquad (3\text{-}17)$$

例 3.7 二元策略博弈.

假设每个人只有两种策略可选, 记为 $\{+1, -1\}$, 损益函数是对称的, 记

$$Q(x,y,z,u) = Hxyzu + I(xyz + yzu + zux + xyu)$$

$$+ J(xy + xz + xu + yz + yu + zu) + K(x + y + z + u) + L$$

其中 H, I, J, K, L 与以下 a, b, c, d, e 可互相转换.

$$Q(+1, +1, +1, +1) = a = H + 4I + 6J + 4K + L$$

$$Q(+1, +1, +1, -1) = b = -H - 2I + 2K + L$$

$$Q(+1, +1, -1, -1) = c = H - 2J + L$$

$$Q(+1, -1, -1, -1) = d = -H + 2I - 2K + L$$

$$Q(-1, -1, -1, -1) = e = H - 4I + 6J - 4K + L$$

或者

$$H = \frac{1}{16}(a - 4b + 6c - 4d + e)$$

$$I = \frac{1}{16}(a - 2b + 2d - e)$$

$$J = \frac{1}{16}(a - 2c + e)$$

$$K = \frac{1}{16}(a + 2b - 2d - e)$$

$$L = \frac{1}{16}(a + 4b + 6c + 4d + e)$$

不变测度是一个有单点、两点、三点和 4 点交互作用的 Ising 模型.

$$\pi(\mathbf{x})$$

$$= \frac{1}{\Lambda} \exp \left\{ \tilde{H} \sum_{\square(i,j,k,l) \in S} x_i x_j x_k x_l + \tilde{I} \sum_{\triangle(i,j,k) \in T} x_i x_j x_k + \tilde{J} \sum_{\langle i,j \rangle} x_i x_j + \tilde{K} \sum_{i \in I} x_i \right\}$$

$$(3\text{-}18)$$

其中 $\tilde{H} = \dfrac{\beta H}{4}$, $\tilde{I} = \dfrac{4\beta I}{4}$, $\tilde{J} = \dfrac{6\beta J}{4}$ 和 $\tilde{K} = \dfrac{4\beta K}{4}$; $\triangle(i,j,k)$ 表示顶点为 i, j, k (顺时针方向) 的三角形.

3. 4 人两对博弈

例 3.8　考虑 Z^2 上的基于另一种 4 人博弈的超级博弈, 假设处于基本矩形上的 4 个玩家按对角组成 2 组进行博弈 (如打桥牌), 且每个玩家同时参与 4 个这样的基本博弈 (图 10.3.3).

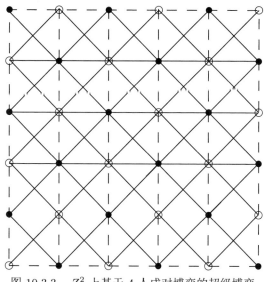

图 10.3.3 Z^2 上基于 4 人成对博弈的超级博弈

设处于矩形 $\square(i, j, k, l)$ 上参与基本 4 人成对博弈的 4 个玩家采取的策略依次为 (x, y, z, u), 回报函数为 $Q((x, z), (y, u)), x, y, z, u \in \mathcal{A}$, 也假设每人只有 2 种策略, 记为 $\mathcal{A} = \{+1, -1\}$, 回报函数关于 (x, z) 和 (y, u) 是对称的, 在每对内也是对称的, 即满足

$$Q((x, z), (y, u)) = Q((z, x), (y, u)) = Q((y, u), (x, z))$$

可以表示成另一种形式

$$Q(x, y, z, u) = Hxyzu + I(xyz + yzu + zux + xyu)$$
$$+ J_1(xz + yu) + J_2(xy + yz + zu + ux) + K(x + y + z + u) + L$$

其中 H, I, J_1, J_2, K 和 L 由以下 a, b, c, d, e 和 f 唯一确定, 反之亦然, 即

$$Q((+1, +1), (+1, +1)) = a = H + 4I + 2J_2 + 4J_2 + 4K + L$$

$$Q((+1, +1), (+1, -1)) = b = -H - 2I + 2K + L$$

$$Q((+1, +1), (-1, -1)) = c = H + 2J_1 - 4J_2 + L$$

$$Q((+1, -1), (+1, -1)) = d = H - 2J_1 + L$$

$$Q((+1, -1), (-1, -1)) = e = -H + 2I - 2K + L$$

$$Q((-1, -1), (-1, -1)) = f = H - 4I + 2J_1 + 4J_2 - 4K + L$$

或者

$$H = \frac{1}{16}(a - 4b + 2c + 4d - 4e + f)$$

$$I = \frac{1}{16}(a - 2b + 2e - f)$$

$$J_1 = \frac{1}{16}(a + 2c - 4d + f)$$

$$J_2 = \frac{1}{16}(a - 2c + f)$$

$$K = \frac{1}{16}(a + 2b - 2e - f)$$

$$L = \frac{1}{16}(a + 4b + 2c + 4d + 4e + f)$$

我们定义同步、异步和分组异步的全局更新准则同前所述, 全局转移概率为

$$P_i(z|\mathbf{x}(i,y)) = \frac{1}{\Lambda} \exp\left\{ \frac{\beta}{4} \sum_{\square(i,j,k,l)\in S_i} Q((z,x_k),(x_j,x_l)) \right\} \qquad (3\text{-}19)$$

其中

$$\Lambda = \sum_{z \in A} \exp\left\{ \frac{\beta}{4} \sum_{\square(i,j,k,l)\in S_i} Q((z,x_k),(x_j,x_l)) \right\}$$

可以证明, 在异步以及奇-偶序贯更新准则下, 不变测度存在, 可表示为

$$\pi(\mathbf{x}) = \frac{1}{\Lambda} \exp\left\{ \tilde{H} \sum_{\square(i,j,k,l)\in S} x_i x_j x_k x_l + \tilde{I} \sum_{\Delta(i,j,k)\in T} x_i x_j x_k + \tilde{J}_1 \sum_{\text{对角}\langle i,k \rangle} x_i x_k \right.$$

$$\left. + \tilde{J}_2 \sum_{\text{水平或垂直对}\langle i,j \rangle} x_i x_j + \tilde{K} \sum_{i \in I} x_i \right\} \qquad (3\text{-}20)$$

其中

$$\Lambda = \sum_{\mathbf{x}} \exp\left\{ \frac{\beta}{4} \sum_{\square(i,j,k,l)\in S} Q((x_i,x_k),(x_j,x_l)) \right\}$$

$\tilde{H} = \frac{\beta H}{4}$, $\tilde{I} = \frac{\beta I}{4}$, $\tilde{J}_1 = \frac{\beta J_1}{4}$, $\tilde{J}_2 = \frac{2\beta J_2}{4}$, $\tilde{K} = \frac{4\beta K}{4}$. 注意对角的交互作用不同于水平或垂直对的交互作用, 而当 $c = d$, 即 $J_1 = J_2 (\tilde{J}_1 = \tilde{J}_2)$ 时就变成了上一个

例子讨论的 4 人博弈了. 我们猜想本模型对特定的参数可能存在相变现象, 值得进一步探讨.

10.4　有基本 3 人博弈的超级博弈

现在讨论定义在三角格上的类 Ising 模型的超级博弈, 设玩家位于平面三角格的顶点集上, 每个玩家同时参与和邻点组成的 6 个三角形的 3 人博弈, 用 $\Delta(i,j,k)$ 表示由顶点 i,j,k 组成的基本三角形, T 表示所有基本三角形的集合, T_i 表示 T 中有公共顶点 i 的三角形的集合 (图 10.4.1).

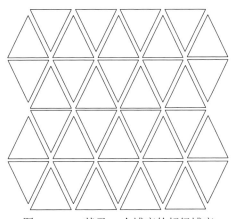

图 10.4.1　基于 3 人博弈的超级博弈

设每个玩家只有 2 个策略 $A = \{-1, +1\}$. 用 $\mathbf{Q}_{ijk} = \{Q_{ijk}(x,y,z); x,y,z \in \{-1,+1\}\}$ 表示玩家 i 和 j,k 的回报函数. 称 $\mathbf{Q}_{ijk}$ 是对称的, 如果 $Q_{ijk}(x,y,z) = Q_{ijk}(x',y',z')$ 对所有 $x,y,z,x',y',z' \in \{-1,+1\}$ 成立, 其中 (x',y',z') 是 (x,y,z) 的置换.

称超级博弈是齐次的, 如果对所有 3 人博弈的回报函数都一样, 否则就称是非齐次的. 我们只讨论齐次情形. 这时对称回报函数 $Q_{ijk}(x,y,z)$ 由 4 个参数 a,b,c,d 决定:

$$Q(+1,+1,+1) = a$$

$$Q(+1,+1,-1) = b$$

$$Q(+1,-1,-1) = c$$

$$Q(-1,-1,-1) = d$$

它们也可以表示为另一种形式

$$Q_{ijk}(x, y, z) = Ixyz + J(xy + yz + zx) + K(x + y + z) + L, \quad i \in I \qquad (4\text{-}1)$$

其中 I, J, K, L 和 a, b, c, d 可以互相唯一表出.

$$Q(+1, +1, +1) = a = I + 3J + 3K + L$$

$$Q(+1, +1, -1) = b = -I - J + K + L$$

$$Q(+1, -1, -1) = c = I - J - K + L$$

$$Q(-1, -1, -1) = c = -I + 3J - 3K + L$$

或者

$$I = \frac{1}{8}(a - 3b + 3c - d)$$

$$J = \frac{1}{8}(a - b - c + d)$$

$$K = \frac{1}{8}(a + b - c - d)$$

$$L = \frac{1}{8}(a - 3b + sc + d)$$

阶段博弈　在博弈的每个阶段玩家 i 采取策略, 他的同处一个三角形的两个对手 j 和 k 取策略 x_j 和 x_k 时, 玩家 i 的回报为 $Q_{ijk}(y, x_j, x_k)$, 而他在一个阶段博弈中采取策略 y 的总回报是他同时参与 6 个三角形 (他处于一个公共顶点上) 的 6 个 3 人博弈的回报的总和. 然后在下一阶段博弈中玩家 i 可能将策略 y 改为 z 的概率为

$$
\begin{aligned}
& p_i(z|\mathbf{x}(i, y)) \\
&= \frac{1}{\lambda} \exp \left\{ \beta \frac{1}{\|N_i\|} \sum_{i:\Delta(i,j,k) \in T_i} [Q_{ijk}(z, x_j, x_k) - Q_{ijk}(y, x_j, x_k)] \right\} \\
&= \frac{1}{\lambda'} \exp \left\{ \beta \frac{1}{\|N_i\|} \sum_{i:\Delta(i,j,k)} Q_{ijk}(z, x_j, x_k) \right\} \qquad (4\text{-}2)
\end{aligned}
$$

其中 λ 和 λ' 是使 $\displaystyle\sum_{z \in A} p_i(z|\mathbf{x}(i, y)) = 1$ 成为概率分布的规范化常数.

策略更新准则　我们只考虑异步和三组序贯更新, 异步的意义同前面章节讨论, 三组序贯准则是将三角格的顶点分为三组, 使得每个基本三角形的三个顶点分别属于不同的子类, 这样所有顶点就分为三组, 更新时三组按预定的顺序轮流序贯

地更新, 属于同一组的玩家同步更新, 这种更新准则只适合有限集 V. 设 $P(\mathbf{y}|\mathbf{x})$ 为从 $\mathbf{x}$ 到 $\mathbf{y}$ 的全局一步转移概率.

定理 4.1 考虑玩家位于三角格的有限子格 V_n 上的齐次重复超级博弈, 基本三角形上的三个顶点做 3 人 2 策略博弈, 假设回报函数是对称的, 那么在异步或二步序贯更新准则下, SEP 有以下不变测度

$$\pi(\mathbf{x}) = \frac{1}{\Lambda} \exp\left\{ \beta \frac{1}{\|N_0\|} \sum_{\Delta(i,j,k)} Q(x_i, x_j, x_k) \right\}$$

$$= \frac{1}{\Lambda} \exp\left\{ \tilde{I} \sum_{\Delta(i,j,k) \in T} x_i x_j x_k + \tilde{J} \sum_{\langle i,j \rangle} x_i x_j + \tilde{K} \sum_{i \in V} x_i \right\} \quad (4\text{-}3)$$

其中 $\tilde{I} = \dfrac{\beta I}{6}, \tilde{J} = \dfrac{\beta J}{3}, \tilde{K} = \beta K$.

这是一个类似统计力学中的三粒子 Ising 模型, 它有单点、邻点对交互作用 $\tilde{J}$、基本三角形三点交互作用 $\tilde{I}$ 和外场作用 $\tilde{K}$, 这个模型可能发生相变 [11].

类似地可以考虑玩家处于 Union Jack 格 (图 9.4.2) 的顶点集上的超级博弈, 不仅可以考虑有 3 人交互作用的情况, 每个玩家同时进行多个 3 人博弈, 如对 Z^2 格, 有以下三角形 $((i_1, i_2), (i_1 + 1, i_2), (i_1, i_2 + 1)), ((i_1, i_2), (i_1 - 1, i_2), (i_1, i_2 - 1)), ((i_1, i_2), (i_1 + 1, i_2), (i_1, i_2 - 1)), ((i_1, i_2), (i_1 - 1, i_2), (i_1, i_2 + 1))$, 它们对应的动态演化博弈可能出现不同的极限性质和相变现象.

对于那些在实际问题中出现的超级博弈问题, 难以进行理论分析时可借助数值模型来寻找可能的不变测度. 我们将给出几个例子.

10.5 数值模拟例子

本章给出几个数值模拟的例子.

1. 两个实例

例 5.1(族群演化策略 [120]) 假设有两个族群, 位于平面 2 维矩形格的每一个节点上都有一家居民, 初始时两个族群的居民随机地散居. 设定居民满意度的一个参数的临界值 x, 它根据该居民周围的居民与自己是相同族群的比例来决定, 比如 $x = 50\%$, 大于该比例时满意, 居民不会搬家, 否则就搬家, 向外移动一格, 随着时间变化, 最终两个族群的居民形成块状 (cluster), 而且当 x 越大时, 这个进程越快; 当 x 超过 75% 时, 居民们处在不停地搬家的状态 (图 10.5.1).

图 10.5.1(a) 是族群演化的初始状态, 假设为随机分布, 图 10.5.1(b) 是族群演化最后的稳定状态.

(a) 族群演化的初始状态(随机分布)　　　　(b) 族群演化的稳定状态

图 10.5.1　族群演化的初始和稳定状态

本图取自文献 [120] 中的图 17-11 和图 17-12

　　例 5.2（竞争物种的种群变化）　美国加利福尼亚生存着 3 种蜥蜴, 其中橙喉蜥蜴能抑制蓝喉蜥蜴, 蓝喉蜥蜴能抑制黄喉蜥蜴, 而黄喉蜥蜴能抑制橙喉蜥蜴, 图 10.5.2 显示了三种蜥蜴的形态和数量比例随时间变化的情况. 文献 [43] 研究了由 3 种周期性竞争物种的节奏种群动态变化, 建立了动力学模型, 图 10.5.3 显示了计算机模拟的结果.

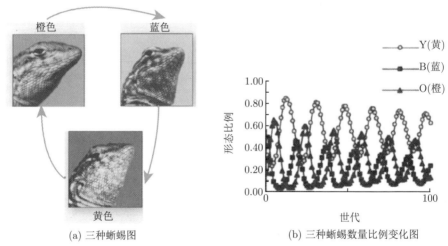

(a) 三种蜥蜴图　　　　　　　　　　(b) 三种蜥蜴数量比例变化图

图 10.5.2　三种蜥蜴及数量比例变化图 (彩图可以扫描封底二维码获取)

摘自 Sinervo B, Lively C M. Nature, 1996, 380: 240-243

　　在 [43] 文献中, 作者对平面上每个方格或直线上每个整数点上, 假设有 4 种状态, 包括三种蜥蜴和空置状态, 然后建立了一种动态演化的数学模型, 来模拟三种蜥蜴的生存竞争博弈. 图 10.5.3 分别是平面和直线演化的情况. 图 10.5.3(a) 表示, 初始时刻平面上每个方格的状态是随机选取的, 后面三张图分别表示演化到

200, 400, 600 步的状态图. 图 10.5.3(b) 表示直线上的演化过程, 初始时刻是随机选择的, 向右显示随时间的状态变化图.

　　三种蜥蜴的生存博弈有点像石头-剪刀-布的相互抑制的博弈, 我们在后面将用网络上基于基本石头-剪刀-布博弈的超级博弈来模拟这个例子, 得到和 [43] 略为不同的结果

　　类似的生存博弈还见于大肠杆菌中的敏感菌-抗药菌-毒素菌的关系, 中国四大名著之一《西游记》中孙悟空—白骨精—唐僧的关系.

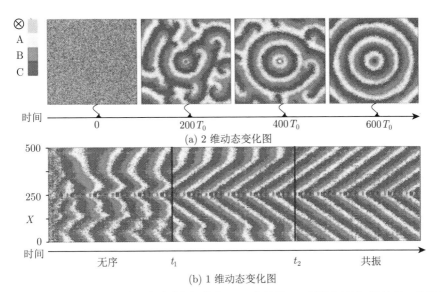

(a) 2 维动态变化图

(b) 1 维动态变化图

图 10.5.3　三种竞争性物种动态变化图 (摘自 [43] 中的图 2) (彩图可以扫描封底二维码获取)

2. Z^2 上基于石头-剪刀-布的超级博弈

　　本节给出 Z^2 上基于石头-剪刀-布的超级博弈, 假设玩家位于 Z^2 的节点上, 每个玩家同时和他的 4 个邻居玩家进行 4 个 2 人 3 策略的石头-剪刀-布博弈, 这个基本博弈策略集表示为 $+1, 0, -1$, 其中 $+1$ 表示石头, 0 表示剪刀, -1 表示布. 在结果的图示中, 用 ○ 表示石头、用 ● 表示剪刀、用 ◎ 表示布. 回报矩阵为

$$
Q = \begin{pmatrix} Q(+1,+1) & Q(+1,0) & Q(+1,-1) \\ Q(0,+1) & Q(0,0) & Q(0,-1) \\ Q(-1,+1) & Q(-1,0) & Q(-1,-1) \end{pmatrix} = \begin{pmatrix} (0,0) & (1,-1) & (-1,1) \\ (-1,1) & (0,0) & (1,-1) \\ (1,-1) & (-1,1) & (0,0) \end{pmatrix}
$$

位于节点 i 的局中人从策略 $x_{t-1,i} = y$ 更新为 z 的局部转移概率为

$$
P_i(z|\mathbf{x}(i,y)) = \frac{1}{\lambda} \exp\left\{ \beta \sum_{j \in N_i} Q(z, x_j) \right\} \tag{5-1}
$$

其中 λ 是使上式成为概率分布的规范化常数, 而 y 已归于 λ 因子了.

全局更新规则为同步更新, 因此全局转移概率为

$$P(\mathbf{x}_t|\mathbf{x}_{t-1}) = \prod_i P_i(x_{t,i}|x_{t-1,j} : j \in W_i) \tag{5-2}$$

其中 (5-1) 式中的 β 是参数, 它的取值影响了收敛的速度, 当 $\beta = 0$ 时, 相当于每个玩家以均匀概率完全随机地选取策略, 收敛速度随 β 增加而加快. 我们取 50×50 的有限格, 共进行 500 回合的重复博弈, 以下给出 β 取不同数值时, 3 个策略占比的变化图和最终策略分布图 (图 10.5.4—图 10.5.13).

(i) $\beta = 1$.

模拟结果显示, 三种策略的比例会保持在 0.33 上下波动, 波动幅度较小, 如图 10.5.4 所示, 最终状态见图 10.5.5.

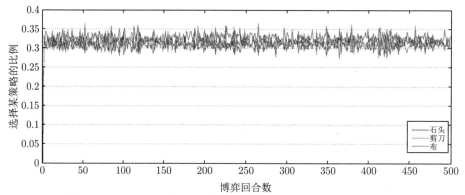

图 10.5.4　$\beta = 1$ 时石头 (蓝) 、剪刀 (绿)、布 (红) 比例变化图

(彩图可以扫描封底二维码获取)

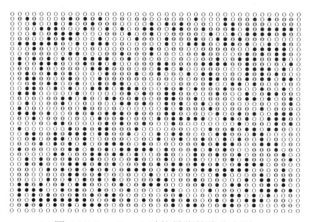

图 10.5.5　$\beta = 1$ 时的最终策略分布图

这是由于当 $\beta = 1$ 较小时, 策略的更新受回报的影响较小, 局部转移概率接近均匀分布, 最终 SEP 接近于独立乘积分布.

(ii) $\beta = 2$.

初始策略按均匀分布随机生成, 模拟结果显示, 三种策略的比例会保持在 0.33 上下波动, 如图 10.5.6 所示, 波动幅度明显比 $\beta = 1$ 时增大了, 但幅度基本一致, 最终状态见图 10.5.7.

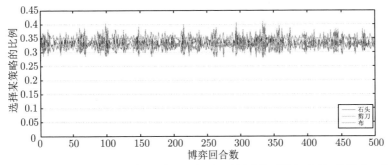

图 10.5.6　$\beta = 2$ 时石头 (蓝)、剪刀 (绿)、布 (红) 比例图 (彩图可以扫描封底二维码获取)

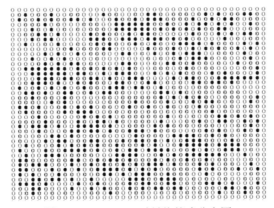

图 10.5.7　$\beta = 2$ 时最终策略分布图

(iii) $\beta = 4$.

初始策略按均匀分布随机生成, 三种策略的比例在 0.33 上下波动, 波动幅度沿时间轴呈一定规律地变化, 如图 10.5.8 所示. 并从最后第 500 回合的策略分布图 10.5.9 看出, 玩家的策略选择集中的趋势比 β 较小时明显了很多, 出现选择同样的策略的玩家的成块状分布.

(iv) $\beta = 8$.

初始策略按均匀分布随机生成, 对比图 10.5.5 与图 10.5.6, 发现策略比例波动的变化更大 (参见图 10.5.10 和图 10.5.11).

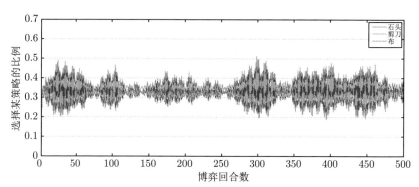

图 10.5.8　$\beta = 4$ 时石头 (蓝)、剪刀 (绿)、布 (红) 比例图 (彩图可以扫描封底二维码获取)

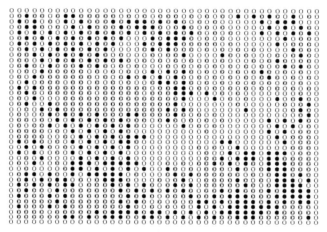

图 10.5.9　$\beta = 4$ 时最终策略分布图

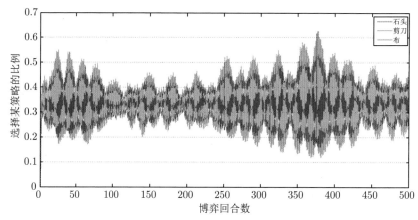

图 10.5.10　$\beta = 8$ 时石头 (蓝)、剪刀 (绿)、布 (红) 比例图 (彩图可以扫描封底二维码获取)

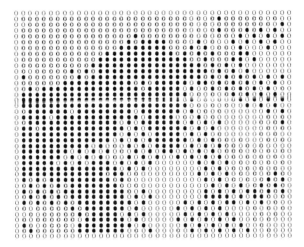

图 10.5.11　　$\beta = 8$ 时最终策略分布图

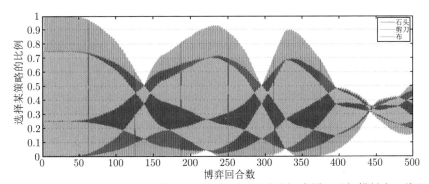

图 10.5.12　　$\beta = 16$ 时石头 (蓝)、剪刀 (绿)、布 (红) 比例图 (彩图可以扫描封底二维码获取)

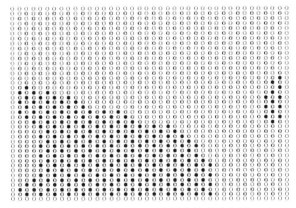

图 10.5.13　　$\beta = 16$ 时最终策略分布图

(v) $\beta = 16$.

三种策略比例图和最终策略分布图分别见图 10.5.12 和图 10.5.13. 经过多次试验我们发现, 在 β 很大时, 策略比例的波动幅度更大并且变化显得不那么规律, 但局中人的策略选择更有集中性, 呈现成团现象, 在同一个团块的局部区域内的局中人会有相同的策略结构. 这是因为 β 很大时, 玩家在更新决策时会以很大的概率选择带来平均收益更高的策略, 同一策略形成块状速度更快.

3. 基于囚徒困境的超级博弈

本节给出 Z^2 上基于囚徒困境的超级博弈, 假设玩家位于 1 维闭环或 Z^2 的节点上, 每个玩家同时和他的邻居玩家同时进行 2 人 2 策略的囚徒困境博弈, 这个基本博弈策略集表示为 {背叛, 合作}, 用黑点表示合作, 白点表示背叛.

回报矩阵为

$$Q = \begin{pmatrix} (-8, -8) & (-1, -10) \\ (-10, -1) & (0, 0) \end{pmatrix}$$

局部和全局转移概率同上例.

情形一 1 维闭环上人数为 50.

(i) $\beta = 2$.

初始决策按均匀分布随机选取, 模拟结果显示, 白点比例会迅速上升, 然后保持在 0.9—1 内波动, 如图 10.5.14 所示. 从前 20 回合博弈的策略分布图 10.5.15 可以看出, 黑点在前面的几个回合就迅速减少.

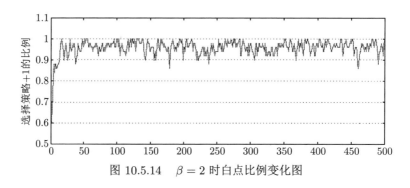

图 10.5.14 $\beta = 2$ 时白点比例变化图

(ii) $\beta = 8$.

初始决策按均匀分布随机选取, 白点会在开始的几个回合里面迅速上升, 从第 6 回合开始就达到全白点的策略分布, 如图 10.5.17, 然后白点比例就一直稳定在 1, 如图 10.5.16.

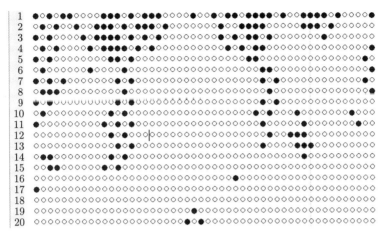

图 10.5.15 $\beta = 2$ 时 20 回合后策略分布图

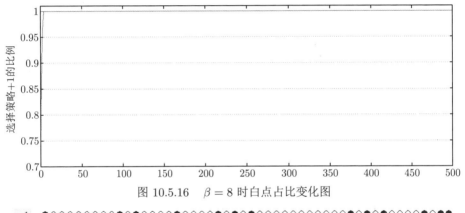

图 10.5.16 $\beta = 8$ 时白点占比变化图

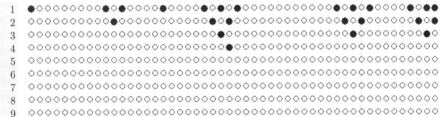

图 10.5.17 $\beta = 8$ 时 20 回合后策略分布图

情形二 Z^2 的 50×50 的子集, 采用同步更新法则, 这时我们增加一个边界条件, 考察边界的影响, 假设边界条件为黑白交叉, 其他玩家初始为随机选择策略, 进行 500 回合的重复博弈, 研究 β 系数对 SEP 和博弈均衡的影响.

(i) $\beta = 0.5$.

发现白点比例会从最初的 0.5 左右, 在博弈开始的几回合内就上升到 0.6 左右, 之后就保持在 0.6 上下波动, 如图 10.5.18 所示, 最终策略分布图见图 10.5.19.

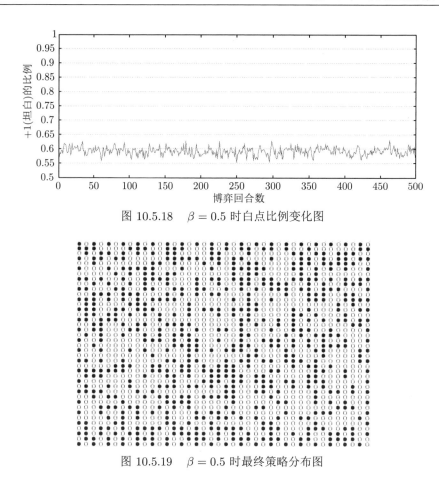

图 10.5.18 $\beta = 0.5$ 时白点比例变化图

图 10.5.19 $\beta = 0.5$ 时最终策略分布图

(ii) $\beta = 2$.

白点比例变化如图 10.5.20 所示, 最终策略分布如图 10.5.21 所示.

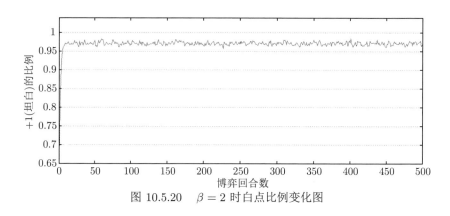

图 10.5.20 $\beta = 2$ 时白点比例变化图

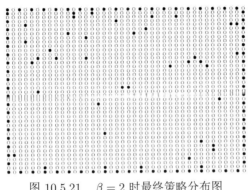

图 10.5.21　$\beta = 2$ 时最终策略分布图

(iii) $\beta = 5$.

白点比例变化如图 10.5.22 所示, 最终策略分布如图 10.5.23 所示.

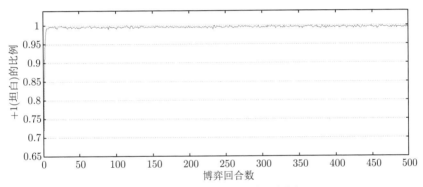

图 10.5.22　$\beta = 5$ 时白点比例图

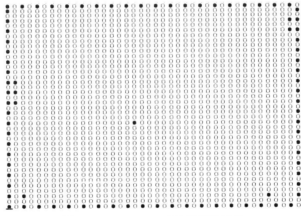

图 10.5.23　$\beta = 5$ 时最终策略局势

随着 β 值的进一步增大, 玩家几乎一定会选择收益更高的策略, 白点上升比例会更快, 并且 SEP 会趋于白点比例为 1. 经过多次模拟发现, 选择背叛策略的比例在开始的几回合博弈中以更快地迅速上升, 然后趋于均衡, 选择背叛的比例趋于 0.95—1 内并且波动很小. 直观上看, 此时 β 已经很大, 在更新策略时, 玩家都会以很大的概率选择收益较大的策略, 而背叛对博弈的双方来说都是占优策略, 因此只要有 1 个玩家背叛, 最终大多数玩家都背叛.

参 考 文 献

[1] Aizenman M. Translation invaraince and instability of phase coexistence in the two dimensional ising system. Communications in Mathematical Physics, 1980, 73(1): 83-94.

[2] Aizenman M. Graphical solution of the ising model on honeycomb lattice. International Journal of Modern Physics B, 2009, 23(3): 395-401.

[3] Akbar J S. Translation Invaraince and Instability of Phase Coexistence in Two Dimensional Ising System. New York: Academic Press, 1982.

[4] Algeot P H, Cover T M. A sandwich proof of the Shannon-Mcmillan-Breiman theorem. Ann. Probab., 1988, 16(2): 899-909.

[5] Anastassiou D. Application of information theory to image encoding. Ph. D Dissertation, Dept. of EECS, Univ of California, Berkeley, 1979.

[6] Avram F, Berger T. On critical distortion for Markov sources(Corresp). IEEE Trans. on Information Theory, 1985, 31(5): 688-690.

[7] Baram A. A Toeplitz representation for repulsive systems. J. Phys. A: Math. Gen., 1983, 16(1): L19-L25.

[8] Baram A, Rowlinson J S. Some mathematical properties of classical many-body systems with repulsive interactions. J. Phys. A: Math. Gen., 1990, 23: L399-L402.

[9] Barron A R. The strong ergodic theorem for densities: Generalized Shannon-McMillan-Breiman theorem. Ann. Probab., 1985, 13: 1292-1303.

[10] Bassalygo L A, Dobrushin R L. ε-entropy of the random field. Prob. Peredach. Inform., 1987, 23(1): 3-15.

[11] Boxter R J, Wu F Y. Exact solution for an Ising model with threespin interaction on a triangular lattice. Phys. Rev. Let. 1973, 31(2): 1294-1297.

[12] Berger T. Rate Distortion Theory: A Mathematical Basis for Data Compression. Englewood Cliffs: Prentice-Hall, 1971.

[13] Berger T, Ye Z X. Epsilon-Epsilon-entropy and critical distortion of random fields. IEEE Thans. Information Theory, 1990, 36(4): 717-725.

[14] Berger T, Ye Z X. Entropic aspects of random fields on trees. IEEE Thans. Information Theory, 1990, 36(5): 1006-1018.

[15] Berger T, Ye Z X. Cardinality of phase transition of Ising models on closed Cayley trees. Physica A: Statistical Mechanics and Its Applications, 1990, 166: 549-574.

[16] Berger T, Shen S Y, Ye Z X. Some problems of information theory for random fields. Int. Statist. Inform. Sci., 1992, 1(1): 47-77.

[17] Benjamini I, Peres Y. Markov chains indexed by trees. Annals of Probability, 1994, 22(1): 219-243.

[18] Bhattacharjae S M, Addendurn A K. Fifty years of the exact solution of the two-dimensional Ising model by Onsager. Current Science, 1995, 69(10): 816-821.

[19] Billingsley P. Ergodic Theory and Information. New York: Wiley, 1965.

[20] Blouce L E. The statistical mechanics of Best-Response strategy revision process. Games and Economic Behavior, 1995, 11(2): 111-145.

[21] Breiman L. The individual ergodic theorem of information theory. Ann. Math. Statist., 1957, 28: 809-811.

[22] Chung K L. A note on the ergodic theorem of information theory. Ann. Math. Statist., 1961, 32: 612-614.

[23] Cover T M, Thomas J A. Elements of Information Theory. New York: Wiley-Interscience, 1991.

[24] Csiszar I, Korner J. Information Theory. Cambridge: Cambridge University Press, 2009.

[25] Dang H, Yang W G, Shi Z Y. The strong law of large numbers and the entropy ergodic theorem for nonhomogeneous bifurcating Markov chains indexed by a binary tree. IEEE Trans. Information Theory, 2015, 61(4): 1640-1648.

[26] Feynman R P. Statistical Mechanics: A Set of Lectures. New York: Westview Press, 2018.

[27] Föllmer H. On entropy and information gain in random fields. Z. Wahrschein. Verw. Geb., 1973, 26: 207-217.

[28] Fragouli C, Le Boudec J Y, Widmer J. Network coding: An instant primer. ACM SIGCOMM Comp. Comm. Review, 2006, 36: 63-68.

[29] Friedman J W. Game Theory with Applications to Economics. New York: Oxford University Press, 1986.

[30] Gallavotti G, Miracle-Solé S. Equilibrium states of the Ising model in the two-phase region. Phys. Rev. B, 1972, 5(7): 2555-2559.

[31] El Gamal A, Kim Y H. Network Information Theory. Cambridge: Cambridge University Press, 2011.

[32] Gallager R G. Information Theory and Reliable Communication. New York: Wiley, 1968.

[33] Georgii H O. Gibbs Measures and Phase Transitions. Berlin, New York: De Gruyter, 2011.

[34] Georges A, Doussal P L. From equilibrium spin mdels to probabilistic cellular Automata. J. Stst. Phys., 1989, 54: 1011-1064.

[35] Gilboa I, Kalai E, Zemel E. On the order of eliminating dominated strategies. Operations Research Letters, 1990, 9(2): 85-89.

[36] Gordon R G. Error bounds in equilibrium statistical mechanics. J. Math. Phys., 1968, 9(5): 655-663.

[37] Gray R M. Entropy and Information Theory. New York: Springer, 1990.

[38] Groeneveld J. Two theorems on classical many-particle systems. Phys. Lett., 1963, 3(1): 50-51.

[39] Guiasu S. Information Theory with Applications. New York: McGraw-Hill, 1977.

[40] Hajek B, Berger T. A decomposition theorem for binary Markov random fields. Ann. Prob., 1987, 15(3): 1112-1125.

[41] Haurie A, Krawczyk J B, Zaccour G. Games and Dynamic Games. Singapore: World Scientific, 2012.

[42] Hu K T. On the amount of information. Theor. Probab. Appl., 1962, 7(4): 447-455.

[43] Jiang L L, Zhou T, Perc M, et al. Emergence of target waves in paced populations of cyclically competing species. New J. Physics, 2009, 11: 103001.

[44] Kakihara Y. Abstract Methods in Information Theory. Singapore: World Scientific, 1999.

[45] Kalai E, Lehrer E. Rational learning leads to Nash equilibrium. Econometrica, 1993, 61(5): 1019-1045.

[46] Kalai E, Lehrer E. Subjective equilibrium in repeated games. Econometrica, 1993, 61(5): 1231-1240.

[47] Kieffer J. A simple proof of the Moy-Perez generalization of the Shannon-McMillan theorem. Pacific J. Math., 1974, 51(1): 203-206.

[48] Kinderman R, Snell J L. Markov Random Fields and Their Applicarions. Rhode Island: Providence, 1980.

[49] Kullback S, Leibler R A. On information and sufficiency. Ann. Math. Stat., 1951, 22(1): 79-86.

[50] Lanford O E. Entropy and Equilibrium States in Classical Statistical Mechanics. Statistical Mechanics and Mathematical Problems. Berlin, Heidelberg: Springer, 1971, 1-113.

[51] Laubitzen S L. Graphical Models. Oxford: Oxford Scientific Publications, 1996.

[52] Lebowtiz J L. Coexistence of phases in Ising ferromagnets. J. Stat. Phys., 1977, 16(6): 463-476.

[53] Lebowtiz J L, Maes C, Speer F R. Statistical mechanics of probabilistic cellular automata. J. Stst. Phys., 1990, 59: 117-170.

[54] Wen L. An analytic technique to prove Borel's strong law of large numbers. Amer. Math. Monthly, 1991, 98(2): 146-148.

[55] Liu W, Yan J A, Yang W G. A limit theorem for partial sums of random variables and its applications. Statist. Probab. Lett., 2003, 62: 79-86.

[56] Liu W, Yang W G. An extension of Shannon-McMillan theorem and some limit properties for nonhomogeneous Markov chains. Stoch. Proc. and Their Appl., 1996, 61(1): 129-145.

[57] Marroquin J L, Rumirez A. Stochastic cellular automata with Gibbsian invariant measyres. IEEE Trans., 1991, 37(3): 541-551.

[58] McCoy B M, Wu T T. The Two-Dimensional Ising Model. Cambridge: Harvard University Press, 1973.

[59] McMillan B. The basic theorems of information theory. Ann. Math. Statist., 1953, 24: 196-219.

[60] Messeger A, Miracle-Sole S. Equilibrium states of the two-dimensional Ising model in the two-phase region. Commun. Math. Phys., 1975, 40: 187-196.

[61] Moy S T C. Generalizations of the Shannon-McMillan theorem. Pacific J. Math., 1961, 11(2): 705-714.

[62] Myerson R B. Game Theory: Analysis of Conflict. Cambridge: Havard University Press, 1997.

[63] Nash J F. Equilibrium points in n-person games. Proceedings of the National Academy of Sciences, 1950, 36(1): 48-49.

[64] Nash J F. The Bargaining Problem. Econometrica, 1950, 18(2): 155-162.

[65] Nash J F. Non-cooperative Games. Annals of Mathematics, 1951, 54(2): 286-295.

[66] Nash J F. Two-person Cooperative Games. Econometrica, 1953, 21: 128-140.

[67] Newman C M. Decomposition of binary random fields and zeros of partition functions. Ann. Proba., 1987, 15(3): 1126-1130.

[68] Newman C M, Baker G A J. Decomposition of Ising Model and the Mayer Expansion. New York: Cambridge University Press, 1991.

[69] Onsager L. Crystal statistics. I. A two-dimensional model with an order-disorder transitions. Phys. Rev., 1944, 65: 117-149.

[70] Orey S. On the Shannon-Perez-Moy theorem. Contemp. Math., 1985, 41: 319-327.

[71] Ornstein D S, Weiss B. Entropy and data compression schemes. IEEE Trans. Information Theory, 1993, 39(1): 78-83.

[72] Ou H, Ye Z X. Dynamic supergames on trees. International Conference on Progress in Informatics and Computing, 2010: 340-344.

[73] Peierls R E. On the Ising model of ferromagnetism. Proc. Cambridge Phyilos. Soc., 1936, 32: 477.

[74] Pemantle R. Automorphism invariant measures on trees. Ann. Proba., 1992, 20(3): 1549-1566.

[75] Perez A. Extensions of Shannon-McMillan's limit theorem to more general stochastic processes. Trans. 3rd Prague Conf. Information Theory, Statist. Decision Func. and Random Processes, 1964: 545-574.

[76] Pirogov S A, Sinai Ya G. Phase diagram of the classical systems. Part I: Theor. Math. Phys. Vol. 1975, 25: 1185-1192. Part II: Theor. Math. Phys., Vol. 1976, 26: 39-49.

[77] Preston C J. Random Fields: Lecture Notes in Math. Berlin: Springer-Verger, 1976.

[78] Prum B, Fort J C. Stochastic Processes on a Lattice and Gibbs Measures. Norwell, MA: Kluwer Academic Publishers, 1991.

[79] Ree F H. Bounds on the fugacity and virial series of the pressure. Phys. Rew., 1967, 155(1): 84-87.

[80] Rozikov U A. Gibbs Measures on Cayley Trees. Singapore: World Scientific, 2013.

[81] Ruelle D. Statistical Mechanics. New York: John Wiley Sons Inc, 1963.

[82] Ruelle D. Some remarks on the location of zeroes of the partition function for lattice systems. Commu. Math. Phys., 1973, 31: 265-277.

[83] Shannon C E. A mathematical theory of communication. Bell Sys. Tech. J., 1948, 27(3): 379-423.

[84] Shannon C E. Coding Theorem for a Discrete Source with a Fidelity Criterion. IRE National Convention Record, Part 4, 1959: 142-163.

[85] Shields P C. The interactions between ergodic theory and information theory. IEEE Trans. on Information Theory, 1998, 44(6): 2079-2093.

[86] Shosat J A, Tamarkin J D. The Problem of Moments. New York: American Mathematical Society, 1950.

[87] Spitzer F. Markov random fields on an infinite tree. Ann. Probab., 1975, 3(3): 387-398.

[88] Sykes M F, Essam J W, Gaunt D S. Derivation of low-temperature expansions for the Ising model of a ferromagnet and an antiferromagnet. J. Math. Phys., 1965, 6(2): 283-298.

[89] Sykes M F, Gaunt D S, Mattingly S R, et al. Derivation of low-temperature expansions for Ising model. III. 2-D lattices-field grouping. J. Math. Phys., 1973, 14(8): 1060-1065.

[90] Sykes M F, Gaunt D S, Essam J W, et al. Derivation of low-temperature expansions for Ising model. VI. 3-D lattices-temperature grouping. J. Phys. A: Math. Nucl. Gen., 1973, 6: 1507-1616.

[91] Sykes M F, Gaunt D S, Essam J W, et al. Derivation of low-temperature expansions for Ising model. V. 3-D lattices-temperature grouping. J. Phys. A: Math. Nucl. Gen., 1973, 6: 1498-1506.

[92] Tempehman A A. Specific charatteristics and variational principle for homogeneous random fields. Z. Wahrs., 1984, 65: 341-365.

[93] Thomasian A J. An elementary proof of the AEP of information theory. Ann. Math. Statist., 1960, 31(2): 452-456.

[94] von Neumann J. Zur Theorie der Gesellschaftsspiele. Math. Annalen, 1928, 100: 295-320.

[95] von Neumann J, Morgenstern O. Theory of Games and Economic Behavior. 2nd ed. Princeton: Princeton University Press, 1944.

[96] Wang A J, Ye Z X, Liu Y C. On the long-run equilibria of a class of large supergames. J. Math. Sciences: Advances and Applications, 2012, 13(1): 21-46.

[97] Wang A J, Ye Z X, Liu Y C. On the Long-Run Equilibria of a Class of Large Supergames//Hanappi H, ed. Game Theory Chapter 10. 2013: 215-232.

[98] Wolfowitz J. Coding Theorems of Information Theory. New York: Springer-Verlag, 1978.

[99] Yang W G. Some limit properties for Markov chains indexed by a homogeneous tree. Statist. Probab. Lett., 2003, 65: 241-250.

[100] Yang W G, Liu W. Strong law of large numbers and Shannon-McMillan theorem for Markov chain fields on trees. IEEE Trans. Inform. Theory, 2002, 48: 313-318.

[101] Yang W G, Ye Z X. The asymptotic equipartition property for nonhomogeneous Markov Chains indexed by a homogeneous tree. IEEE Trans. Information Theory, 2007, 53(9): 3275-3280.

[102] Ye Z X. On Entropy and ε-entropy of Random Fields. Ph. D discertation. Center dor Applied Math. Cornell Univ., 1989.

[103] Ye Z X, Berger T. A bound on the phase transition region for Ising models on closed cayley trees. Physica A: Statistical Mechanics and Its Applications, 1990, 169: 430-443.

[104] Ye Z X, Berger T. A new method to estimate the critical distortion of random fields. IEEE Thans. Information Theory, 1992, 38(1): 152-157.

[105] Ye Z X, Berger T. Ergodic, regularity and asyptotic equipartition property of random fields on trees. J. Combin. Inform. Syst. Sci., 1996, 21(2): 157-184.

[106] Ye Z X, Berger T. Critical distortion of Potts model. IEEE Thans. Information Theory, 1998, 44(2): 896-899.

[107] Ye Z X, Berger T. Information Measures for Discrete Random Fields. New York: Science Press, 1998.

[108] Ye Z X, Chen J. Prisoners'dilemma supergame on rectangle lattice. Open Journal of Applied Science, 2013, 3(1): 7-11.

[109] Ye Z X, Chen J S. Limiting Behavior of Dynamic Ising Type Supergames on Triangular Lattice. 2013 International Conference on Management of e-Commerce and e-Government (ICMeCG 2013), 2013, Kunming, China.

[110] Yeung R W. A First Course in Information Theory. New York: Springer, 2006.

[111] Yeung R W, Lee T T, Ye Z X. Information-theoretic characterizations of conditional mutual independence and Markov random fields. IEEE Trans. Information Theory, 2002, 48(7): 1996-2011.

[112] Zhang H Z, Ye Z X. Ising-type supergames on planar lattices. Sixth International Conference on Advanced Computational Intelligence (ICACI), 2013: 19-21.

[113] 刘文. 强偏差定理与分析方法. 北京: 科学出版社, 2003.

[114] 麦凯恩. 博弈论: 战略分析入门. 原毅军, 陈艳莹, 张国峰, 译. 北京: 机械工业出版社, 2006.

[115] 沈世镒, 陈鲁生. 信息论与编码理论. 北京: 科学出版社, 2002.

[116] 沈世镒, 吴忠华. 信息论基础与应用. 北京: 高等教育出版社, 2004.

[117] 施锡铨. 博弈论. 上海: 上海财经大学出版社, 2000.

[118] 谢识予. 经济博弈论. 上海: 复旦大学出版社, 1997.

[119] 叶中行. 信息论基础. 3 版. 北京: 高等教育出版社, 2020.

[120] 余治国. 妙趣横生的博弈论. 北京: 人民邮电出版社, 2014.

《信息与计算科学丛书》已出版书目